城市与生态文明丛书

俞孔坚 主编 **陆小璇** 副主编

新城市前沿

士绅化与恢复失地运动者之城

[英国] 尼尔·史密斯 著

李晔国 译

译林出版社

图书在版编目（CIP）数据

新城市前沿：士绅化与恢复失地运动者之城 / （英）尼尔 · 史密斯（Neil Smith）著；李晔国译. —南京：译林出版社，2024.3

（城市与生态文明丛书 / 俞孔坚主编）

书名原文：The New Urban Frontier: Gentrification and the Revanchist City

ISBN 978-7-5753-0166-4

Ⅰ.①新… Ⅱ.①尼… ②李… Ⅲ.①城市建设-城市规划-研究 Ⅳ.①TU984.11

中国国家版本馆CIP数据核字(2024)第090196号

新城市前沿：士绅化与恢复失地运动者之城 ［英国］尼尔·史密斯 / 著 李晔国 / 译

责任编辑 刘 静
装帧设计 胡 苨
校 对 叶显艳
责任印制 董 虎

原文出版 Routledge,1996
出版发行 译林出版社
地 址 南京市湖南路 1 号 A 楼
邮 箱 yilin@yilin.com
网 址 www.yilin.com
市场热线 025-86633278
排 版 南京展望文化发展有限公司
印 刷 江苏凤凰通达印刷有限公司
开 本 652 毫米 ×960 毫米 1/16
印 张 23.75
版 次 2024 年 3 月第 1 版
印 次 2024 年 3 月第 1 次印刷
书 号 ISBN 978-7-5753-0166-4
定 价 78.00 元

主编序

中国过去三十年的城镇化建设，获得了前所未有的高速发展，但也由于长期以来缺乏正确的指导思想和科学的理论指导，形成了规划落后、盲目冒进、无序开发的混乱局面；造成了土地开发失控、建成区过度膨胀、功能混乱、城市运行低效等严重后果。同时，在生态与环境方面，我们也付出了惨痛的代价：我们失去了蓝天（蔓延的雾霾），失去了河流和干净的水（75%的地表水污染，所有河流的裁弯取直、硬化甚至断流），失去了健康的食物甚至脚下的土壤（全国三分之一的土壤受到污染）；我们也失去了社区，失去了自由步行和骑车的权利（超大尺度的街区和马路），我们甚至于失去了生活和生活空间的记忆（城市和乡村的文化遗产大量毁灭）。我们得到的，是一堆许多人买不起的房子、有害于健康的汽车及并不健康的生活方式（包括肥胖症和心脏病病例的急剧增加）。也正因为如此，习总书记带头表达对“望得见山，看得见水，记得住乡愁”的城市的渴望；也正因为如此，生态文明和美丽中国建设才作为执政党的头号目标，被郑重地提了出来；也正因为如此，新型城镇化才成为本届政府的主要任务，一再作为国务院工作会议的重点被公布于众。

本来，中国的城镇化是中华民族前所未有的重整山河、开创美好生活方式的绝佳机遇，但是，与之相伴的，是不容忽视的危机和隐患：生态与环境的危机、文化身份与社会认同的危机。其根源在于对城镇化和城市规划设计的无知和错误的认识：决策者的无知，规划设计专业人员的无知，大众的无知。我们关于城市规划设计和城市的许多错误认识和错误规范，至今仍然在施展着淫威，继续在危害着我们的城市和城市的规划建设：我们太需要打破知识的禁锢，发起城市文明的启蒙了！

所谓“亡羊而补牢，未为迟也”，如果说，过去三十年中国作为一个有经验的农业老人，对工业化和城镇化尚懵懂幼稚，没能有效地听取国际智者的忠告和警告，也没能很好地吸取国际城镇规划建设的失败教训和成功经验；那么，三十年来自身的城镇化的结果，应该让我们懂得如何吸取全世界城市文明的智慧，来善待未来几十年的城市建设和城市文明发展的机会，毕竟中国尚有一半的人口还居住在乡村。这需要我们立足中国，放眼世界，用全人类的智慧，来寻求关于新型城镇化和生态文明的思路和对策。今天的中国比任何一个时代、任何一个国家都需要关于城市和城市的规划设计的启蒙教育；今天的中国比任何一个时代、任何一个国家都需要关于生态文明知识的普及。为此，我们策划了这套“城市与生态文明”丛书。丛书收集了国外知名学者及从业者对城市建设的审视、反思与建议。正可谓“以铜为鉴，可以正衣冠；以史为鉴，可以知兴替；以人为鉴，可以明得失”，从书中有外国学者评论中国城市发展的“铜镜”，可借以正己之衣冠；有跨越历史长河的城市文明兴衰的复演过程，可借以知己之兴替；更有处于不同文化、地域背景下各国城市发展的“他城之鉴”，可借以明己之得失。丛书中涉及的古今城市有四十多个，跨越了欧洲、非洲、亚洲、大洋洲、北美洲和南美洲。

作为这套丛书的编者，我们希望为读者呈现跨尺度、跨学科、跨时空、跨理论与实践之界的思想盛宴：其中既有探讨某一特定城市空间类型的著作，展现其在健康社区构建过程中的作用，亦有全方位探究城市空间的著作，阐述从教育、娱乐到交通空间对城市形象塑造的意义；既有旅行笔记和随感，揭示人与其建造环境间的相互作用，亦有以基础设施建设的技术革新为主题的专著，揭示技术对城市环境改善的作用；既有关注历史特定时期城市变革的作品，探讨特定阶段社会文化与城市革新之间的关系，亦有纵观千年文明兴衰的作品，探讨环境与自然资产如何决定文明的生命跨度；既有关于城市规划思想的系统论述和批判性著作，亦有关于城市设计实践及理论研究丰富遗产的集大成者。

正如我们对中国传统的“精英文化”所应采取的批判态度一样，对于这套汇集了全球当代“精英思想”的城市与生态文明丛书，我们也不应该全盘接受，而应该根据当代社会的发展和中国独特的国情，进行鉴别和扬弃。当然，这种扬弃绝不应该是短视的实用主义的，而应该在全面把握世界城市及文明发展规律，深刻而系统地理解中国自己国情的基础上进行，而这本身要求我们对这套丛书的全面阅读和深刻理解，否则，所谓“中国国情”与“中国特色”，就会成为我们排斥普适价值观和城市发展普遍规律的傲慢的借口，在这方面，过去的我们已经有过太多的教训。

城市是我们共同的家园，城市的规划和设计决定着我们的生活方式；城市既是设计师的，也是城市建设决策者的，更是每个现在的或未来的居民的。我们希望借此丛书为设计行业的学者与从业者，同时也是为城市建设的决策者和广大民众，提供一个多视角、跨学科的思考平台，促进我国的城市规划设计与城市文明（特别是城市生态文明）的建设。

俞孔坚
北京大学建筑与景观设计学院教授
美国艺术与科学院院士

献给南希和罗恩·史密斯

目　录

第二部分　全球化即本地化

第三部分　恢复失地运动者之城

前　言

历史学家弗雷德里克·杰克逊·特纳1893年发表了《边疆在美国历史上的重要性》(1958年版) 这篇具有典范意义的论文,他提出:

> 美国的发展所展现的并不仅仅是一个单线条的前进,而是一个在不断前进的边疆地带向原始状况的回归,并在那个区域有新的发展。美国社会的发展就这样在边疆持续不断地开始着……在这一进程中,边疆是移民浪潮的前沿,是野蛮和文明的会合处……荒野被越来越多持续增长的文明线条所渗入。

在特纳看来,开拓边疆,压制荒野与野蛮,其目的是在桀骜的、不合作的自然界中开辟出可居住的空间。这不仅是单纯的空间扩张和物理世界的逐步驯化。开发边疆当然能够达成这些目的,但对特纳来说,它也是定义美国民族性格独特性的核心体验。随着身强力壮的拓荒者每次将边疆向外推进，不仅新的土地被纳入美国版图，而且新的血液也被注入美国民主理想的血脉中。每一波西进的浪潮，在征服自然的同时，也将人性民主化的冲击波传回到东部。

到了20世纪后期，有关荒野和边疆的意象已经不大适用于西部的平原、山脉和森林（西部的文明程度已经相当可观），反而更适用于美国东部的城市。随着第二次世界大战后城市郊区化的兴起，美国城市开始被视为“城市荒野”；城市过去是——如今大多数也仍然是——滋生疾病和混乱、犯罪和腐败、毒品和危险的温床（Warner，1972）。事实上，这些担忧早在20世纪50年代和60年代就由关注城市“凋敝”和“没落”、内城的“社会弊病”、城市社会的“病理现象”的城市理论家们表达过，简言之，“城市不再是天堂”（Banfield，1968）。城市被描绘为荒野，或者是更糟糕的描述——“丛林”（Long，1971；Sternlieb，1971；Castells，1976）。
xiii 比起新闻媒体或社科著述的描绘，这一点在好莱坞的“城市丛林”类型电影中表现得更加形象，比如《金刚》、《西区故事》、《梦断勇士》和《布朗克斯的阿帕奇要塞》这些电影的主题。正如罗伯特·博勒加德（1993）所说，这种“有关没落的话语”主宰了有关城市的讨论。

反城市主义已经成为美国文化的一个核心主题。与当初的荒野经验类似，过去的三十年间，人们对城市的印象也经历了从恐惧到浪漫主义的转向，以及从荒野到前沿的城市意象的发展。17世纪的科顿·马瑟和新英格兰的清教徒对森林充满恐惧，将其视为难以穿越的邪恶、危险的荒野、原始之地。但随着森林不断被驯化，及其在日益资本化的人类劳动者手中不断发生变化，特纳较为温和的边疆意象逐渐取代了马瑟的邪恶森林论调。这种乐观主义和扩张的期待与折射出自信与征服感的“前沿”相关联。因此，在20世纪的美国城市中，城市荒野的意象——意味着绝望地放弃——到20世纪60年代（尽管到处都是暴动）已经开始被城市前沿的意象取代。这种转变可以部分追溯到“城市更新”的讨论（Abrams，1965），但在20世纪70年代和80年代随着独户式住宅和公寓街区的改造逐渐形成“城市更新”继承者的象征意味而得到强化。在士绅化（gentrification）的语言中，对前沿意象的青睐是显而易见的：城市拓荒者、城市自耕农和城市牛仔成了城市前沿新的民间英雄。在20世纪80年代，房地产杂志甚至谈到了“城市侦察员”，他们的工作是去考察高档街区的周边，探察地块是否适合投资，同时还要报告当地居民的友好程度。不那么乐观的评论员则控诉新出现的“城市好汉”与内城的毒品文化有关联。

正如特纳虽然认识到美洲原住民的存在，却将他们看作野蛮荒野的一部分，当代的城市前沿意象也把当下的内城人口视作自己周围环境的自然元素。因此，“城市拓荒者”的术语和“拓荒者”的最初概念一样，显得傲慢自负，因为它暗示着一个还没有社会化的城市；同美洲原住民一样，城市工人阶级并没有被认为是社会的一部分，而是自然环境的一部分。特纳在这一点上说得很清楚，他把边疆称为“野蛮和文明的会合处”，虽然20世纪70年代和80年代的士绅化前沿的论述很少说得那么明确，但是对待内城人口的方式大致相同（Stratton，1977）。

这种相似之处还有很多。对特纳来说，地理上边界线的向西推进与锻造“民族精神”有关。同样的精神期望也在将士绅化看作城市复兴前沿的一片拥护声中得以表达；在最极端的情况下，新的城市拓荒者被寄予厚望，期待他们能够如当年的前辈那样对萎靡不振的民族精神做出贡献：带领国家进入一个新的世界，把旧世界的问题都抛在后

xiv 面。借用一份联邦文件上的话，士绅化的历史使命涉及“在心理上重新体验过去所取得的成功，因为近年来让人失望的事件不断上演，如越南战争、水门事件、能源危机、环境污染、通货膨胀、高利率等”（历史文物保护咨询委员会，1980）。从这里，我们将会看到，从失败的自由主义走到20世纪90年代的恢复失地运动者之城仅是很短的一段路程。目前还没有人会真的认为，我们应该把詹姆斯·劳斯（他负责开发了巴尔的摩内港、纽约南街海港及波士顿的法纽尔厅这类风格特异的市中心旅游购物街）视作士绅化的约翰·韦恩，但只要这些项目成为许多城市中心进行士绅化改造的标准，这种说法仍将是相当符合城市前沿话语的。最后，重要的结论是，无论是在18世纪和19世纪的西部，还是在20世纪末的内城，前沿话语使征服的过程变得合理化、合法化了。

特纳对西部历史研究的影响仍然是巨大的，他所设立的爱国者历史标准也很难让人忽视。然而，新一代的“修正主义”历史学家已经开始重写边疆的历史。帕特里夏·尼尔森·利默里克在自己对西部好莱坞历史的拨乱反正中察觉到近现代城市对前沿母题的再次挪用：

> 如果好莱坞想抓住西部历史的真实情绪，它的电影将是关于房地产的。约翰·韦恩将既不是枪手，也不是警长，而是测量师、投机商或者打索赔官司的律师。决斗将出现在土地办公室或法庭；武器是契约和诉讼，而不是左轮手枪。（Limerick，1987：55）

现在，这在很多方面看上去似乎是对士绅化过程的一种高度民族主义的表达。事实上，士绅化完全是一个国际现象，广泛出现在加拿大、澳大利亚、新西兰和欧洲的城市，以及日本、南非和巴西的一些城市。在布拉格或悉尼，或者说多伦多，关于前沿的语言并不像在美国那样自动成为士绅化的意识形态润滑剂，而这种适用于世纪末城市的前沿神话看上去很明显是美国的造物。毫无疑问的是，虽然前沿神话更加明显地表现在美国，但是最初的前沿体验并不是单纯的美国商品。首先，它是斯堪的纳维亚半岛或西西里岛的潜在移民对新世界的想象，而这种想象与已经居住在堪萨斯城或旧金山的德国或中国移民对新大陆的体验一样是真切的。其次，其他的欧洲殖民前哨站，如澳大利亚或肯尼亚内陆、加拿大的“西北前沿”，或印度和巴基斯坦，虽然阶级构成、种族结构和地形地貌全然不同，却享有同样功效的前沿灵药，这使它们保持了相同的意识形态。最后，前沿母题不管怎么说，都是在非美国（non-US）的情况下出现的。

或许最显著的是于伦敦涌现出的前沿，即著名的“前线”。整个20世纪80年代，伦敦（和其他英国城市）在经历了警察和加勒比黑人、南亚裔、白人青年之间的对峙骚乱后，好几个街区都出现了一条地盘线。 xv
这些“前线”，比如肯辛顿和切尔西的“万圣路”（Bailey，1990），或是诺丁山或布里克斯顿的类似地区，在70年代是一起形成的抵御警察袭扰的阵地，同时也是警方建立的战略性“滩头阵地”。到了80年代，它们也很快成为去士绅化的前线。原伦敦警察总长肯尼斯·纽曼爵士在80年代初推出了这项前线策略，并在一次面向欧洲大西洋右翼组织发表的演讲中解释了推出的目的。他在演讲中引述道，“多族群社区不断发展”导致了“被剥夺的下层阶级”，他预计到了“犯罪和混乱”的出现，标明了包括上述前线区域在内的伦敦十一处“象征性地点”，需要在那里采取特别的战术。对于每个地点，他认为“都有一个应急计划，警方能够迅速占领该地区并加以控制”(转引自Rose，1989)。

前沿母题一直是伦敦日常生活文化泡沫中的一部分。同在美国各地一样，对某些人来说，“城市牛仔”带有一些鬼魅的风格。“是啊，如日中天般遍布伦敦，”罗伯特·耶茨说，“狂野西部的狂热分子都戴上自己的牛仔帽，上好马鞍，以为伦敦塔桥就是美国得州。”(1992)在哥本哈根，“狂野西部”酒吧开在一个高档社区里；在1993年5月因为丹麦投票加入《马斯特里赫特条约》引发的骚乱中，有六名抗议者在那里被警方枪击。从悉尼到布达佩斯，“狂野西部”式的各种酒吧和其他前沿符号不时地描述并点缀着城市社区的士绅化。当然，这个母题经常会有一个鲜明的本地外号，就好像伦敦的帝国主题，士绅化者成了“新拉吉”(M. Williams，1982)，而“西北前沿”则呈现出全新的象征意义和政治意义(Wright，1985：216—248)。在这个说法里，士绅化的国际性得到了更加直接的承认。

与每种思想意识一样，把士绅化看作新的城市前沿有其真实基础，也有其偏颇之处——如果不算是扭曲的话。前沿代表着能够唤起回忆的经济、地理和历史发展的组合，然而从非常重要的一个方面来说，将这种命运寄托在社会的个体主义身上仍然只是神话。特纳的边界线向西推进，与其说是依靠个体的拓荒者、自耕农、衣衫褴褛的个人主义者，不如说是靠银行、铁路、国家和其他集体的资本资源(Swierenga，1968；Limerick，1987)。在此期间，经济增长主要是通过在大陆上的地域扩张来实现的。

今天，经济增长和地理扩张之间的联系仍然存在，这将效能赋予了前沿的意象，但是这种联系的形式是非常不同的。如今的经济扩张不再纯粹是通过绝对的地域扩张进行，而是涉及已开发空间的内部分化。

在城市尺度，这就是城市士绅化与城市郊区化对比的重要性。总体上的空间扩张与细部的士绅化，是资本主义社会特有的发展不平衡的例子。与真正的城市前沿相似，士绅化的推进，与其说是通过勇敢的拓荒者的行动，不如说是通过资本的集体所有者的行动。城市拓荒者勇敢 xvi
地前行之处，银行、房地产开发商、小规模的和实力雄厚的放贷人、零售企业和国家一般早已前往了。

在所谓全球化的背景下，国内和国际资本都面临各自的涵盖在士绅化前沿之内的全球性“前沿”。不同空间尺度与城市国家化和国际化扩张发展的向心性之间的联系，在城市企业区支持者热情洋溢的语言中非常清楚地表达了出来。所谓城市企业区是撒切尔政府和里根政府在20世纪80年代开创的一个想法，也是20世纪90年代城市私有化策略的核心。斯图尔特·巴特勒（为极右翼美国智库传统基金会工作的一位英国经济学家）认为，在这一对城市弊病的诊断中，把内城转换成前沿并不是偶然的，这一意象不仅仅是方便的意识形态表达。如同19世纪的西部，20世纪末的新城市前沿的建设是经济再征服的地域性政治策略：

> 也可以这样说，今天许多城市区域面对的问题至少有一部分在于我们没有把特纳解释过的机制（即本地的不断开发和创新观念）应用到内城“前沿”上去……企业区拥护者的目的是提供一个环境，使前沿化的过程可以由城市本身来承担。（Butler, 1981：3）

* * *

本书分为四个部分。导论部分为士绅化所导致的社会、政治和经济冲突提供了舞台。第一章的重点是纽约下东区汤普金斯广场公园的斗争，并揭示了作为20世纪80年代最激烈的去士绅化斗争之一，它是如何将街区转化为一个新的城市前沿的。第二章简要介绍了士绅化的历史和对当前论辩的调查，并提出主要观点，即在20世纪90年代，持续的士绅化导致了我所称的“恢复失地运动者之城”（revanchist city）。第一部分将把几条有助于解释士绅化的理论脉络融为一体。第三章的重点放在住房市场和本地尺度上。第四章则明确地将全球作为焦点，更广泛地探讨了有关发展不平衡的经济论点。第五章讨论了一些把士绅化同阶级和性别的社会转型联系起来的观点。通过对费城、哈莱姆、布达佩斯、阿姆斯特丹和巴黎的案例分析，本书第二部分试图表明社会经济的全球转型与本地的无数士绅化实例之间易变的关联性。在这一部分，我强调国家在士绅化过程中的作用，工人阶级居民所具有的“第二十二条军规”的特点（自相矛盾但又难以摆脱），以及不同城市在不同年代士绅化的不同面貌。第三部分将把前沿母题作为重点。通过士
xvii 绅化前沿的实际映射，我们可以发现严峻的经济地理学的内核，以及围绕内核所建构的城市拓荒者得到喝彩的文化形象。最后一章则讨论了20世纪末的城市，尤其是在美国，正在出现的恢复失地运动者的城市主义，体现了针对被指控从白人上层阶级手中“偷走”城市的不同人群的一种恶意报复和反动。士绅化已经偏离了20世纪80年代的架构，越来越多地再次成为这种旨在夺回城市的恢复失地主义的一部分。

* * *

回想起来，我想我第一次感受到士绅化，是1972年我在爱丁堡玫瑰街的一家保险公司做暑期实习时。每天早上，我从达尔基斯坐79路

巴士，然后走半条玫瑰街到达办公室。玫瑰街是气势恢宏的王子大街后面的一条后街，长期以来都是著名的酒吧街，密布了夜总会和一些历史悠久的传统酒吧，以及很多更加昏暗肮脏的、人们常常光临的地方（用美国人的说法，就是小酒吧），甚至还有几家妓院（虽然传闻它们在70年代初就已经撤到多瑙河街去了）。这是爱丁堡酒吧聚集的地方。我的办公室下面新开了一家叫“骏马奔腾”的酒吧，它没有俗气的装饰，也没有因时间久远而撒落一地的木屑。这是一家全新的酒吧，提供用沙拉佐餐的相当开胃的午餐，这在当时大多数的苏格兰酒吧里都还是一个新事物。几天后，我开始注意到其他的一些酒吧也被“现代化”了；出现了几家新的餐厅——当然对我来说，价格太贵了，要不然我去餐厅的次数要多得多。因为许多楼上的房间也在装修，狭窄的玫瑰街总是堵满了施工车辆。

我当时并没有想太多；只是当我在费城那几年作为一名地理学本科生接触了一些城市理论后，才开始意识到我所看到的不仅是一个模式，更是一个戏剧性模式。我所了解的所有城市相关理论（当然，当时实际上没几个）都告诉我说，这种“士绅化”是不应该发生的。然而，在费城和爱丁堡，它又确实发生了。这是怎么回事呢？在20世纪70年代剩下的时间里我有很多相似的经历。我听到并爱上了兰迪·纽曼的歌曲《大河燃烧》，并视之为尖刻的环境抗议，但在1977年我到克利夫兰的时候，凯霍加河畔“平跟鞋”酒吧里的场景已经开始吸引了雅皮士、像我这样的学生、号称“地狱天使”的飞车党和下晚班的码头工人。我想我看到了不祥之兆。我同一位持怀疑态度的克利夫兰的朋友打赌说，这座城市将在十年内显著地士绅化，虽然她从未付过赌资，但是她不得不在还远未到十年的时候就承认自己输了。

本书中的论文涉及各种士绅化的经验，但它们更多是发生在美国。事实上，有四分之三的章节，特别是结尾部分对去士绅化的政治和文化观点的讨论，都是基于我自己在纽约的生活经验和研究。这显然会引起人们对这些论点在其他语境下适用性的怀疑。虽然我接受劝诫，认
xviii 为不同的国家、地区、城市，甚至街区的环境，都会有全然不同的士绅化经验，但是我也坚持在这些不同中，大多数士绅化经验会有相互共鸣的一条主线。我们可以从纽约的经验中学到很多，而且纽约的情况能够大量地激发别处的共鸣。当卢·里德演唱《和你相约在汤普金斯广场》(收录在他的专辑《纽约》中）时，他让围绕着这座下东区公园进行的暴力抗争，立刻成为许多人能够识别的新兴“恢复失地运动者之城”的国
xix 际符号。

致　谢

本书中的很多章节之前都曾发表过，如今我对它们进行了修订与重新编辑，所以我首先得感谢我的合著者。我特别感谢理查德·谢弗，他与我进行了第七章中有关哈莱姆的初步研究；感谢劳拉·里德和贝特西·邓肯，他们与我合著了第八章的最初版本。我也感谢美国国家科学基金会的资助（编号为SE-87-13043），它们赞助了第九章中提到的研究。

很多人都对这项工作的方方面面提出了建议，并以某种方式对其作出了贡献。下面的列表并不全面，对那些在我重构历史的过程中不可避免地被遗忘的人郑重道歉：罗萨琳·多伊彻、本诺·恩格斯、苏珊·法因斯坦、戴维·哈维、库尔特·霍兰德尔、罗恩·霍瓦特、安德烈·卡茨、哈尔·肯迪格、莱斯·基尔马丁、拉里·克诺普、米基·劳里亚、希拉·摩尔、达玛里斯·罗斯、克里斯·托罗斯、迈克尔·索罗金、伊达·萨瑟、莱拉·武拉尔、彼得·威廉姆斯、沙龙·祖金。很多人都热切地向我介绍了他们城市的士绅化，帮助我扩大了视野，他们是：本诺·恩格斯、罗恩·霍瓦特、贾内尔·阿利森、鲁斯·芬彻、麦克·韦伯、布莱尔·巴德科克、朱迪特·蒂马尔、维奥莱塔·曾陶伊、佐尔坦·科瓦奇、伊德·索亚、赫尔加·莱特纳、埃里克·谢泼德、扬·范·维瑟普、约翰·普劳格、安妮·海拉、艾伦·普莱德、埃里克·克拉克、肯·奥尔维格和卡伦·奥尔维格、斯蒂恩·福尔克。

我感谢麦克·西格尔，他是书中地图和插画的作者；感谢鲁丝·吉尔摩、玛拉·埃默里、安妮·蔡德曼，尤其是塔玛·罗滕伯格，他们在不同的阶段给予我研究上的大力支持。没有他们的帮助，本书在连贯性上会差很多。

在我的士绅化研究中有几位同事尤为重要。罗曼·塞布里乌斯基在我进行士绅化研究的最初阶段不辞辛劳，惠赐观点与支持，并慷慨地赠予本书写作中所需资料的复印件。布莱维尔·霍尔库姆一直是慷慨支持我的同事，总是给予一些我感兴趣的东西，包括为我的一些早期著作提供她的那些机密裁定报告的复印本。鲍勃·博勒加德总是能够找到时间充分参与讨论，即使在他不同意的时候；鲍勃·博勒加德、鲍勃·莱克和苏珊·法因斯坦，一直是我最适合与之探讨的同事。

埃里克·克拉克一直是坚定的批评者也是支持者；不管是在纸面上还是面对面时，我从他的观点中学到了很多东西，并受惠于他的慷慨。扬·范·维瑟普1990年邀请我到乌得勒支大学，给我提供时间和空间，让我在更广泛的语境下思考士绅化问题。在此之前，他组织过一
xx 次为期两天的关于“欧洲士绅化”的会议，然后第二天就借车给我去考察圩田区（那里还没有士绅化），以便他能不受我坚持全球视野的阻碍

而整理出欧洲士绅化议事日程。这是一个公平的交换。克里斯·哈姆尼特伴随着飓风抵达乌得勒支，他是我多年的老友，也是顽皮的对手，没有他，讨论士绅化将是很无聊的一件事情。

我必须特别感谢乔·多尔蒂。在我接受教育过程中那些特别易受影响的阶段，我曾一度萌发奇想去研究新的青贮技术在中西部的推广问题，是乔的温和耐心的指导让我意识到士绅化是一件可以全神贯注对待的事业，否则我很可能已经成为一个田园地理学家。同样，我也应该感谢美国农业部的一位官员（我忘了他的名字），他从来没有回过我了解数据的信件，也因此让乔的建议更有说服力。乔也提醒我注意到露丝·格拉斯在“士绅化”这一术语形成过程中扮演的角色。

里克·施罗德、多·霍奇森、蒂姆·布伦南、戴维·哈维、艾德·萨尔曼、德尔菲娜·伊娃·哈维、鲁丝·吉尔摩、克雷格·吉尔摩、莎莉·马斯顿都是我的朋友，他们对我的影响、支持和友谊超越了士绅化的任何问题。事实上，虽然我并不总是那么肯定，但是他们提醒我说在士绅化后还有生活。

从我了解到士绅化起，我就认识了辛迪·卡茨。但是，只是从纽约市警方在1989年12月最冷的一天第一次武力驱逐了汤普金斯广场公园里的无家可归者的那一天开始，辛迪和士绅化在我的生命中才缠绕在了一起。有了她，我很想看看士绅化后的世界，经历让士绅化成为可能的所有经济和政治剥削后的世界：一种新政治的个人触手。

最后，1974年从达尔基斯到费城的这段旅程，在很大程度上是我远离家乡的旅程。有了这本书，我也许可以回忆一些过去的事情。我想达尔基斯还没有面临士绅化，但大多数达尔基斯人会很清楚地意识到士绅化的广泛政治影响。因此，我想把这本书献给我的母亲和父亲——南希·史密斯和罗恩·史密斯，他们不仅保证了让我离开家乡接受教育，而且还是接受政治化的教育。我知道，他们将很荣幸地分享
xxi 在各地与士绅化斗争的人们所作出的贡献。

导　论

第一章
“B大道上的阶级斗争”：狂野西部般的下东区

1988年8月6日傍晚，在纽约下东区汤普金斯广场公园这片小小的绿地里爆发了一场骚乱。这场骚乱一直持续到深夜，警察列队站在一侧，而去士绅化示威者、朋克青年、房产维权人士、公园定居者、艺术家、周六晚上的狂欢者和下东区居民这样的多元组合则在另一侧与之对峙。市政部门企图从凌晨一点在公园强制实行宵禁，把越来越多住在或睡在公园的流浪汉、扛着录音机疯狂至深夜的朋克小孩，以及将公园作为交易地点的毒品贩子和买家统统赶出公园。这次骚乱即是对这一骚扰政策的回应。许多当地居民和公园使用者对这一政策也持不同看法：他们认为纽约市正在试图驯化这座公园，以助力下东区已经大幅开展的士绅化改造。“士绅化是阶级战争！”，这一标语出现在周六晚上维护公园开放的游行队伍中的最大一张横幅上。示威人群齐声高喊着“阶级战争，阶级战争，雅皮败类去死！”这类口号。喇叭里传来“雅皮士和房地产巨头已经对汤普金斯广场公园的人民宣战”的呼喊。“这他妈是谁的公园？这是我们他妈的公园”也成为大家都在呼喊的口号。即使是习惯性节制的《纽约时报》也在8月10日的头版头条中对其进行了呼应：“B大道爆发阶级战争”（Wines，1988）。

事实上，1988年8月6日，是警察的暴行最终激发了公园的这一切。身着外星人般的防暴装备，遮住自己的警察编号，警方在午夜前开始强行将人群从公园驱离，像哥萨克骑兵挥舞马刀一样挥舞着警棍，不断攻击公园周围的游行者和本地居民：

> 让人惊讶的是，警察似乎失去了控制，他们被某种我没搞明白的仇恨情绪给笼罩了。他们呈扇形编队对着一小群抗议人士围了过去，将他们赶出街区，激起了数百名还没赶到公园的抗议人士的愤怒。警察调来了直升机，最终出动了450名警员……警察都陷入了歇斯底里之中。一名警察飞奔向一辆停在路口等红绿灯的出租车，尖叫道：“他妈的滚开，烂人……”［有］骑警从东村的街道横扫下来，一架直升机在头顶盘旋，出来买周日报纸的路人在恐怖的
> 3 第一大道上吓得四处奔逃。（Carr，1988：10）

最后，凌晨四点过后，警方以一种“可耻的退却”方式撤退了，兴高采烈的示威者重新进入公园，跳着、闹着、呼喊着庆祝胜利。几名示威者用一个警用路障猛撞克里斯托多拉公寓大厦的玻璃黄铜大门。这幢公寓大厦位于B大道，毗邻公园，已然成为被人憎恶的街区士绅化的象征。（Ferguson，1988；Gevirtz，1988）

骚乱后数日，示威者迅速采取了政治地理学上的更加雄心勃勃的

反抗。他们嘲弄警察，庆祝自己解放了公园，并把他们的口号变成了“到处都是汤普金斯广场”。与此同时，纽约市市长爱德华·科赫把汤普金斯广场公园描述为“污水池”，将骚乱归罪于“无政府主义者”。巡警慈善协会的会长为自己的警察客户辩护，他热情地阐述道：“社会寄生虫、吸毒者、光头党和共产主义者”——“一群与社会格格不入的人索然无味地聚在一起”——是这次骚乱的原因。接下来的几天里，纽约市的市民投诉审查委员会收到了121份对警察暴行的投诉，而且主要是根据本地视频艺术家克莱顿·帕特森提交的四小时录像证据，17名警察被指控为“行为不当”。有6名警察最终被起诉，但没有人被定罪。警察局长也只承认一些警察由于“缺乏经验”而变得有点“过于热情”，但他一直没有放弃指责受害者的官方态度（Gevirtz，1988；Pitt，1989）。

1988年8月的这场骚乱之前，有超过50名无家可归者和被驱离房产的人，经常性地将汤普金斯广场公园作为睡觉的地方。在之后的数月中，随着组织松散的去士绅化人士和寮屋居民开始与其他社区的居民联合起来，定居在公园的被驱逐者越来越多。一些被吸引到汤普金斯广场公园这块“新解放的空间”的被驱逐者也开始组织起来。但纽约市也在慢慢地重新部署。全市范围内的公园宵禁（在这次骚乱后曾被废弃）逐渐恢复；关于使用汤普金斯广场公园的新条例在慢慢实施；下东区几栋被寮屋居民占用的建筑在1989年5月也被拆除，并且在7月的一次警方突袭中，公园居民的帐篷、窝棚和财物等也被捣毁。到现在为止，随便一个晚上都有约300名被驱离家园者待在公园里，其中至少有四分之三是男人，大多数是非洲裔美国人，一定数量的白人，还有少量拉丁裔、土著美国人和加勒比人。然而，在1989年12月14日这个最寒冷冬季的一天，公园内所有的无家可归者都被驱逐了出去，他们的财产和50个窝棚也被环卫处派来的垃圾车队拉走。

一位名叫亨利·J.斯特恩的公园管理局局长假惺惺地说道，在这样寒冷的天气里，“让无家可归者睡在户外是不负责任的”，但他没有提到纽约市的住房保障系统只能给这座城市四分之一的无家可归者提供床位。事实上，据相关报道，给被驱离人士提供的“救助中心”不过“被证明是一间提供熏肠三明治的药房而已”（Weinberg，1990）。许多被从公园驱离出来的人在当地随便找了地方安顿下来，一些则在附近露营，但他们很快又回到了汤普金斯广场公园。1990年1月，似乎是进步论
5 者的时任市长戴维·丁金斯领导下的市政府，对最终夺回这座公园信心满满，宣布了一项“重建计划”。当年夏天，公园北端的篮球场被拆除后重修，但是随后的进出受到了严格控制；新建的儿童游乐场被用铁丝网围了起来；公园管理条例也被更加严格地执行。在强制驱逐的同时，市政机构也加大了对去士绅化运动带头者的寮屋社区的袭扰。然而随着冬天日益临近，越来越多的城市失房者还是回到了公园，重新开始建设半永久性建筑物。

1991年5月，公园以“住房是人的基本权利”为口号组织了阵亡将士纪念日音乐会，这也成为每年5月的固定活动。当局与公园使用者的进一步冲突接踵而至。示威者占据汤普金斯广场公园已经快三年了，那里现在已有近百个窝棚、帐篷和构筑物，然而丁金斯政府依然决定采取行动。当局最终在1991年6月3日凌晨五点关闭了公园，驱逐了200至300名公园居民。丁金斯市长称，汤普金斯广场公园被“无家可归者”从社区给“偷走了”。他高调宣布：“公园就是公园。不是什么住人的地方。”（引自Kifner，1991）八英尺高的铁丝网被架设了起来，50

多名穿制服的警察和便衣警察开始24小时看守公园（在最初几天和游行抗议期间警察人数增加到了几百人），同时一项耗资230万美元的重建工程几乎立即开始。事实上，有三个公园出入口保持开放，但戒备森严：其中两个通向儿童游乐场，只准儿童（和陪同的成人）出入；另外一个在克里斯托多拉公寓大厦对面的出入口则径直通向遛狗区。“乡村之声”记者萨拉·弗格森对公园的关闭评论道：这鸣响了占据行为的“丧钟”，“象征着城市在应对无家可归人口方面的失败”（Ferguson，1991b）。由于没有给被驱离的人群提供替代性的住房，人们又搬进当地那些废弃的房屋，或者像水滴一样融进了城市。在公园东边的空地上形成了一排排棚屋街区，它们很快得名为“丁金斯村”。这不由得把丁金斯市长和大萧条时期的“胡佛村”联系起来（美国20世纪30年代初所设立的失业工人和流浪汉的收容所）。“丁金斯村”不是一个单独的案例，而是一系列相似街区的集合，让人难以置信地联想到南非的国中之国博普塔茨瓦纳。在布鲁克林、曼哈顿和威廉斯堡大桥下的寮屋还在不断增加。

十英亩面积大的汤普金斯广场公园，是美国最激进的去士绅化斗争的场所（Mitchell，1995a），并迅速成为新城市主义被蚀刻在城市“前沿”上的象征。城市的内城土地，在战后郊区扩展过程中基本上被放弃了，留给了工人阶级、穷人和失业者作为少数族裔的保护地；现如今内城土地又突然焕发了价值，大为有利可图。这种新城市主义体现了自20世纪70年代以来城市在政治、经济、文化和地理等方面的广泛和激烈的重新极化，并且在整体上与更大范围的全球变化一致。自20世纪60和70年代以来的系统性士绅化，既是对一系列更大范围的全球性转变的回应，6
也促成了以下这些变化：20世纪80年代的全球经济扩张；发达资本主义

国家的国民和城市经济向服务、娱乐和消费化转型；以及世界性、国家性和地区性城市层次的涌现（Sassen，1991）。这些转变将士绅化从房地产行业某一利基市场比较边缘的位置推向了城市改变的最前沿。

这些力量在下东区表现得最为明显，甚至街区的不同称呼也反映出这些矛盾。本地波多黎各裔的西班牙语中把这里叫作“洛伊塞达”，地产代理商和艺术圈中士绅化的拥趸则干脆不用“下东区”这样的说法，他们都急于撇清和20世纪初占据此处的贫穷移民间的关系，相反，他们喜欢用“东村”来称呼休斯顿街上的这片街区。南边的华尔街金融区和唐人街，西边的格林尼治村和SOHO区，北边的格拉梅西公园和东边的东河（图1.1）紧紧包围着下东区，让这里比纽约市其他任何地方都更加敏锐地感受到这种政治上的两极化。

这片街区一直呈高度多样化发展，但从20世纪50年代以来拉丁化趋势显著，在80年代它就经常被形容为一个“新前沿”（Levin，1983）。在这里，房地产投资者的巨大机会和在街头每天都要面对的危险交织在一起。用当地作家的话说，下东区从各种角度来说都是“城市肌理磨损严重甚至撕开的前沿”（Rose & Texier，1988：xi），或者是“印第安乡村，谋杀和可卡因的土地”（Charyn，1985：7）。不只是支持者们，连反对者都发现这个前沿意象不可抗拒。一位记者在1988年警察骚乱发生后写道：“随着街区慢慢地、无情地士绅化，这座公园是一种坚持，是最后一个隐喻立场的所在。”（Carr，1988：17）几星期后，“周六夜现场”用
8 一个边境要塞的小品演出使这个卡斯特意象更加明晰*。卡斯特（科赫

* 卡斯特，美国骑兵军官，美国内战时联邦军将领，战绩卓著，是美国历史上的传奇人物；他是勇猛的战士，是深受妻子爱慕的忠实丈夫，是印第安人眼中的“恶魔”，也是带领士兵走向毁灭的失败领袖。卡斯特曾经吹嘘说全美国的印第安人加在一起也不够对付他领导的第七骑兵团，但最终他还是因为自己的轻敌而死在印第安人手中。——译注

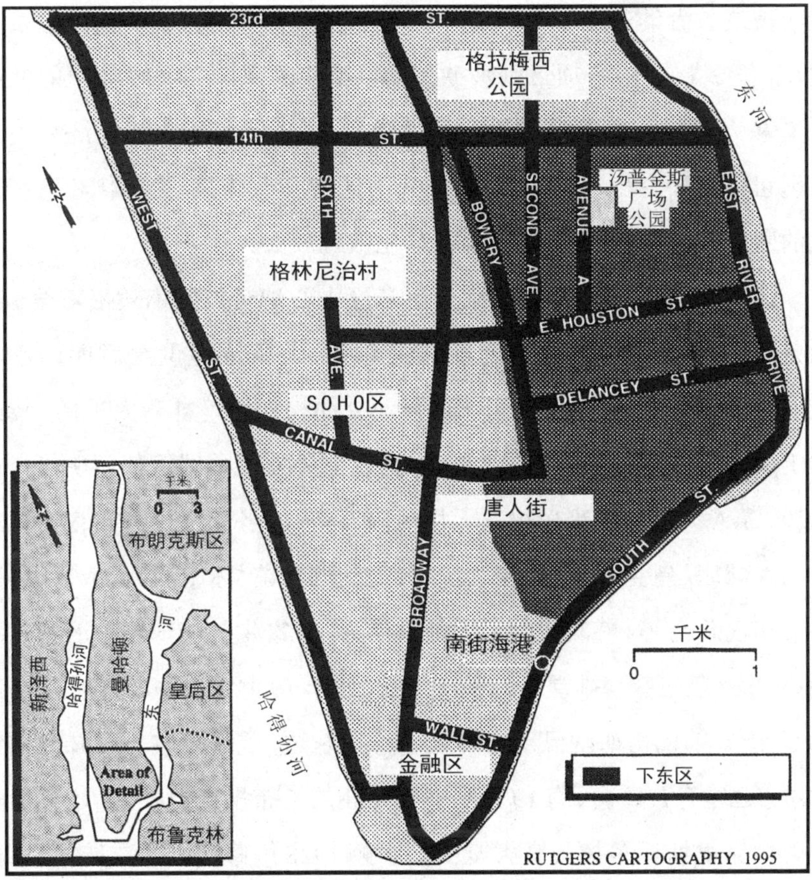

图1.1 纽约的下东区

市长)欢迎好斗的翔鹰酋长走进他的办公室，并询问道:“下东区的事情怎么样了?”

“印第安乡村”的社会、政治和经济的两极分化激烈而迅速，并且变得越来越剧烈。公寓租金飙升贯穿了整个20世纪80年代，随之而来的是无家可归者的人数也大幅增加；一边是豪华公寓建设创纪录，一边是公共房屋供给紧缩；附近的华尔街繁荣带来了七八位数字的薪酬，而无一技之长者的失业率不断上升；妇女、拉美裔和非洲裔美国人愈发贫困，而很多社会服务项目则被砍掉；80年代的保守主义喷吐出的种族主义暴力重新点燃整座城市。虽然随着20世纪90年代初经济衰退的
9 出现租金逐渐企稳，但失业率已飙升。到90年代末期，士绅化和房产开发的回潮注定要将80年代的两极分化效应放大。

汤普金斯广场公园就深藏于下东区中心地带。其南边沿着第7街的是一长排能够看到公园全景的住宅房，大多是19世纪后期修建的五六层高的老式公寓，没有电梯，只在外面松松垮垮挂着太平梯，装饰大于实用，但有一栋较大的建筑，灰白色的外立面显得沉郁而现代。在西边，靠A大道的公寓房也毫无特色，但这里的各条横街分布有林林总总的香烟店、乌克兰酒馆、波兰餐厅、高档咖啡馆、休闲酒吧、杂货店、糖果铺和夜总会等，使其成为公园最具活力、最富生气的一侧。沿着北边的第10街矗立着一排堂皇的联排别墅，建于19世纪40和50年代，早在20世纪70年代初期就已经士绅化了。在东边，临B大道一面显得毫无章法：这边有公寓房、有19世纪中叶修建的圣布里吉德教堂，还有臭名昭著的克里斯托多拉公寓大厦——一幢1928年修的十六层砖体建筑，庞然大物般统治着本地的天际线。

时尚精致但一向轻描淡写的《美国建筑师协会纽约建筑指南》感叹道："有一天，在该区域改造时，成熟的公园简直就是上帝赐予的礼物。"（Willensky & White，1988：163）其实，公园本身倒无出奇之处。弯弯曲曲交错的步道像椭圆形花环，享受着大梧桐树和一些榆树提供的绿荫。步道两旁原是一排排水泥长凳，在改造时换成了木制长椅，而为了防止无家可归者躺在上面睡觉，长椅上用锻铁条隔出来一个个座位。宽阔的草地经常是光秃秃的，占据了公园大部分面积，在公园改造时都

用栅栏围了起来。公园的北端是手球场、篮球场、游乐场和遛狗区，在南端有一个露天舞台，见证了从20世纪60年代的“闷热空气”（Fugs）和“感恩而死”（Grateful Dead）等乐队演出，到80年代后期五一游行和一年一度假发嘉年华游行等盛况。在改造前，公园白天到处是下棋的乌克兰人、卖毒品的小年轻、步行上下班的雅皮士、一些扛着录音机的朋克青年、牵着宝宝散步的波多黎各女人、遛狗的居民、玩耍的孩子。1988年后，又多出了开车巡逻的警察、摄影师，还有越来越多的失房人群，他们被这个虽有争议但“无拘无束”空间的相对安全吸引而不断拥来。1991年6月前，营区初成规模，他们用帐篷、纸板、木头、亮蓝色防水油布，以及各种可以遮风挡雨的边角废料搭建起容身之所。吸毒者通常聚集在南边的“裂巷”，一群大多靠卖力谋生的人聚在东边，牙买加拉斯特法里信徒在靠近A大道的净水喷泉附近晃荡，政治积极分子和寮屋居民则集结在露天舞台周围——下雨天这里就是栖身之所。该露天舞台在改造中被拆除。

既邋遢破旧，又轻松自在、充满活力，除非警察正在调集，否则一般也不危险，汤普金斯广场公园体现出简·雅各布斯在她著名的反现 10
代主义作品《美国大城市的死与生》（1961）中称为“轰动一时新闻”的那种社区公园的特点。假如汤普金斯广场公园没有前沿的实际特征，这里也就不会有什么阶级冲突或警察骚乱。公园最早是一片沼泽“荒野”，它的最早一批无家可归者可能是1626年因为收受了一些碎布和珠子而失去曼哈顿岛的曼哈顿土著。皮毛商人和资本家约翰·雅各布·阿斯特把这片土地捐赠给了市政府，排干了沼泽，并于1834年修建起一座公园，以纽约州前州长和1817年到1825年间的美国副总统丹尼尔·汤普金斯的名字命名。很快，公园成了工人和失业者的传统集会地，但是让民众感到惊愕无比的是，在19世纪50年代和整个美国内战期间这里都被征用为军事阅兵场。

在1873年一场灾难性的金融崩溃中，失业工人和失去房屋的家庭数量前所未有。汤普金斯广场公园作为抵抗空间的象征力量在此后开始成形。纽约的慈善机构被拥入的人群淹没，而在资产阶级的驱策下市政府拒绝提供救济。“在任何情况下，对救济本身这个概念就存在强烈的意识形态上的反对，也有人相信严峻的失业状况是对工人阶级一种必要和有益的考验。”（Slotkin，1985：338）1874年1月13日在汤普金斯广场公园组织了一场示威游行，劳工历史学家菲利普·方纳在自己的作品中重构了当时的情况：

> 第一批游行者进入广场的时候，纽约人目睹了这个城市发生过的最大规模的劳工示威。人们寄望市长能够解决示威这个问题，而他却改变了主意。警察在最后一分钟禁止了集会，但是没有任何人给工人们警告。男人、妇女和儿童游行到汤普金斯广场期待听到市长哈弗梅尔提出的失业者救济方案。当示威者站满广场时，他们遭到了警方的袭击。有人描述道：“在警棍不断的起落之下，妇女和儿童尖叫着四处逃跑。许多人在朝着公园大门跑去的路上遭到踩踏。街上的旁观者也被揪住，被骑警们用警棍狠打。”（Foner，1978：448）

在警察进行攻击后一个小时内，《纽约画报》的特别版就出现在了街头，头条就是“在汤普金斯广场公园暴乱正在上演”（Gutman，1965：55）。

警察暴动后纽约媒体的报道，肯定会让1988年的市长心怀大畅。

纽约的《世界报》谴责游行者为“共产主义者”,呼吁人们警惕“公社的红色幽灵”,一直把镇压汤普金斯广场公园的城市人群与卡斯特上校对南达科他州野蛮苏族的布莱克山远征相提并论。1874年开始奇怪地把公园和城市前沿并置(Slotkin,1985),到了20世纪80年代就成了一种令人回味而又颇为自然的描述。 11

下东区的命运一直与国际事件交织在一起。接下来几十年中,成千上万的欧洲工农移民加剧了下东区的政治斗争,也让记者愈发将之描绘成一个堕落的环境。到1910年,约54万人挤进了该地区的公寓房间,争抢工作和住房。服装工人、码头工人、印刷工人、劳工、工匠、店主、仆人、公务人员、作家,以及不断发酵的共产主义者、托洛茨基主义者、无政府主义者、参政权扩大主义者和社会活动知识分子纷纷参与政治和斗争。连续的经济衰退让许多人失业;专横的老板、危险的工作条件和工人缺乏权利,促使大规模的工会组织形成,而房东则热衷于提高房租。这个十年以1911年三角内衣工厂火灾开头,这场大火吞噬了146名下东区服装女工的生命;火灾发生时,这家血汗工厂的大门紧锁,她们无处逃生,大多是被迫跳楼而死;以1919年帕尔默大搜捕收尾,这场搜捕是针对现在臭名昭著的下东区发动的一波政府资助的政治恐怖行动。到了20世纪20年代,郊区风生水起,这片街区的房东就放任房屋失修,许多有能力的居民也跟随资本转移到郊区去了。

和其他公园一样,汤普金斯广场公园被中产阶级改革者视作这片人口稠密社区和动荡社会环境的一个必要的“逃生阀”。1874年的骚乱后,公园被重新设计,明确打造为一个更容易控制的空间,并由这一世纪最后十年中的改革和禁酒运动推动,公园建起了一个游乐场和喷泉。对公园的争夺潮涨潮落、时紧时松，但在大萧条时期当罗伯特·摩西重新设计公园时达到高潮；二十年后当公园管理局企图将公园土地挪用修建一个棒球场而失败时又掀起了一个高潮。当地的示威游行改变了这次重新设计（Reaven & Houck，1994）。公园在20世纪50和60年代是垮掉派诗人和反主流文化运动的聚集地，在1967年公园和周边的街区再次成为战场：嬉皮士躺在公园草坪上，藐视“请勿践踏草坪”的标志，而警察则对他们发动了猛烈的攻击。

这种爆发性的历史掩盖了公园不起眼的形式，使其成为去士绅化运动“最后一站”的合适区域。

构建前沿神话

罗兰·巴特曾经提出：“神话是因事物的历史特性损失而构成的。”（Barthes，1972：129）理查德·斯洛特金阐述道，除了从历史背景中歪曲意义以外，神话和历史有着相互的影响，“历史变成了陈词滥调”（Slotkin，1985：16，21—32）。我们要补充一点，神话也是因损失了事物的地理特性而构成的。去疆界化（deterritorialization）也是神话构建的核心，而从构成神话的地理中歪曲出的事件越多，神话也就越强大，地
12 理也变成了陈词滥调。

士绅化的社会意义通过前沿神话的词汇日益构建起来，而乍一看这种语言和地貌的挪用似乎仅是顽皮而无辜的。报纸习惯性地歌颂城市“自耕农”的勇气、新定居者的冒险精神和个人主义，称之为勇敢的“城市拓荒者”，用《星际迷航》里的话来说，“可能去到任何（白人）男子不曾去过的地方”。“我们在下［原文］东区找到个地方，”一对住在郊区的夫妇在《纽约客》的编读来信版上说道，

> 勒德洛街，我们认识的人没有哪位会想住在这里。我们认识的人中甚至没有哪位听说过勒德洛街。也许有一天，这一街区会像格林尼治村那样，在我们了解纽约之前就已经声名远扬……我们解释说，在这里沿街漫步就像城市拓荒一样，并告诉[母亲]她应该感到自豪。我们把穿越休斯顿街的经历比喻成开拓者穿越落基山脉。（“勒德洛街”，1988）

《纽约时报》（1983年3月27日）在房地产版上，描述了时代广场西边两个街区外的“军械库公寓”建设的情况，宣告“狂野西部的驯服”。

> 开拓者们已经完成了他们的工作：西第42街已被驯化并打磨成纽约最精彩、最新鲜、最有活力的新社区……对于真正精明的买家，第42街西边走廊意味着土地价格的快速飙升。（毕竟，如果连搞房地产的人都不知道什么时候一个街区即将脱颖而出，谁还能知道呢？）

作为新的前沿，自20世纪80年代以来不断士绅化的这座城市弥漫着乐观情绪。不利的地形地貌受到改造、清除，再次注入中产阶级的感觉；房地产价值飙升，雅皮士消费，精英式的绅士气派在大规模生产的不同款式中得到普及。那么，有什么不一样的呢？在这种意象中并不能完全根除真实前沿的矛盾，但是它们能被缓和到一个可以接受的状态。和旧西部一样，前沿是田园牧歌式的，却也处处危险；充满浪漫气息，但也冷酷无情。从《鳄鱼邓迪》到《灯红酒绿》，有一个完整的电影流派让城市生活成为一则牛仔寓言，充斥着危险的环境、敌对的当地人和在文明边缘的自我发现。在驯服城市荒野的过程中，牛仔抱得女孩归，也初次发现并驯服自己的内心。在《鳄鱼邓迪》的最后一幕，保罗·霍根（《鳄鱼邓迪》的主演）接受了纽约，纽约也接受了他，他像澳大利亚牧羊犬一样爬上地铁人群的头和肩。迈克尔·J.福克斯（《灯红酒绿》的主演）乘车冲向让人心安的满天斜阳，很难说他的寓言就落幕了，因为在大城市明亮的灯光到处都是，而他确实在哈得孙河与曼哈顿重建的金融区里看到了明亮崭新一天的开始。早期前沿的天定命运般的扩张，在大城市获得了新生。

新城市的前沿神话在这里是如此老套，事物的地理和历史特性损失得如此巨大，我们甚至可能见不到地貌和神话融为一体。这只是证明了
13 神话的力量，但神话的力量并非总是如此。把1874年汤普金斯广场游行者和印第安苏族进行类比最多是初步而隐晦的。这则神话过于年轻，无法承受将显然不同的两个世界的全部思想联系在一起的重任。但纽约和狂野西部之间的真实距离和概念距离已经不断消退；卡斯特的布莱克山战役几年之后，一栋简朴优雅但孑然耸立在如今中央公园西路上的住宅楼被取名为“达科他公寓”，这可能是这座城市早期为了唤起人们前沿记忆的最破天荒的一次尝试。相比之下，在一个世纪后席卷曼哈顿的分房出租热中，这时的曼哈顿与早期前沿任何的社会、物理或地理联系早已消失殆尽，在早就修建得密密麻麻的地方又塞入了叫作诸如“蒙大拿”、“科罗拉多”、“萨凡纳”和“新西部”这类建筑，却无法引起一丝形象不一致的异议。随着历史和地理往西扩展，神话在东部尘埃落定，但是要过上好长时间神话本身才会被驯化得适应城市环境。

新的城市前沿母题不仅是建筑环境的物理改造和城市空间在阶级和种族方面重写的一种编码，也是一个更大的符号学编码。前沿既是

一种风格，也是一处地方。在20世纪80年代得克萨斯—墨西哥美食风靡一时，沙漠装饰蔚然成风，牛仔时尚大行其道，这些交织成一股消费的城市景观。《纽约时报》周日杂志上的一则服装广告（1989年8月6日）说得非常详尽：

> 对城市牛仔来说，打扮出一点前沿风格有很长的路要走。从头上的印花头巾到脚下的靴子，华丽是关键……西部风格的时尚印记就像给牛打上烙印一样，不能太刺眼，但又要足够醒目。对于城市帅哥，这意味着亮点：流苏夹克搭配黑色打底裤；羊毛大衣搭配细条纹西装；一双百搭的牛仔靴。若对混搭有所疑惑，请移步镜前。如果您脱口而出“哇”，可能您已经走得太远了。

纽约出售媚俗的时尚前沿商品的高档精品店都集中在SOHO区。SOHO区原本是一片艺术家工作室和没落画廊到处都是的区域，在60年代末和70年代初进行了高档化改造，到了80年代已经前所未有地繁荣起来。SOHO区位于下东区的西边和西南边。在这里，“前沿”意象有时显露出一丝哲学的味道。格林街上有销售纳瓦霍地毯、“纯天然奥托米印第安人树皮信纸”、“圣达菲”珠宝、赤土陶器、“各种颜色的龙目篮子”和波洛领带的专区。这里的一切都是真品。所有“物品”都编了号，并且制作了“收藏”目录。在一小块刻意保持低调的普通牌子上，金色纸张上压印着几行字，传达出这家店充溢着新时代灵性的工艺品般的“个人”哲学：

> 在一个电子工具和高科技不断扩大影响的时代，我们迫切

> 需要用文本的、感性的产品来平衡我们的生活。我们将客户视作资源，而不仅仅只是消费者。我们的信念：信息是能量，变化即永恒。
>
> 感谢惠顾。

伍斯特街上的“美洲西部”画廊则争取打造一种更纯粹的沙漠风格。门外的人行道上，身份显赫的印第安酋长手持战斧、头戴羽冠，威风凛凛地守卫着。橱窗展示品中最引人注目的是一个标价500美元的漂白水牛头骨，店里则摆放着长角牛皮，以及牛皮做成的沙发和椅子。作为一家像是商店的画廊，“美洲西部”有各种各样的高尚的野蛮人图画，例如乔治亚·奥基夫画笔下的沙漠场景、岩画和象形文字、马鞭和马刺等。仙人掌和土狼到处都是（当然不是真的）；霓虹刺梨售价350美元。在“美洲西部”的前窗上印着一些宣示该店主题的字——城市和沙漠之间的交叉文化地理学：“西南地区的形象演变。欢迎设计师……不只为冒险的城里人。”

前沿并不总是美国人的，或者只是男性的。在“梦之街”商店，主题是不拘一格的丛林。豹纹大衣（当然是仿品）、羚羊皮裙、鹿皮上衣似乎还在流行着，人们从衣架上取下它们拿到收银处交款。时尚配饰就像藤本植物般从遮天蔽日的丛林树冠垂下。毛绒大猩猩和几只活着的鹦鹉，让整个氛围显得活泼。“梦之街”本身可能已不合时宜（它是20世纪80年代后期股市大跌的牺牲品），但其主题却在服装连锁店及精品店中延续了下去。在名为“香蕉共和国”的店中，客户把自己购买的服装放进印有一只犀牛的牛皮纸袋中。同时，在银幕上，诸如《走出非洲》和《雾中猩猩》这样的电影进一步强化了开拓黑暗非洲的白人形象，不过这次是以女性作为主角。随着中产阶级白人妇女在高档士绅化中发挥的作用日趋重要，女性在早期前沿的突出形象被重新发现和塑造。所以，设计师拉尔夫·劳伦90年代的时装系列开篇就是以“狩猎女性”为主题。他解释说，浪漫和怀旧的原型环保主义让他产生了这样的灵感，“我相信很多精彩的东西目前都消失了，我们必须保护它们”。在他的“狩猎女性”的秀场，有一个布置着一张披着刺绣蚊帐的红木四柱床、马裤、仿象牙并饰有斑马条纹的“桑给巴尔”卧室，弄得它像是一个濒临灭绝的物种。劳伦原名拉尔夫·里夫希茨，出生于布朗克斯，现在定居在科罗拉多州一个差不多有布朗克斯区一半大的牧场里。劳伦从未到过非洲（“有时，如果你还没有去过那里可能会更好”），但感觉他完全能够在我们的城市幻想中再现它们。“我试图唤起一个我们能够触碰这种魅力的世界。别看昨天。我们可以拥有它。你想要让你看到的电影场景变为现实吗？这里就是。”（Brown，1990）

尽管非洲因受国际资本左右而不够发达，还被饥荒和战争吞没，但它仍然在西方消费者幻想中重装上市——只不过是有特权的濒危白人的保留区。正如一位评论家所说的那样，狩猎时装系列“带有一丝罗德西亚殖民时期的老爷风格，而不是独立后的津巴布韦风格”（Brown，1990）。劳伦的非洲是这座士绅化城市的乡村休闲所。它提供了装饰器皿，而纽约借此重拾荒野况味，并为白人上层阶级重新映射出再次拥有世界的全球幻想——从城郊再次殖民城市。

自然也在城市前沿上重写。前沿神话最初是自然历史化的产物，
现在则重新应用为城市历史的自然化。即使贪婪的经济扩张破坏了沙 16
漠和雨林，新的城市前沿仍然是善待自然的，“所有（劳伦的狩猎系列）使用的木材都来自菲律宾，而且不是珍稀木料”（Brown，1990）。大自

然公司在下东区南端的南街海港有一家连锁分店，它是这种自然化城市历史的典范。这里销售地图和地球仪、捕鲸文集和望远镜，以及与危险的爬行动物、探索和征服故事有关的书籍。这家店不加掩饰地崇拜自然，深思熟虑地避免任何城市意象——它是一面正在消失的完美镜子，折射出有争议的城市历史（N. Smith，1996b）。在肯定与自然的连接之中，新的城市前沿擦除掉了构成它的社会历史、斗争和地理环境。

按照斯洛特金的说法，19世纪及其相关的意识形态，是“由参与了西方国家‘现代化’的各种社会矛盾产生的”。它们“建立在避免承认新世界资本主义发展危险后果的意愿之上，代表了社会冲突位移或偏转进入神话的世界”（Slotkin，1985：33，47）。在纽约，前沿被视为诸如1863年纽约征兵暴动、1877年铁路罢工，以及1874年汤普金斯广场骚乱等事件酝酿的城市阶级斗争的安全阀。斯洛特金总结道，前沿“风起云涌的暴力行动”对纽约产生了救赎的效果；这是“某种公民阶级斗争的替代形式，假如这些斗争爆发在都市区内的话，可能导致纽约陷入世俗的‘诸神黄昏’”（Slotkin，1985：375）。媒体对这座城市中这些事件的报道有着各种极端的可相互比较的版本，好像一面放大镜照出城市群众最不虔诚的堕落，有关前沿的报告文学假定，东部城市在面对外部威胁时是社会团结与和谐的典范。城市中的社会冲突很多时候都被认定是外界因素导致的，若有人打乱了这座城市的和谐就被看作行为反常，也继而被与外部敌人相比较。

今天的前沿意识形态不断将社会冲突转移进神话领域，同时再次确认了一组特定阶级、特定种族的社会规范。一位受尊敬的学者在不知不觉中复制了特纳的想法（毫无异议），建议士绅化街区应该被看作结合了两个阶层，一个是认识到“服从社会规范能够提升街区档次”的

"公民阶层"，另一个是其行为和态度反映了"不接受那些民事和刑事法律不完善规定之外的规范"的"非公民阶层"。因此，街区可以"按照受文明或不文明行为的支配程度"来进行分类（Clay，1979a：37—38）。

前沿意象既不仅仅是装饰性的，也不是清白无辜的，而是承载了大量意识形态上的重任。至于说士绅化影响了工人阶级社区，赶走了贫困家庭，把整个街区变成资产阶级飞地；前沿意识形态则将社会分化和排斥合理化了，视其为自然的、不可避免的。穷人和工人阶级都太容易被划到英雄的对立面去，他们被定义成"不文明的人"，如野蛮人和共 17
产主义者。前沿意象的实质和后果是驯服狂野城市，使一套全新的具有挑战性的流程社会化为安全的意识形态焦点。这样，前沿意识形态就为城市中心这种骇人听闻的不文明现象找到了正当性。

出售下东区

在不同的地方，前沿呈现出不同的形式。它构建当地，也适应当地；但各地的前沿线是不同地存在着的。一位《华尔街日报》记者介绍了20世纪80年代末在"印第安乡村"就餐的可能情况："在C大道新开的一家叫'伯纳德'的餐厅可以吃到'有机法国大餐'。磨砂玻璃阻隔了街对面公寓里那些为生活筋疲力尽的租户的目光，保证客人在此品尝18美元一份的小牛腰肉时有一个安心的环境。"（Rickelfs，1988）一如我们所见的豪斯曼改造巴黎时波德莱尔的影子。要注意的是，就算没有磨砂玻璃也看不到这一街区中那些穷困潦倒、无家可归的被抛弃者；只有那些他们被从中赶出的破旧房屋才构成了闯入视线的威胁。

下东区有两个行业定义了20世纪80年代出现的新城市前沿。房地产行业当然是不可或缺的，它把下东区的北边命名为“东村”，以便利用其与体面、安全、文化、高租金的格林尼治村在地理上的毗邻关系。再有就是文化产业：艺术品商人和赞助人、画廊老板和艺术家、设计师和评论家、作家和演员——他们把城市中的破败区域转变成了时尚街区。在20世纪80年代，文化和房地产行业从西边共同闯入这块位于曼哈顿尾部的地域。士绅化和艺术化手牵着手，“没精打采地朝D大道走去”，艺术批评家瓦尔特·罗宾逊和卡罗·麦考密克（1984）如是说道。一个街区接一个街区，一栋建筑接一栋建筑，这片地区逐渐被转化为魅力和时尚的风景线，又隐隐约约隐藏着一丝危险。

这片街区的原始特性，实际上也是其吸引力的一部分。只有在下东区，才会有艺术评论家庆祝“贫民窟艺术的小节日”；只有在这里，才有艺术家珍惜“贫民窟最基础的材料——无处不在的砖”；也只有在这里，艺术家们才会愉快地承认自己被“贫民窟文化的活力给迷住了”（Moufarrege，1982，1984）。顺着名为“趣味”的画廊朝前走去，有“爱情拯救世界”精品饰品店、“安逸之地”酒吧（英国作家班扬笔下的安息宁静之地）、“平民战争”和“虚拟驻军”画廊、“贝鲁特市中心”酒吧和“暮光地带”艺术表演中心。无论下东区场景体现出如何怀旧的折中主义，前沿的危险都已渗入艺术本身。“丛林法则”统治着新的艺术舞台，一个由“野蛮能量”所驱动而涌现出罗宾逊和麦考密克的艺术舞台（1984：138，156）。事实上，描绘街头狂奔的黑色城市“土著”的新原始主义艺术，是这种“野蛮能量”的核心主题。

针对艺术与房地产之间的这种联系，最有见地的评论仍然是罗莎琳·多伊彻和卡拉·莱恩在经典文章《士绅化的完美艺术》中提出来的（Deutsche & Ryan，1984）。艺术与士绅化的共谋并非仅仅是表现出来的那种机缘巧合，而是“在艺术领域所有装置的帮助下构建起来的”。他们把东村的出现与新表现主义艺术的胜利联系在一起，二人认为，尽管表现出一种反文化的姿态，但广泛避免政治上的自我反省让下东区的艺术再现出主流文化。80年代空前的艺术商品化造成了同样广泛的文化和政治审美化：不登大雅之堂的涂鸦从火车车厢进入画廊，最离谱的朋克和新浪潮风格也从街头迅速移位到整版的《纽约时报》广告上。记者开始报道有关新艺术圈的财富，至少是部分挣到大钱的艺术家的故事：要传递的就是“不要被下东区的贫困骗了”这样的信息；这一代的年轻艺术家用的可都是美国运通金卡（Bernstein，1990）。

既否认社会和政治语境，又依赖文化机构，前卫艺术家们身处于一个尖锐矛盾的位置。他们变身为文化产业和广大仍有抱负的艺术家之间的“掮客”。下东区的画廊发挥着关键作用：他们为草根艺术家展露自己的雄心和才能，也为机构展示自身财力提供了场所（Owens，1984：162—163）[1]。文化产业代表着这个作为文化麦加的街区并为其提供了赞助，把旅游者、消费者、画廊参观者、艺术赞助人和潜在的移民都吸引了过来，而这些都助长了士绅化。当然不是所有的艺术家都准备依附文化机构，并且在80年代助长这两大行业的商品化和价格上涨过程中，也有一股重要的艺术家反对力量延续了下来。其实，在汤普金斯广场骚乱之后，直面士绅化、警察和艺术产业的政治艺术得到过蓬勃发展。有些艺术家本身也是寮屋和住宅提供活动家，很多颠覆性的艺术以海报、雕塑和涂鸦等形式在街头或更边缘的画廊空间得到了展示（参

1 尽管也有批判，但欧文斯最后强调：“艺术家当然不能对‘士绅化’负责；而且他们往往还是受害者。”（1984：163）如多伊彻和莱恩评论的，“把艺术家描绘为资产阶级士绅化的受害者，是对街区中真正受害者的困境的嘲弄”（104）。

见 Castrucci et al.，1992）。

对房地产行业来说，艺术驯服了街区，为这种充满异国情调但良性的危险找到了个虚假的借口。它把东村描绘成从贫困潦倒上升到高雅时尚。艺术捐赠了一种畅销的街区“个性”，把整个区域打包成房地产商品和实际需求。确实，有人认为：“东村最新的波西米亚风也可以理解为纽约房地产历史中的一段小插曲，也就是说，把作为士绅化力量的艺术家部署在曼哈顿下城的最后一个贫民窟。”（Robinson & McCormick，1984：135）

然而到了1987年，艺术品和房地产之间的便利联姻开始变味了，房东不受房租管制肆意提高租金，导致了一波画廊倒闭潮。人们普遍推测，这些房东，其中许多都是没有留下邮箱地址的匿名管理公司，在80年代初人为压低租金以吸引画廊和艺术家，而画廊和艺术家的到来将会炒热本区域进而拉高房屋租金。这招颇见成效，在第一个五年租
19 约到期时，他们提出要大幅提高房租。如今，这片街区的画廊多达70家，已日趋饱和。艺术和经济竞争是残酷的，而与1987年股市崩盘同步的金融洗牌接踵而至。第一大道明显不是“贝鲁特市中心”，艺术上一夜成名、金融上一夜暴富的幻想都跌落到现实。许多画廊关闭了。最成功的一家也撤到了SOHO区，那里的士绅化资本也在重新部署；（经济上）不太成功的经常搬到桥对面布鲁克林的威廉斯堡。不少留在下东区的艺术家则陷入房地产行业导致的困境中，并立刻被另寻新欢的文化精英所抛弃（Bernstein，1990）——文化产业作为一个整体已经率先在这一街区的面貌和房地产市场中作出了根本性的改变。

有些艺术家成了他们一手促成的士绅化进程的受害者，有些艺术家则积极反对这一进程，由此艺术媒体上引发了一场辩论（Owens，

1984：162—163；Deutsche & Ryan，1984：104；Bowler & McBurney，1989）。不管有意还是无意，文化产业和房地产业共同把下东区改造成了一个新的地方——独一无二的、现象级的、前卫时尚的巅峰。时尚和时髦造成了文化匮乏，就好像房地产业对东村的划界立即造成特权地址的稀缺性。好的艺术和好的地段融合在一起，而好的地段即意味着金钱。

为利润开拓

下东区经历了几个与较大经济周期相关联的快速建设，它如今的建筑环境也是这段历史的产物。一些建于19世纪20年代至40年代的早期建筑保留了下来，但是建于50年代到内战期间主要用于容纳移民工人的长方形铁路公寓更为常见。雅各布·里斯1901年写就的《另外一半如何生存》中对这些公寓有生动的描述（Riis，1971年版）。1877年后的十五年间，随着经济的扩张和越来越多的移民，这片区域经历了最剧烈的建设热潮。几乎所有的空地都开发成了哑铃型公寓，之所以这样叫，是因为传统的长方形铁路公寓现在按照法律必须在结构之间加上哑铃形状的通风井。到1893年由于经济崩溃这场建设热潮结束时，几乎60%的纽约市住房都是这种哑铃型公寓；至少3万栋这类建筑现在仍有人居住，其中绝大部分集中在下东区（G. Wright，1981：123）。下一轮建设热潮开始于1898年，主要集中在城市边缘；下东区确实修建了一些符合“新法”的公寓房（1901年后，一部新的法律得以出台，要求改进设计标准），但该区域许多房东已经开始对那些极度拥挤的建筑缩减投资，减少维护。

纽约的统治阶级一直试图驯服不听管教的工人阶级，并从他们手中收回下东区。在联邦政府严格限制欧洲移民仅仅五年之后，洛克菲勒资助的区域规划协会就提出了下东区的非凡远景规划。《1929年纽
20 约区域规划》明确提出了搬迁现有人口，重建“高档住宅”、现代化的商店、东河游艇码头，以及重修下东区公路系统，并试图通过这些方式加强与相邻的华尔街的联系：

> 一旦如此规模和性质的操作在这一地区开始，无论它曾经多么肮脏，相邻物业的质量改善都会立刻开始并向各个方向扩展。满足新一类顾客需求的新店会开张。附近街道会变得更干净。物业价值将上涨……不久之后，其他的公寓单元也会出现，随着时间推移，东区的性格将会完全改变。（引自Gottlieb，1982；另见Fitch，1993）

1929年的股市崩溃，随之而来的经济大萧条和第二次世界大战，前所未有的一波战后郊区扩展，以及最终纽约市的财政危机，所有这些因素都使得投资和重建下东区为上层阶级天堂的计划被搁置了下来。在30年代后期到60年代初之间，这里启动了各种贫民窟清拆和低收入住宅项目，但是随着资本的撤出，这些政策往往强化了长期的经济和社会进程，最终糟蹋了下东区和其他类似街区。在战后时期，撤资、废弃、拆除和公共仓储，这些是恶毒的反城市主义所采取的主要策略，把下东区变成了类似于自由开火区。受到特别严重打击的是休斯顿街以南的区域，以及A大道与D大道之间位于东部的字母城区域。这里的城市重建不过是在撤资的瓦砾中加强了贫穷居民（特别是拉美裔）的集中居住。

在经历了半个世纪的撤资、废弃和衰老之后，1929年的规划愿景才开始实施。在70年代末，当雅皮士和艺术家开始在这片残骸上挑挑拣拣的时候，其他人都已搬了出去。在1910年下东区人口达到高峰，超过了50万人，但在接下来的七十年间失去了近40万居民（单单在70年代它就失去了3万人口），在1980年时人口仅仅为15.5万人左右。在休斯顿街和第10街间的下东区中心地带，B大道与D大道之间（即所谓的字母城区域），这里的人口减少是最剧烈的。由于物业废弃和撤资导致人口减少了67.3%。8782美元的家庭收入中位数，仅是1980年全市均值的63%；在该地区的29个人口普查区中有23个经历了贫困线以下家庭数量的增长。在字母城留下来的都是穷人，59%的剩余人口生存在贫困线以下。在70年代末雅皮士和艺术家刻意殖民的这个街区，是曼哈顿除了哈莱姆之外最贫穷的地区。在80年代，这里实际上经历了一个人口逆转，在1990年的人口普查中，这里的居民数量是16.1617万人。

在70年代和80年代的大部分时间，伴随着人口下降的是物业价 21
值的下降。以东第10街270号为例，这是汤普金斯广场公园以西半个街区外的一座破败的五层高哑铃型公寓，位于第一大道和A大道之间。1976年在撤资高峰时期，一心想要出手的房东将其卖掉，价格只有5706美元加上由买家承担未付的房产税。到1980年初它以4万美元的价格被转手卖出。十八个月后它卖了13万美元。1981年9月该建筑又被卖了，这次新泽西州的房地产商付了20.26万美元。不到两年的时间，这栋建筑的价值就飙升了五倍，而且是在没有任何改造的情况下（Gottlieb，1982）。

这并非孤例。在汤普金斯广场公园，十六层高的克里斯托多拉公寓大厦如今是去士绅化斗争的一个象征，它也经历了类似的撤资和再投资循环。克里斯托多拉公寓大厦在1928年修建时是作为安置房，1947年以130万美元的价格被卖给了纽约市。它曾被用于各种城市功能，并最终作为社区中心和青年旅舍，住户包括像“黑豹党徒”(成立于1965年，旨在结束白人政治统治地位的黑人政党)和青年洛德党成员(说西班牙语的美国青年激进组织)。大厦在60年代后期陷入破败，在1975年的拍卖中竟无人竞标。后来以6.25万美元卖给了布鲁克林开发商乔治·贾菲。贾菲试图获得联邦政府的资助，将其改造为低收入者住房，但未获成功，于是贾菲焊死了这座空无一人的建筑的大门。这样的状态保持了五年。1980年，贾菲开始获得有关这栋建筑的询价。焊工被叫来打开了大门，建筑被检查了一番，报价从20万至80万美元不等。贾菲最终在1983年以130万美元的价格卖给了另一位开发商哈利·斯凯戴尔。斯凯戴尔把建筑稍微“翻修”了一下，在一年后作价300万美元与开发商塞缪尔·格拉瑟成立了一家合资公司。斯凯戴尔和格拉瑟把克里斯托多拉公寓大厦修葺了一番，在1986年推出了86套独立产权公寓。1987年推出销售的四层阁楼，带私家电梯，有三个阳台和两个壁炉，售价为120万美元(Unger，1984；DePalma，1988)。

在东第10街270号，在克里斯托多拉公寓大厦，在下东区其他数百栋建筑中，首先复兴的都是房地产的暴利。1988年翻修的汤普金斯庭，一室一厅的“87年危机后雪崩价”是13.9万到20.9万美元，两室单元的售价是23.9万到32.9万美元。要购买这些房屋中最便宜的套型，购房者的预计年家庭收入最少要6.5万美元，而要买最贵的，家庭年收入则至少要16万美元。即使是单间公寓，家庭年收入低于4万美元的话也不用考虑了。几个街区之外的另一栋翻修物业卖出了17套合作公寓，两室户型售价从23.5万至49.78万美元不等（Shaman，1988），而其按揭和维修费用开支几乎达每月5000美元。花在这套公寓上的两个月的支出就超过了这一街区的年收入中位数。直到90年代初销售价格才开始明显下降，高端市场降幅高达15%—25%，但租金水平较低的市场却下降很少。

因为不受任何形式的租金管制束缚，商铺的租金和售价上涨得更快。久居于此的小企业由于房东任意提高租金而被迫退出了这片区域。玛丽亚·皮得赫罗戴克基的意大利—乌克兰餐厅“奥奇黛亚”，自1957年以来一直开在第二大道上，在80年代中期却关门了，因为房 22
东将这700平方英尺面积的店铺的租金从950美元涨到了5000美元（Unger，1984）。

记者马丁·戈特利布在调查下东区房地产市场的运作过程中，找到了租金差距的第一手资料（见第三章）。例如，在东第10街270号，在五年半的时间里，建筑物和土地的综合销售价格从5706美元飙升至20.26万美元，而建筑物本身的价值，根据城市房产税评估人的评估，实际上从2.6万美元下降至1.8万美元。这是一个典型的结果。即使考虑到相比市场对建筑的结构性低估，土地也比建筑物更有价值。房地产资本主义的反常理性意味着，房屋业主和开发商将因为榨取物业和摧毁建筑而获得双倍奖励。首先，他们把本应该拿去维修和保养的钱装进了自己口袋；其次，他们推倒建筑，形成租金差距，给自己创造了激发新一轮资本再投资的条件和机会。在以利润的名义造成资金匮乏后，他们如今因为同样目的纷纷拥入这片街区，把自己描述成有公德心的英雄，敢为人先的冒险家，为值得拥有新城区的民众打造新城的建设者。用戈特利布的话来说，在这个市场中自编自导的反转意味着，“下东区的房东不仅可以喝奶，还可以得到奶牛”(Gottlieb，1982)。

士绅化的经济地理学不是随机的；开发商不是一刀扎进贫民窟机会的心脏，而往往是一块一块地吃下。坚定的拓荒者精神由财务上的谨慎态度调节。开发商们对何处是前沿所在有着清晰的、逐区推进的意识。他们从远郊向里推进，像亨伍德所说的那样，建立起“几个奢侈的战略前哨”(Henwood，1988：10)。他们首先是在黄金海岸“拓荒”，一边是安全的街区，物业价值高；另一边是资本撤离的贫民窟，机会更大。然后，连续的滩头阵地和防御阵地都在前沿建立起来。经济地理学通过这种方式为城市开拓制定战略。

然而，前沿神话是一种虚构，它为士绅化和迁移的暴力找到了合理借口，而神话牵系的日常前沿则是企业开发的完全产品。因此，不论其内里的社会和文化现实如何，前沿语言掩饰了赤裸裸的经济现实。曾经被银行和其他金融机构划为红线的区域，到了80年代都被划归“绿线”区。高层指示信贷主管取下在工人阶级和少数族裔聚居街区画满红线的老地图，挂上标记绿线的新地图：在绿线街区内尽可能地放贷。不管是在下东区还是在其他区域，新的城市前沿都是盈利的前沿。不管其他是否复兴，在士绅化街区的利润率均得以复兴；而实际上，许多工人阶级的街区正戏剧性地经历“失去活力”的过程，不断拥入的雅皮士给自家的门窗装上金属栅栏，拒绝街道上的搭讪和交谈，把门廊围了
23 起来，把不受欢迎的人从“他们的”公园驱逐了出去。

如果说房地产牛仔在20世纪80年代侵入下东区时用艺术给自己的经济追求抹上了一层浪漫色彩的话，那么他们征募市政府这一骑兵则是执行较为枯燥的任务：拆迁和镇压。在其房屋政策中，在打击毒品犯罪过程中，尤其是在公园策略中，纽约市所努力去做的，不是给现

有居民提供基本服务和居住机会,而是把许多当地人有计划地迁出并对房地产开发提供补贴。1982年一份叫作《东村投资机会分析》的咨询报告准确地捕捉到了纽约市的策略:“市政府发出了明确的信号,它准备通过拍卖城市拥有的物业,赞助士绅化改造区域的项目,支持中产阶级回归,从而加强计税基数,助力城市振兴。”(Oreo Construction Services,1982)

纽约的主要资源是“对物权”,大多是因为私人房东没有缴纳房产税而被取消了赎回权。到了80年代初,纽约住宅保护与开发局(HPD)在下东区大约有200多个这样“对物”建筑和差不多数量的空地。市长科赫领导下的政府拿出了16栋楼,掀起了第一次士绅化房地产狂潮;艺术家则成了媒介。1981年8月,HPD对“艺术家拥有住房计划”(AHOP)征求建议,并于次年宣布了一项改造工程,把16栋楼改造出120个房屋单元,每个单元耗资约5万美元,针对年收入至少2.4万美元的艺术家。市长称其目的是“更新社区力量和活力”,有五个艺术家团体和两个开发商被选定来执行这项700万美元的计划。(Bennetts,1982)

但不少社区居民强烈反对AHOP计划。联合规划委员会是一个由三十多个下东区住房和社区组织组成的联盟,委员会要求,如此宝贵的废弃建筑物资源应该针对当地消费进行改造;市议会的女议员米里亚姆·弗里德兰德认为这个计划“只是士绅化的前线”,“真正受益于住房的人是翻新它的开发商们”。住宅保护与开发局局长则表示,他热切希望该项目“刺激整个街区的复兴”。虽然支持该项目的艺术家把自己描绘成普通人,是工人阶级的一部分,是大多已经被从曼哈顿迁移出去和其他人一样有资格获得住房的人群。不过,还是出现了一个反对艺术家的组织——“艺术家的社会责任”——他们反对用艺术家来士绅化这一街区。纽约市财政预算委员会最终驳回了房屋局和市长的AHOP计划，拒绝拨付首期240万美元的公共资金。(Carroll，1983)

然而，AHOP仅仅是一个更大拍卖计划的热身而已，HPD准备用对物权在全市范围内撬动士绅化。联合规划委员会决定抓住主动权，提出了自己的社区计划。1984年，他们建议所有市属空地和物业都用于为低
24 收入和中等偏下收入者提供住房，并控制那些把现有低收入者的房屋单元挤出市场的投机行为。纽约市没有理睬这项社区计划，而是抛出了一个“交叉补贴”计划。HPD将通过拍卖或评估价格把市属物业出售给开发商们，以此换取开发商们的同意，将改造或新建房屋的大约20%房源保留给无力负担市场价格的租户。开发商也将因此获得税收补贴。最初，一些社会团体基本上是支持这项方案的；有一些团体则试图把市场价格的房屋和补贴房屋的比例调整为1比1，还有一些团体则完全拒绝这项计划，认为这是给建设最小数量的公屋开了后门。

随着该计划的实际意图变得越来越清晰，反对派的数量也多了起来。1988年，纽约市宣布美国最大的开发商之一莱弗拉克公司将在苏厄德公园动工兴建项目，而这里在1967年有1800户贫困人口，大多是因为城市改造而流离失所的非洲裔和拉丁裔。政府许诺在原址修建新的公寓，但是二十年后，公寓仍然连影子都没有。这一地块的价格是1美元，莱弗拉克公司将为九十九年的租赁合同每年再支付1美元。根据计划，莱弗拉克公司将建造1200套公寓，其中400套按市场价出售，640套以800到1200美元的租金租给收入在2.5万到4.8万美元之间的“中等收入”家庭，其余160个单元则租给收入在1.5万到2.5万美元之间的“适度收入”家庭。没有哪套公寓是专门为低收入人群修建的。此外，莱弗拉克公司将在二十年后收回所有的出租单元，打造成豪华合

作公寓，在公开市场上出售；莱弗拉克公司会获得三十二年的减税期，以及总额2000万美元的纽约市补贴。代表几个1967年租户的律师们，对莱弗拉克公寓提起了集体诉讼。“在低收入社区修建雅皮士收入住房，”一位房产律师这样描述此项计划，“其目的是创造新的房地产市场热点。”（Glazer，1988；Reiss，1988）该项目甚至都已经与纽约市达成了《谅解备忘录》，但是随着经济萧条的逼近，为市场开发提供房屋补贴实在太愚蠢了。在纽约市不打算批准莱弗拉克公司在同一街区修建那20%的补贴房屋单元之后，莱弗拉克公司放弃了这一项目。随着“交叉补贴”计划逐步为社区积极分子所了解，受补贴住房的这种地域流动性，让那些过去没有看穿该计划面目的人再次感受到了士绅化的幽灵。

一手是AHOP计划，一手是交叉补贴计划，纽约市的经济骑兵冲锋到了下东区，不过它也使出了一些营造氛围的手段。可能会给士绅化前沿造成阻碍的“土著”散布于大街小巷，在1984年1月当局清理这些街巷时启动了“压力点行动”，在十八个月内对整个下东区展开了大约1.4万起缉毒行动。《纽约时报》得意洋洋地说：“感谢‘压力点行动’，美术馆正在取代射击馆。”但是小贩们被迅速释放，头目们却从来没被抓住，当压力有所缓解时，街头小贩就又回来了。

随着“压力点行动”的展开，纽约市组织了一次对公园的袭击，将
它作为其更广泛的士绅化战略的一部分。由于开发商小威廉·泽肯多 25
夫争取到巨额减税，以及对位于第14街和百老汇街口高达28层的豪华大楼泽肯多夫大厦（一个准备将来进军下东区的“桥头堡”开发项目）进行规划调整的机会，纽约市早早地参与进来为他提供战术支持[2]。

2 泽肯多夫是一个重要的房地产家族的后裔，这个家族一直参与士绅化进程。他的父亲老威廉·泽肯多夫是费城社会山大厦的主要开发商。

这项计划把隔壁联合广场公园里的无家可归者和其他一些“社会不良人群”驱逐了出去，并开始进行为期两年、耗资360万美元的改造。改造项目从1984年春季启动，科赫市长认为给泽肯多夫补贴是合理的，他指责受害者们说：“最早是恶棍占领这里，然后是流氓占领这里，再然后是毒贩子占领这里，现在我们把他们都赶走了。”（引自Carmody，1984）在经过亮闪闪的初步“消毒抗菌”之后，修葺一新的公园提升了泽肯多夫公寓的门面。移除一些树木，推倒墙壁，加宽道路，并在南端建设露天广场，所有这些都为监视和控制提供了良好视野。锋利而明亮的新石雕砖替换了经历日晒雨淋变成灰色的板砖，农贸市场虽然保留了下来，但也焕然一新，公园的纪念碑经过清洗和抛光，成了对本身就不存在的过去的怀旧“恢复”。而把公园的绿色雕像进行脱氧处理以使其重现青铜辉煌这样的举措，则试图抹去这座城市无家可归者和穷人存在的历史。正如罗莎琳·多伊彻总结的，“对开发地点的审美呈现不可分割地与促成联合广场‘振兴规划’的盈利动机联系在一起”（Deutsche，1986：80，85—86）。

虽然联合广场公园的士绅化几乎没有达到人们的期望，这里仍然有警察巡逻，被驱逐者也回到这里把公园又恢复成了前沿，但纽约当局依然坚持行动。城市改造向南推进到格林尼治村的华盛顿广场公园，同联合广场公园一样，这里架设起地界围栏，实施了宵禁，警方也加强了巡逻。接着在1988年，他们向东推进到汤普金斯广场公园。这次，他们遭到了抵制，夏天开始的游行示威最终在8月达到顶点，并演变成了“八月暴乱”。纽约市一直依靠宵禁、关闭和“恢复”三步走策略的公园士绅化改造（暂时）被“八月暴乱”打败了。

“更加野蛮的一波行动”[3]：新（全球）印第安战争？

“受房屋挤压影响的纽约人似乎选择了一种战时心态”，《纽约》杂志评论20世纪80年代初期的士绅化热潮时如是说道（Wiseman，1983）。特别是在下东区，近期城市改造的地理环境揭示了未来的士绅化城市景象：一座霓虹灯闪闪发光、充满精英消费而无家可归者被警戒线隔离在外的城市。士绅化的前沿一个街区接一个街区地扩展，其脚步在经济扩张时期最为迅速，但很少会出现没精打采的情况，持续地将之前工人阶级居住的区域拖入资本的国际线路。当下东区的艺术在伦敦或巴黎展出时，这里最高档的公寓也在《泰晤士报》和《世界报》上打广告。

士绅化预示着城市的阶级征服。新的城市拓荒者们试图把工人阶 26
层的地理和历史从城市里完全清除干净。通过改造城市地理，他们同时改写了它的社会历史，先发制人地塑造新的城市未来。贫民窟里的合租公寓变成具有历史意义的褐砂石建筑，外立面经过喷砂处理，呈现出未来的过去。室内装修亦同样如此。“内在的世俗禁欲主义变成了公开展示”，就像用“裸露的砖墙和暴露的木材来象征文化的明辨，不是用贫民窟的贫困，也不是用石膏”（Jager，1986：79—80，83，85）。原先结构的物理抹杀抹去了社会历史和地理，在对过去的翻修重建中，就算没有完全拆除掉过去，至少也是彻底改造过的——其阶级和种族的轮廓被彻底打磨光滑了。

3 引自Moufarrege (1982)。

如果说工人阶级社区的斗争和坚持，或者撤资和破败状况，使这种士绅化的高雅重建变成一项西西弗斯式的任务永远无法完成，那么这些阶级仍然可以另辟蹊径共处一地。肮脏、贫穷和驱逐的暴力与精致的氛围并不矛盾。新阶级在形成过程中迅速两极分化，但是人们会因为它让人激动而将此过程美化，而不是谴责这一过程中出现的暴力行为，或是理解受它所威胁人群的愤怒。

重新殖民城市的工作包括系统性的驱逐。在各种改造剩余内城的计划和工作报告中，纽约市政府从来没有提出过搬迁拆迁户的计划。这是对项目真实一面的惊人证据。市府官员否认士绅化和强制迁移之间的任何联系，拒绝承认士绅化可能导致无家可归。用一位下东区版画艺术家的话来说，公共政策是为了让有房可住的人“看不到无家可归的人”。1929年提出的下东区区域规划至少要更诚实些：

> 每次改造都意味着许多老住户消失，能够负担得起高价地段、现代建筑和更高租金要求的人将入住。这样，经济力量本身迟早将给东城人口的性质带来许多变化。（引自Gottlieb，1982：16）

一位开发商为新前沿的暴力行动辩解道：“要让我们为此负责，就像指责在休斯顿修建高层建筑的开发商得为百年前印第安人的迁移负责一样。”（引自Unger，1984：41）在佛蒙特州伯灵顿有一位餐馆老板非常认真地履行着不要让“那些家伙”进入视线的使命。教堂街市场已经经过了士绅化，街上铺着卵石，精品店林立，“罗尼格的旧世界”咖啡馆就开在这里。它的老板对那些无家可归的人感到非常愤怒，他说这些人在“恐吓”他的餐厅客户。通过餐馆老板和市集上其他商人的捐助，他组建了一个叫“嘿，朝西去”的组织，给无家可归的人提供出城方向的单程票，将他们驱逐到俄勒冈州的波特兰去。

一些人更加激进，想方设法不愿看到无家可归者在自己面前晃荡，还试图通过法律宣布无家可归而露宿街头这种现象是非法行为。 27

> 如果在街上乱扔垃圾是非法的，坦率地说，那在街头睡觉也应该是非法的。因此，把这些人弄到其他地方去，保持这里的公共秩序和卫生，不是一件很简单的事情吗？这些人也不是要逮捕他们，而是把他们弄到另外一个地方去，不要出现在我们面前。（George Will，引自Marcuse，1988：70）

这种仇恨心理的爆发只会让恩格斯一百多年前提出的警告变得更加沉甸甸：

> 资产阶级解决住房问题的方法只有一个……疾病的滋生地、臭名昭著的地洞和地窖，这些资本主义的生产模式夜以继日地限制我们工人的东西都没有被消除；它们仅仅是**移到了别处**。（恩格斯，1975年版，71，73—74；强调为原文所加）

被从迅速变成城市资产阶级游乐场的公共或者私密空间驱逐出去的人——包括少数族裔、失业者和最贫困的工人阶级——注定要大规模地流离失所。一旦被隔离在城市中心的飞地，他们就会越来越多地被赶往城市边缘的保留区。纽约的HPD成了新的内政部；社保局成了新的印第安人事务局；而拉丁裔、非洲裔和其他少数族裔则成了新的印第安人。在这次袭击的开始，一位特别有先见之明的东村开发商非常直截了当地指出，随着士绅化改造扑向D大道，新的士绅化前沿对于被逐离者意味着:“他们将全部被赶出去。他们将被向东推到河里，最多丢个救生圈给他们。”（引自Gottlieb，1982：13）

最强烈感受到士绅化街区戏剧性变化的是本地人。下东区和三英里外上流社会聚居的上东区是两个世界；就算在同一个街区内，C大道和第一大道也非常不同。然而，塑造新城市主义的过程和力量既是本地的，也是全球性的。新城市里的士绅化和无家可归现象，是由资本的贪婪首先蚀刻的一个崭新全球秩序的特定缩影。不仅是大致相似的过程在重塑世界各地的城市，而且这个世界本身也在极大地影响着当地。士绅化前沿也是“帝国前沿”，克里斯丁·考普丘奇这样说道（Koptiuch，1991：87—89）。不仅国际资本如洪水般涌入房地产市场推波助澜，而且国际移民也提供了与新城市经济有关的专业技能和管理工作所需的劳动力——而他们自然需要安身的地方。国际移民为新经济提供了更多的服务工作者：在纽约，菜贩和水果商现在主要是韩国人；高档建筑的水管工往往是意大利人，木匠是波兰人；给上流家庭照看房子和孩子的仆人和保姆则来自萨尔瓦多、巴巴多斯或者其他加勒比地区。

移民从各个国家来到这座城市，而美国资本则在他们各自的国家
28 开辟市场，破坏当地经济，攫取资源，赶走那片土地上的人民，或者派遣海军陆战队过去当“维和部队”（Sassen，1988）。这种全球错位在美国表现在城市“第三世界化”的过程中（Franco，1985；Koptiuch，1991），这一过程加上不断增加的街头犯罪和警察镇压的威胁，让人禁不住预期士绅化本身会招致猛烈的攻击，而这种攻击又是它自身造成的。辛

迪·卡茨（1991a，1991b）在对儿童社会化中断方式的研究中发现，纽约街道与苏丹已经普及农业项目的农田之间有着很多的相似之处。核心区域的“原始”状况输出到外围，而这些外围的状况则在核心区域再次建立起来。考普丘奇说：“这就好像是科幻小说里的情节，早期游记中描述的荒野前沿早已被远远地抛离不见了，结果让我们措手不及的是，他们回来了，而且就在我们中间爆发。”（1991）这不是旧西部时代的印第安战争转移到了东部城市，而是新的美国的世界秩序面临的新的全球战争。

一种新的城市社会地理学正在诞生，但如果认为这将是一个和平的过程则是极其愚蠢的。政府当局试图通过白人士绅化收回华盛顿特区的主导权（华盛顿特区是美国最分裂的城市），占多数的非洲裔美国人则将其视作消除他们的“计划”。在伦敦正在进行士绅化改造的多克兰和东区，失业的工人阶级后代就像无政府主义者一样，为抢劫他人找到了说法，说这是他们在征收“雅皮士税”，提出了汤普金斯广场公园口号的英国版本——“打劫雅皮士”。家庭和社区转换成了新的前沿，人们对于即将到来的事物有着清晰的认识，就像当年遇到危险时大篷车队团团围绕形成防御圈静待危机降临一样。前沿地区的暴力来临了，骑警挥舞警棍冲向街头，官方统计的犯罪率和警方种族主义上升，对“土著”的攻击增多。无家可归者的栖身之处经常在他们熟睡时被付之一炬——大概是为了让他们“淡出视线”。一位名叫布鲁斯·贝利的曼哈顿租户活动家于1989年被谋杀：他的尸体被人肢解，装在垃圾袋里丢在布朗克斯，虽然警方公开怀疑愤怒的房东涉嫌犯罪，但没有人因此受到起诉。下一波士绅化和第一波相比将会带来更文明的新城市秩序吗？我们对此难以乐观。 29

第二章
士绅化是个脏词吗?

1985年12月23日一早,《纽约时报》的读者醒来一看报纸,发现最负盛名的广告位被一篇赞扬士绅化改造的软文占据了。好几年前,《纽约时报》就已经把言论版右下角四分之一的版面卖给了美孚公司,美孚利用这里对有组织的全球资本主义的社会和文化功绩歌功颂德。到了80年代中期,纽约房地产市场火爆一时,人们逐渐认识到士绅化改造对租金、住房和社区都会构成威胁,美孚公司也不再独享购买《纽约时报》言论版发表有利于自己的言论的权利了。纽约房产管理局买下了这块版面,在读者面前上演了一出保卫士绅化的好戏。“纽约人的词汇中很少有哪几个词像‘士绅化’这样挑拨起人们的情绪。”广告开头这样说道。房产管理局承认,不同的人眼中有不同的士绅化,但“简单来说,士绅化就是私人投资大量涌入街区所带来的住房和零售业务的升级换代”。(士绅化)为多样性作出了贡献,是城市的巨大马赛克,这则广告接着说道:“街区和人们的生活将变得繁荣。”如果说由于街区的私人市场“改造”会不可避免地造成那么一点点搬迁，该管理局认为，“我们相信”，这是“可以通过公共政策来促进中低收入家庭的住房建设与改造，通过城市分区规划允许在不那么昂贵的横街设立零售店来解决的”。广告最后总结说:“我们也相信，纽约的最大希望在于家庭、企业和贷款机构自愿致力于为需要它们的社区长久付出。这就是士绅化。”这则声明令人惊讶，说它惊人，倒不是它所说的这种预言般的思想腔调，而是它所说出来的事实。实力非同一般的纽约房产管理局——为这座城市最大的房地产开发商们进行游说的专业机构，类似于促进房地产业利益的商会——处于这样一个防守位置上，以至于它必须在《纽约时报》上打广告以试图对其主要关注对象重新定义，这是怎么一回事呢？士绅化又怎么会成为这样一个有争议的问题，以至于它的支持者不得不召集“家庭”和私人市场来协助其进行思想上的抵抗？ 30

我靠在床上读到这则广告时，不由得想这十年间到底发生了多大的变化。作为一名从苏格兰小镇来到美国求学的大学生，我从1976年起开始在费城做士绅化的研究。在那些日子里，我不得不给朋友、同学、教授、熟人、聚会上遇到的攀谈者，给所有人解释这个晦涩术语的意思。我一般会说，士绅化是一个过程，描述的是在穷人和工人阶级居住的内城街区，以前是资金撤离和中产阶级大批离去，而现在是私人资本不断涌入，中产阶级购房者和租房者大量入住，社区得以翻新改造的过程。最贫穷的工人阶级社区正在得到翻修；资本和上层阶层回归，但是对一些人来说，之后看到的一切并不都是令人满意的。通常谈话到此就结束了，但偶尔也会有人惊叹地说士绅化听起来很棒：我赶上士绅化了吗？

短短十年间，士绅化的恶名已经赶上了士绅化进程本身，要知道许多城市在20世纪50年代末、60年代初就已经顺利开启了这一进程。从悉尼到汉堡，从多伦多到东京，活动家们、租户们、普通人都确切地知道什么是士绅化，知道它如何影响自己的日常生活。人们越来越了解士绅化到底是什么：绝大多数20世纪城市理论所断言的城市内城或中心城区命运，发生了无法预料的戏剧性逆转。这一进程饱受争议，在报纸、杂志、学术刊物上，甚至在街头巷尾人们都展开了激烈讨论，在一波最为激烈的影响城市的士绅化改造中，《纽约时报》最著名的广告版面被纽约的房地产商们拿下，他们觉得自己应该捍卫城市的士绅化改造立场。

士绅化的语言势不可挡。对于那些广泛反对该进程，认为会给受影响地区的贫困居民带来有害影响的人来说，甚至对于那些只是怀疑这一进程的人来说，士绅化这个新词准确地抓住了许多内城正在经历的社会地理变革中的阶级因素。许多更为认同这一进程的人则会采用更加不偏不倚的术语——“街区资源再利用”、“升级改造”、“复兴”之类——用这样的方式让“士绅化”蕴含的阶级和种族含义不那么外显，但还是有很多人受到“士绅化”这个词蕴含的乐观主义吸引，认为它显露出现代化、重建、白人中产阶级主导的城市清洗等含义。毕竟，第二次世界大战之后的这几十年，在整个发达资本主义世界，用于描述内城区域的那些字眼，如资金撤离、破败不堪、年久失修、破烂凋敝、“社会病理”等的修辞效果愈演愈烈。如果这些也许适合衰退和贫民区化经验的“衰落话语”(Beauregard，1993) 在美国都是最严峻的话，那它也是广泛适用的。

振兴、资源利用、升级改造和复兴这类词语表明，受影响的街区在士绅化改造之前多多少少曾经失去过活力，或者在文化上处于奄奄一息的状态。虽然有时的确如此，但是非常重要的是，工人阶级社区在士绅化改造中失去了文化上的活力也是不容否认的事实，因为新兴中产阶级看不上这种饭厅与卧室连在一起的 32
街区。当代城市使用的“城市拓荒者”这样的说法，和当初在美国西部使用的“拓荒者”一词具有同样的侮辱性质。如今和从前一样，使用这个词隐含着无人生活在这片被开拓区域的意思，或者至少是没有哪个人值得注意到。在澳大利亚，这一过程被叫作“趋势化”，在其他地方，“迁入者”被称为“时尚阶级”。士绅化一词明确表达出该过程的阶级特性，虽然不是严格意义上的“上层阶级”迁入城中，而是中产阶级的白人专业人士，但也因此最为实事求是。检索目前所有的文献，“士绅化”一词是由著名的社会学家露丝·格拉斯1964年在伦敦发明的。她对该词的经典定义和描述如下：

> 一个接一个地，伦敦许多的工人小区都遭到了中产阶级——包含上层中产阶级和下层中产阶级——的入侵。由马厩改造而成的破旧房屋和单栋房舍——楼上两个房间楼下两个——在租约到期后都被收回，并被改造成了高雅昂贵的住宅。较大的维多利亚式建筑，过去由于人们瞧不上而被当作出租宿舍或是多户共用，现在也整体升级改造了一遍……一旦这种“士绅化”过程在某一地区开始，它就会迅速扩展，直到所有的或者大部分原来的工人阶级居住人口搬走，整个地区的社会特征发生明显改变。(Glass，1964：xviii)

格拉斯造这个词时的批判态度一览无遗，并且这种态度随着该词进入日常语境而被广为接受。正是这种批判态度，开发商们、房东们和房产管理局没法自圆其说，尽管他们也曾大力推动用更加中性的委婉语来描述士绅化的阶级和种族轮廓。在1985年的这则广告中，房产管理局觉得既然无法让这个词销声匿迹，那就不如对其重新定义，赋予它更少情绪挑动的新含义，希望借此对这个词本身进行士绅化改造。而且，他们也不是唯一这样做的。房产管理局打这则广告的两个月前，在哈莱姆一项士绅化改造项目的动工仪式上，纽约州参议员阿尔方斯·阿马托——一位精力旺盛的房地产投资受益人和捍卫者——愤怒地回应示威者说，士绅化完全等于“为工人提供住房”。

然而，“士绅化”声名太盛，其词其义必然会发生迁移——而且有时语义变迁的方式令人惊讶。例如，一份报纸报道了新发现的古生物证据，它能够证明大约九千年前随着狩猎采集者逐渐减少，农业生产开始出现在欧洲。这份报纸用了如下的描述，其中引用了一位英国学者的话:“狩猎采集者挡在历史前进的路上，‘遭受了从东方而来的士绅化，甚至雅皮化的影响’。”(Stevens，1991）如下所述的所有新历史的轰然崩塌而化入纽约士绅化的东村经历，也许并非是痴人说梦：

> 当“历史”赶上最近几年的一些重大事件时，它总是以一个
> 33 安慰者的角色出现。历史所擅长做的……就是给经验做一下烟熏消毒，使其变得安全无菌……人们一直都在体验着士绅化；过去的历史，其所有肮脏的、令人兴奋的、危险的、让人不舒服的和真实的组成部分，都逐渐变成东村。(“评论与注释”，1984：39；另见Lowenthal，1986：xxv）

“士绅化”的象征性力量意味着这种意义泛化肯定是不可避免的，即使意义泛化是批判性的，这种情况仍是喜忧参半。和所有的比喻一样，“士绅化”可随着对完全不同的经历和事件进行批判（或者不进行批判）而发生变调。“士绅化”本身反过来则由其隐喻挪用而发生变调：只要“士绅化”是被概括成代表现代化重建，对过去进行翻新的“永恒”必然性，那么当代士绅化过程中那些引发巨大争议的阶级和种族政治问题也就变得不那么有争议了。此时此地，对士绅化的反对就会像狩猎采集者拒斥“现代进程”一样被很快地抛诸脑后。事实上，对于那些贫困潦倒的人、被逐离家园的人，或者在士绅化过程中变得无家可归的人来说，“士绅化”确实是一个肮脏的字眼，也应该永远是肮脏的字眼。

士绅化简史

虽然士绅化本身的出现要回溯到第二次世界大战后的发达资本主义世界的城市，但是其重要先行者出现的时间却要早得多。波德莱尔著名的诗篇《穷人的眼睛》，表面是谈论爱与疏离，内里却是士绅化叙事。诗歌讲述的是19世纪50年代末、60年代初，在豪斯曼男爵摧毁工人阶级的巴黎并对其进行标志性重建时（见Pinkney，1972），诗人试图向爱人解释为什么他觉得离她那么疏远。他回忆起近来发生的一件事。当时，他们坐在一个新建的“闪烁着光芒”的咖啡馆外面，明亮的煤气灯照亮了街道。咖啡馆的内部装修不那么诱人，是当时典型的浮华媚俗：猎狗和猎鹰，“女神和仙女们头上顶着水果、点心和野味”，贵气闪闪，“所有的历史和神话都用来为贪吃的人们服务了”。咖啡馆坐落在一条新修的林荫大道的街角，街道上仍然散落着瓦砾。这对爱人沉浸在彼此的眼神中，衣衫褴褛贫困潦倒的一家人——父亲、儿子和婴儿——在他们面前停下，睁大眼睛盯着这一消费奇景。“真漂亮啊！”儿子似乎在说，虽然他并没有说出“可这房子只有和我们不同的人才能进去”。叙述者“因相比于我们的饥渴而言过大的酒瓶和酒杯而感到有些羞愧”，并且有那么一刻对“穷人的眼睛”感到同情。然后，他转过头看着爱人的眼睛，“亲爱的，请从中发现‘我的’想法”。但是，他从她的眼睛中只看到了憎恶。她爆发了，“这些人像碗碟般的大眼睛真使我难受，你不能请店老板把他们从这里撵走吗？”(波德莱尔，1947年版，第26首)

马歇尔·伯曼（1982：148—150）用这首诗来展开他对“大街上的现代主义”的讨论，把早期巴黎的资产阶级化（Gaillard，1977；另
34 见Harvey，1985）与资产阶级现代性的兴起等同起来。在与之隔海相望的英格兰，当时也出现了大致相同的联系。早在罗伯特·帕克和伯吉斯（Park et al.，1925）提出极具影响力的芝加哥“同心环”城市结构模型的八十年前，弗里德里希·恩格斯已经对曼彻斯特作出了类似的概括：

> 曼彻斯特城中心是一个相当大的商业区，也许长有半英里，宽也差不多，里面几乎都是办公室和仓库。几乎整个区域都没有居民……这个区域被几条交通大道切成了几部分，街上车水马龙，交通拥堵，沿街都是亮闪闪的店铺……在这片商业区外，曼彻斯特城区[全是]工人们的住房区，平均一英里半宽，像腰带一般伸展出去，围绕着这片商业区。这个腰带以外的区域住着中上层资产阶级。(恩格斯，1975年版，第84—85页)

恩格斯对城市地理的社会影响有着敏锐的认识，尤其是对不让住在外环的“富裕男女看在眼中”而被生生隐藏了的“污垢与痛苦”。但他见证了所谓的19世纪中期的英国“改进”运动，他称这一过程为“豪斯曼”。“用‘豪斯曼’这个词，”他解释说，“我不仅仅是指那个巴黎人豪斯曼所特有的波拿巴主义者的行为方式。”——他时任巴黎市长，在“密密麻麻的工人聚居区”修建林荫大道，并在“两侧建上高大的豪华建筑”，目的是“让街垒战斗更加困难”，“并将巴黎全部改造成一座奢华之城”(恩格斯，1975年版，第71页)。他同时认为，这是一个更普遍的过程：

> 我用“豪斯曼”一词指的是现在已颇为普遍的一种做法，就是在大城市的工人阶级居住区域打开缺口，尤其是那些位于城市中心的区域。这种做法通常不是基于公共卫生、环境美化，或者市中心大型商业场所的需要，也和交通规划没什么关系……无论出于何种原因，结果到处都是一样：最肮脏的小巷小路消失了，资产阶级因为这样的巨大成功粉墨登场。(恩格斯，1975年版，第71页)

学者们引述过多个早期士绅化的例子。例如，罗曼·塞布里乌斯基提供了一张19世纪的版画，描述的是1685年南特的一个家庭被迫从租住公寓中搬出去。法王亨利四世于1598年签署《南特敕令》，保证了贫穷的胡格诺派教徒的某些权利，包括获得住房的权利，但是近一个世纪之后路易十四撤销了这个诏书，地主、商人和富裕公民联手把贫穷的租户赶了出去(Cybriwsky，1980)。即使如此，更像当代士绅化的运动

35 是在19世纪中叶才出现，人们把它叫作“资产阶级化”、“豪斯曼”或者“改进运动”。这项运动很难说是“普遍的”——用恩格斯的话来说——而是零星的，并且只局限在欧洲区域内，因为在北美、澳大利亚或是其他什么地方，还很少有城市已经发展到出现整个街区大量资金

36 照片2.1 “《南特敕令》废止后的迫害”：儒勒·吉拉尔代的版画作品，1885年（罗曼·塞布里乌斯基惠赐）

撤离的程度。恩格斯首次观察到曼彻斯特市的情况时，芝加哥建市不过十年；而直至1870年在澳大利亚还很少有城市出现。北美地区最接近这项运动的，可能是老一辈修的木房子被迅速拆除，由砖瓦结构的房屋取代，而这些房屋反过来——至少在东海岸的那些建城较早的城市——又被拆除，以腾出空间修建大型公寓或单户住宅。然而，这可能会使人们误以为这种士绅化和重新开发是城市向外扩张地域的组成部分，而不是像通常的士绅化那样空间再度向内集中。

即使到了20世纪30年代和40年代，士绅化仍然是零星发生的，但这时候士绅化的先兆已经在美国有所体现。这种体验仍然是欧洲式的贵族风格，不过点缀着些许自由主义者的内疚。莫琳·多德在近期一篇回顾性文章中充分把握了那个时代的进取精神，通过贵族女房东出身的历史学家苏珊·玛丽·艾尔索普的目光，回顾了华盛顿特区士绅化最彻底的街区乔治城的场景：

> 他们士绅化改造了乔治城这个工人阶级和大批黑人混杂的落后街区。艾尔索普女士接受《城镇与乡村》杂志采访时说："这些黑人把自己的房屋打理得非常好。在30年代和40年代以如此低的价格买下他们的房屋并且把他们赶走，我们所有人都觉得非常内疚。"
>
> 这些贵族和女房东在20世纪70年代逐渐消失。(Dowd，1993:46）

类似的场景，也在波士顿的灯塔山街区上演（Firey，1945)，虽然呈现出不同的地方特色；这也发生在伦敦，虽然上流社会从未放弃把伦敦许多街区改造成完全一样的想法。

那么，是什么让所有这些经验“先于”战后时期发轫的士绅化进程的呢？答案在于，20世纪50年代开始兴起的内城重建改造的范围更大、系统性更强。19世纪伦敦和巴黎的经验是独一无二的，针对带来威胁的工人阶级而意图巩固城市资产阶级控制的阶级政治，与周期性地通过城市改造从中牟利的经济机会同流合污，一起导致了这些经验出现。这些“改进”运动，其他一些城市肯定以各种方式进行过复制，如爱丁堡、柏林、马德里等，但是同伦敦和巴黎一样，这些经验都是历史的离散事件。伦敦在20世纪的头十年中没有系统性的“改进”，巴黎同期也并没有出现改变城市地貌的持续性资产阶级化。至于20世纪中期出现的士绅化事件，都是零星的，在多数大城市甚至不为人知。它很像是更大的城市地理进程中的一个例外行动。比如在乔治城或灯塔山的例子中，改造者一般出自社会顶层，绝大多数都非常富有，他们可以高昂着贵族的头而不用去管城市土地市场的各项规定，或者至少有按照自己习惯打造本地市场的本事。

这一切都在第二次世界大战后开始改变，并且“士绅化”一词出现在60年代初也并非偶然。在纽约格林尼治村，那里的士绅化改造与新生的反主流文化息息相关；在悉尼的格利伯区，持续的资金撤离、放松租金管制、大批拥入的南欧移民，以及中产阶级居民行动群体的出现，这些共同促成了士绅化改造（B. Engels，1989）；在伦敦伊斯灵顿区，这个过程相对分散；而在北美、欧洲和澳大利亚其他几十个大城市，士绅化则开始出现。这一进程也并不仅限于最大的城市。一项研究表明，
37 到1976年，美国260个人口超过5万的城市中有接近一半正在经历士绅化改造（城市土地协会，1976）。在露丝·格拉斯创造出这个词短短

十二年后,不仅纽约、伦敦和巴黎在士绅化,而且布里斯班(澳大利亚)、邓迪(苏格兰)、不来梅(德国)和宾夕法尼亚州的兰开斯特也都在士绅化。

如今士绅化是发达资本主义世界城市的内城区域随处可见的现象。就算是像格拉斯哥这种象征着工人阶级勇气和政治大本营的城市,到1990年,在一个雄心勃勃打造"欧洲文化之城"的本地计划推动下也已充分士绅化了(Jack,1984;Boyle,1992)。类似的情况也发生在美国的匹兹堡和霍博肯。在东京新宿的中央区域,以前是艺术家和知识分子聚会的场所,如今已经成为火爆的房地产市场上士绅化的"经典战场"(Ranard,1991)。同样的情况也出现在巴黎的蒙帕纳斯。在1989年后,布拉格的房地产市场如同猛虎出笼般势不可挡,士绅化一片火热,几乎达到了布达佩斯的规模(Sýkora,1993)。在马德里,佛朗哥的法西斯统治结束了,市政府也相对民主化,为再投资扫清了道路(Vázquez,1992)。在哥本哈根海滨实验性的克利斯钦"自由城"区域,在西班牙格拉纳达毗邻阿尔罕布拉宫的穷街陋巷,士绅化与旅游业的发展息息相关。就算是在最为发达的北美、欧洲及大洋洲以外的区域,这一进程也已经开始。在约翰内斯堡,80年代开始的士绅化进程(Stenberg et al.,1992)因1994年非国大(ANC)获选上台,出现了一种新型的"白人逃离"而受到明显削弱(Murray,1994:44—48);但这一进程还是影响到了一些较小的城市,比如斯泰伦博斯(Swart,1987)。在圣保罗,出现了截然不同的土地撤资模式(Castillo,1993),塔图阿贝区在适度的改造和再投资后,小企业主和专业人士齐聚于此,他们在中央商务区工作却无法负担像亚丁这样最负盛名的内城飞地的飞涨房价。很多这类重建都涉及"垂直化"(Aparecida,1994),因为作为基础服务供应的土地是稀缺的。更普遍的是，围绕着圣保罗和里约热内卢的“中间地带”，正在经历为中产阶级而进行的开发和再次开发（Queiroz & Correa，1995：377—379）。

士绅化改造自60年代以来不仅成为一种普遍经验，也成为范围更广的城市和全球进程的系统组成部分，使其区别于较早期更零散的“分散重建”经验。如果说露丝·格拉斯于20世纪60年代初在伦敦观察到的这一进程，或者同期费城的社会山项目改造代表了土地住房市场上相对孤立开发的话，现在的情况则已然不同。到了70年代，士绅化显然成为一个更大规模的城市转型中不可或缺的住宅改造思路。发达资本主义世界的许多城市经济体都经历了制造业就业大量下降，而专业
38 的生产性服务业就业增加的情况，所谓的“火爆”产业（金融、保险、房地产业）不断扩张，整个城市地理也相应发生了调整。美国的独立产权公寓与合作转换，伦敦的地权转换，国际资本投资内城豪华住宿项目，这些是更大一轮城市改造中的住宅改造思路。在这波改造中，伦敦的金丝雀码头（A. Smith，1989）和纽约的炮台公园城（Fainstein，1994）出现了办公楼修建热潮，悉尼的达令港和奥斯陆的阿克布莱格则大量建设休闲零售设施。这些经济变化往往伴随着政治格局的变化，城市经济体发现自己在全球市场的竞争中，已经失去了许多传统的来自国家政府机构和规章的保护，例如放松管制、住房和城市服务私有化、福利服务取消等。简而言之，即使是在瑞典这样的民主社会堡垒，也出现了公共功能的再度市场化现象。在此背景下，士绅化成为新兴的“全球城市”标志（Sassen，1991），在全国性和地区性中心城市也同样存在，这些城市本身正在经历着经济、政治和地理上的结构调整（M. P. Smith，1984；Castells，1985；Beauregard，1989）。

就此而言，我们所理解的士绅化经历了一个重要的过渡。如果在20世纪60年代初，用格拉斯古典专业的住宅修缮语言来理解士绅化还有章可循的话，那么到今天再这样想就不甚适合了。我自己的士绅化研究最初是从严格区分士绅化（涉及现有存量建筑的重建）和涉及全新建筑的重新开发（N. Smith，1979a）开始的，当士绅化本身从大规模的城市重建中脱颖而出时这样做是有道理的；但我现在不再觉得这样的区分有何用处。事实上，到1979年再做这种区分为时已晚。在不断变化的社会地域大背景下，翻修19世纪的房屋，新建公寓大楼，开设节日市场吸引本地或外地游客，酒吧和商品琳琅满目的精品店处处开花，各种现代的、后现代的办公大楼拔地而起，每天成千上万的专业人员在这些地方工作，为自己的安身之所而努力（例如见A. Smith，1989），我们如何才能准确把握住它们之间的区别呢？这不正是巴尔的摩市中心或爱丁堡市中心、悉尼海滨或明尼阿波利斯市河边的新景观吗？士绅化已经不再只是住房市场上狭隘的堂吉诃德式的古怪概念，而是已经耗资巨大的领先的住宅前沿——中心城区景观的士绅化再造。把再次开发从士绅化概念中拿走，假设城市士绅化仅限于恢复古色古香的马厩住房和小巷的旧时风貌，而不是与更大规模的城市改造关联，这种想法是抱残守缺和不合时宜的（Smith & Willams，1986）。

在强调20世纪末士绅化改造的普遍性及其与城市的经济、政治和地理结构调整的基本过程直接关联之外，我认为很重要的一点是把这种视角放在时代的背景下来看。如果认为在城市再投资的重点地带出现部分地段上的逆转就意味着形势倒转和郊区时代的结束，那是不明 39
智的。郊区化和士绅化互相关联。20世纪以来城市景观戏剧性的郊区化，为资本积累提供了一条可供参照的地理轨迹，也因而能够解释资金为何会相对地从城市中心地段撤出，尤其是在美国；但实在没有迹象表明，士绅化的崛起已经减弱了当代的郊区化。恰恰相反，城市转型的力量给中心城区带来了士绅化的新景观，这股力量同样也在改变郊区。办公、零售、休闲和酒店功能的重新集中，一直伴随着平行的功能分散，出现了功能更加集中且一定程度上拥有自身城市中心的郊区——有人把它们叫作边缘城市（Garreau，1991）。如果说自20世纪70年代以来在大部分地方，郊区发展随着经济扩张和收缩的周期性波动变得更加剧烈的话，那么在大城市的地域塑造中郊区化依然代表了一种比士绅化更为强大的力量。

但是，从20世纪60年代到90年代，由于在学术上及政治上对郊区化的批评越来越多，对很多人来说，士绅化表达出一种强烈的乐观情绪，保证了或者关系着城市的未来。虽然在20世纪60年代城市暴动和社会运动如火如荼，但是士绅化代表了城市地貌中完全预想不到的新奇性，它是一套新的城市流程，并且立刻就具有了象征意义上的重要性。围绕士绅化的争论不仅仅代表了对新老城市空间的争夺，也是对于决定城市未来的象征性政治权力的斗争。在报纸杂志上人们激烈辩论，在街头巷尾人们激烈辩论，而每次像纽约房产管理局那样为士绅化所作的辩护，都会招致对士绅化引起拆迁、房租上涨和街区变化的猛烈攻击（例如见Barry & Derevlany，1987）。关于士绅化的争论也出现在通常相对无趣的学术刊物和专著上。

士绅化大讨论：士绅化的理论还是理论的士绅化？

从20世纪80年代初开始，士绅化的涌现引发了学术圈的热烈讨论。克里斯·哈姆尼特认为，这种情况出现有几个关键的原因。首先，正如我们已经指出的，士绅化代表着一组新的进程和“当代大城市转型的主要‘前沿’之一”(Hamnett, 1991：174)。其次，士绅化导致了大批搬迁，这就提出了什么是恰当城市政策的问题。再次，士绅化明确地挑战了芝加哥学派、社会生态传统或城市经济学的战后实证主义学派等提出的传统理论(例如见Alonso, 1964)。没有哪派传统理论能够充分预见到“回归城市”现象的出现。最后，士绅化成了那些强调文化和个 40
人选择、消费和消费需求一方与强调资本、阶级重要性和社会生产结构转变动力一方之间的“理论和意识形态的关键战场”(Hamnett, 1991：173—174)。

这些辩论耗费了大量的时间和墨水，但是正如上述多重原因表明的那样，收益也是相当大的。哈姆尼特认为，最后一个原因——即士绅化构成了思想和理论交锋的激烈战场——可能是关键。许多早期关于士绅化的研究，特别是在美国，涉及的主要是坚持战后城市理论隐含假设的案例研究(Lipton, 1977；Laska & Spain, 1980)。特别是，他们采取了后来被称为“消费方”的解释，即“街区变化”的范围主要依照谁搬进搬出来进行解释。另一种解释强调国家在鼓励士绅化方面扮演的角色(Hamnett, 1973)，以及金融机构在选择性提供重建资金方面的重要性(Williams, 1976, 1978)。这一“生产方”的解释，考虑到资本撤资、撤资在形成士绅化契机方面的作用以及“租金差距论”的提出，并通过在更广阔的“不均衡开发”理论视角下士绅化的位置考量获得了进一步推动的动力(N. Smith, 1979a, 1982)。与此同时，消费方观点的简单性也正在被努力将消费放在更广泛中产阶级意识形态和“后工业社会”语境下的观点所弥补(Ley, 1978, 1980)。

比理论争论激烈得多的是政治上的争论。消费方的观点有时是由比较保守的声音在城市文学杂志上传递出来，许多保守派也对士绅化不屑一顾，认为它是一时的、微不足道的过程（Berry，1985；Sternlieb & Hughes，1983）。更多的时候，欢呼后工业城市到来和贫民窟街区改建的同时又感叹社会成本的政治自由主义者，采取的是消费方的立场。他们专注的阶层是中产阶级，进一步说是往往被吹嘘为历史主体的新兴中产阶级。相比之下，生产方的解释通常被包括马克思主义在内的激进社会理论的追随者进一步推动，对他们来说，士绅化是更广泛的城市阶级地理的症候所在，以包括房地产行业资本投资的模式和节奏在内的各种方式被不断复制和改造。

这场辩论从80年代一直持续到90年代，生产方的观点和消费方的观点激烈交锋。这场交锋提出了士绅化的文化根源而不是资本主义根源；探索了女性改变的社会地位对解释士绅化的重要性；确定了租金差距（见第三章）；拒绝、反思和重申了租金差距理论；解释了"士绅化者"（gentrifiers）；批判了士绅化思想；等等。我在这里并不是要回顾这样一个充满活力的、复杂的，有时会适得其反的观点、主张和反诉
41 的集合。[1]作为这场讨论的参与者之一，我在整个论辩过程中一直都观点明确，但在我看来，到80年代中期这些对立的解释之间确实有一些和解。我一直都有一个观点，我想很多人，包括戴维·莱伊也都这样认为，局限于消费或生产行为的解释不大让人信服，本身的关联性也在下降（Smith & Williams，1986，Ley，1986）。同样，完全按照沙龙·祖金开

1　这些辩论的文字篇幅太长，不在这里一一复制。最新一轮的辩论可以参见哈姆尼特（1991）、邦迪（1991a，1991b）、史密斯（1992，1995c）、范·维瑟普（1994）、里斯（1994）、克拉克（1994）、博伊尔（1995d）的论述。这些作品大多涉及这个十五年辩论的关键性参考文献。

创的方式(1982,1987),把文化的和以资本为中心的解释整合起来是至关重要的。这些和其他(Lees,1994)对更综合研究方法的呼吁已经得到了克拉克(1991,1994)关于识别不同解释互补性的观点的支持。然而,尽管有所改变,辩论的观点还是存在许多原创的理论和政治断层线。事实上,有人已经用最近最为时髦的后现代主义城市理论在重申这些想法了。

如果波德莱尔、恩格斯和伯曼(1982)都把巴黎的豪斯曼化看作资本主义现代性的一个决定性时刻,我们是否可以把士绅化看作后现代性的关键地理呢?把70年代后的城市和经济重组描述成从政治经

照片2.2　驱逐的艺术:纽约下东区ABC No Rio艺术展　42

济调节的福特主义者转向为后福特主义者的形式，从一个更刚性的积累模式转向为更灵活的积累模式，这在多大程度上是正确的或有益的呢？这还存在许多的争论（参见Gertler，1988；Reid，1995）。同样，这种经济领域的灵活性与后现代主义的出现在文化方面的联系也存在争论（Harvey，1989）。虽然一些理论家不希望用这种方式把自己的文化关注和经济论证联系起来，但他们都以不同的方式提出我们应该把士绅化看作一种后现代城市主义（Mills，1988；Caulfield，1994；Boyle，1995）。对这些作者而言，与其说这是一个发展导致新城市地理的经济与文化转向之间内生于士绅化的联系问题，不如说相反，在这个视角下，文化几乎取代了经济学，而政府机构可以被简化为最狭义的哲学上的个人主义。士绅化被重新配置为新兴中产阶级的个人行动主义表达，是他们的文化对经济学的胜利。只有通过这样的文化决定论视角，并通过与“士绅化者”的主体地位大规模的、不加批判的结盟，才可能像考菲尔德（1989：628）那样，庆祝士绅化构成了“解放行为”，表达了“自由的空间和城市的批判精神”。

这无疑是福柯式的横冲直撞，“如果它移动，它必须是由政治和解放来引导”。如果士绅化是解放的政治行为，我们很难不把它看作反对工人阶级的政治激进主义行为。后现代城市主义的这种极端提议，与其说是对士绅化的理论作出了贡献，不如说是为理论的士绅化作出了贡献。

后现代主义和后结构主义对主体关系结构的关注，起初是非常有用和必要的手段，它有助于对社会、政治和文化话语中的普遍主体“去中心化”。然而，在一些讨论中，后现代转向兜了一圈又回到了原地。毫无疑问，后现代主义有助于培育直到现在还缺乏的关于城市变化的文化维度的认真分析。在借用后现代主义来解释士绅化的过程中，“后现代城市主义”很多时候逐渐变成了作者自身主体的激进再中心化的载体。[2]如果去中心化让我们知道作者是侧身于这一世界而不是超脱其上，并且鼓励我们去了解作者的世界，那么后现代主义的这一保守版本就刚好把公式给掉转了过来:“我们即世界”。鲍勃·费奇说得最好:

> 在后现代情绪的影响下，左派形成了一种新的政治语法。政治主语已经换了。不再是群众、工人、大众。不再是他们。如今换成了我们。左派知识分子自己变成了政治活动的主体。我们关心，而不是他们关心。(Fitch，1988: 19) 43

后现代城市主义并不仅仅只是反对驱逐、租金乱涨价、搬迁、无家可归、暴力和士绅化带来的阶级剥削和阶级滥用行为，其更极端的宣言是把工人阶级改造成不相干的阶层。这些中产阶级作家认识到自己的“行动主义”已经变得如此横生枝节，于是拼命地把这种行动主义重塑成对士绅化本身不可思议的解释和辩护。政府机构安全地回到中产阶级手中——掺杂进解放的虔诚——而工人阶级都消失了。

我希望读者从本书的文章中能够很清楚地看到，我在这里对政治的嘲讽只是针对后现代主义一个特别投机取巧的版本，而不是针对所谓的文化转向本身。文化分析对士绅化的解释至关重要，但也有不同

2　考虑下面的解释:“来自韩国作家联盟的一位教授，他站起来说，好吧，为了了解他将要谈论什么，他不得不先说一点关于自己的问题。他说，‘通常对做那种事我会感到非常尴尬。但在美国，我发现了一个非常简单的方法来做，那就是展示你的学科定位。’”(Haraway & Harvey，1995)

种类的文化分析（Mitchell，1995b）。文化分析也发生“在这个世界”，而如果在我们的文化范畴中忽略掉士绅化的暴力，这种政治上的奢侈只能是源自阶级和种族的特权。

1969年，社会学家马丁·尼古拉斯提出了新的建议，它一直令我深受启发。尼古拉斯一直反对客观主义和20世纪60年代主流社会学的支配性关注，提出了社会文化研究的另外一种思路——清楚而不是隐晦地表明社会地位从何处而来：

> 如果这一机制被逆转呢？如果富人和当权者的习惯、问题、行动和决策每天都由一千名系统研究人员仔细审阅，每小时都被窥探、分析、交叉引用、汇总并公布在上百份廉价的大众流行刊物上面，文笔简练到即使是十五岁的高中辍学学生都能读懂，预测其父母的房东的行为，操纵和控制他，又会怎么样呢？

在我看来，在某种程度上，士绅化研究主要集中在所谓的士绅化者身上——而他们仅仅只是公式的一部分——这样一种清晰的思路提供了一个很好的研究起点。

恢复失地运动者之城

在20世纪80年代接近尾声时，乔治·布什总统对美国公众承诺建设一个“更亲切、更温暖的国家”，但是美国城市却朝着一个截然相反的方向发展。如果士绅化已经率先开启了中产阶级对城市的乐观主义，那么80年代经济繁荣的结束、放松管制、私有化和大幅出现的福利和社会服务预算削减造成的具体效果则改写了城市未来——暗淡无光而不是繁荣昌盛（Fitch，1993）。仿佛这还不够，随着公共话语内部对60年代后出现的自由主义的反应和对第二次世界大战后所建立的社会政策结构的全面攻击，严重的经济危机和政府回缩逐渐达到顶峰，对少数民族、工人阶级、妇女、环境立法者、同性恋者、移民等的报复也日益成为公共话语的共同点。这种反应最明显的载体包括对平权行动和移民政策的攻 44
击，对同性恋者和无家可归者的街头暴力，对女权主义者抨击和反对政治上正确和多元文化的公众集会。总之，20世纪90年代见证了“恢复失地运动者之城”的出现（N. Smith，1996 a）。

在法语中，“revanche”一词意指复仇，而恢复失地运动者（revanchist）则指的是法国19世纪最后三十年出现的一场政治运动。其间，第二共和国的自由主义风潮日益增强，法国可耻地败在俾斯麦手下，再加上压垮骆驼的最后一根稻草——巴黎公社（1870—1871），其间，巴黎工人阶级打垮了拿破仑三世政府并掌控全市长达数月——这些让民众的愤怒达到顶点，恢复失地运动者组织了针对工人阶级和声名狼藉的皇室成员的报复和反对运动。紧紧围绕在保罗·德胡莱和爱国者联盟组织周围，这场既是军国主义也是民族主义的运动引发了人们对“传统价值观”的大量关注。“德胡莱的真正的法国——信任荣誉、家庭、军队和（新第三）共和国的诚实正直的法国人的法国……一定会胜出。”（Rutkoff，1981：23）它是建立在民粹民族主义基础上的右翼运动，试图以报复和保守的行动重新夺回对国家的控制权。

与19世纪末的法国进行这类平行比较不能太夸张，但也不应被忽视。在20世纪末的当下——或者准确地说千年末——广泛出现了针对20世纪60年代和70年代的“自由主义”和资本掠夺的报复性右翼反应。这种反应呈现出多种形式，包括宗教极端主义和海德格尔式的对地方的迷恋，它也恰恰是在地方的“传统”身份受到全球资本威胁的时候。尤其是在美国，公共文化和官方政治日益成为新的潜在的恢复失地运动主义者的一种表现。1994年金里奇在国会选举中的获胜，尊崇白人至上主义的民兵，帕特里克·布坎南的恶意的反社团主义和右翼民粹主义，围绕着反移民运动表现出的激进情绪，呼吁报复平权行动的受益者开始兴起，所有这些都指向了此方向。

在许多方面，20世纪末的恢复失地运动者之城的报复行动，已经超出了士绅化作为城市未来脚本的范畴。如果说在许多地方士绅化未受80年代初的经济衰退影响（Ley，1992），那么80年代末和90年代初更大的经济萧条已经在许多地方严重地限制了士绅化活动，也导致许多评论家预测会出现去士绅化运动（degentrification）。知名开发商——例如纽约的唐纳德·特朗普公司，或者伦敦的戈弗雷·布拉德曼公司，以及作为金丝雀码头和炮台公园市开发者的奥林匹亚和约克公司这样的跨国房地产开发公司——先后破产，这也说明了90年代初的这场房地产危机到底有多严峻（Fainstein，1994：61）。去士绅化的语言在曼哈顿初现端倪，这里经历了小业主、开发商、房地产中介，以及1989年至1993年间士绅化等相关业务的无情洗牌。但这是一个更普遍的过程。
45 伦敦的码头区，在金丝雀码头破产之后，“留下了欧洲最大的住房库存之一。由于衰退，未售出的房产只得用栅栏围上”（McGhie，1994）。尽管士绅化活动减少了，但对于很多人来说其结果就是无家可归、失业、被迫占屋，而现在都将面临社会服务被夺走的情况。

但是，正如去士绅化语言似乎在做的那样，如果就此认为20世纪90年代初的经济危机标志着士绅化长期结束则是错误的。奥林匹亚和约克公司与唐纳德·特朗普公司都已重组，前者获得救助，与沙特阿拉伯王子瓦利德·本·塔拉勒结成了合作伙伴关系，后者缩减规模后高调复出——士绅化在90年代中期再度出现在许多城市中。在最好的情况下，90年代初的大萧条也不过是带来了经济学的再次肯定，获得了比80年代更清醒的一套计算士绅化进程的工具。去士绅化语言可以被看作另一种重新定义，甚至是去掉公共话语肮脏字眼的策略，同时奠定了恢复士绅化进程的基础。

同样，如果假设在20世纪90年代后期士绅化的恢复会妨碍恢复失地运动，这也是错误的。事实恰恰相反。正如汤普金斯广场公园和纽约下东区的最近历史所表明的，士绅化已成为恢复失地运动者之城的一个组成部分。假如说美国在某些方面代表了一种新的城市恢复失地运动主义最激烈的经验，那也是一种更广泛的经验。撒切尔夫人在英国实行前所未有的大举消灭公共住房和社会服务的做法，为士绅化打下了政治基础。自此之后，士绅化成为一个主要的政治策略，借此伦敦的一些中央行政区，如威斯敏斯特和旺兹沃思，被广泛指称是通过促进

照片2.3　子弹空间：下东区的艺术家寮屋 46

公共住房私有化来推动投工党票的租户搬出，而投保守党票的雅皮士搬入。这一结果在1990年5月的英格兰和威尔士地方选举中看得非常清楚："有时看起来伦敦就像手套一样被翻了个底朝天。它不再是保守党的郊区和工党的内城了，"一位评论员说道，"保守党选民在逐步占据市中心，并把工党选民赶到城市边缘。"（Linton，1990）事实上，这种政治逆转是很明显的，一位作家戏称它是"伦敦效应"（Hamnett，1990）。

虽说1991年4月在伦敦斯坦福山发动的一系列驱逐寮屋居民的黎明突袭行动，要比那年6月纽约驱赶汤普金斯广场公园300名无家可归者的行动平和得多，但这样的行动并非总是如此。三年前，伦敦哈克尼区警方针对同一批寮屋居民早就展开过激烈的驱逐行动。在1991年8月的巴黎，对国家图书馆附近的部分寮屋居民进行驱逐时警察反应则过于激烈。四个月内在三个完全不同城市的三次不同攻击却有着相同的主题。或许还可以加上阿姆斯特丹，在那里，非法占屋和反占屋袭扰的历史更悠久，也更猛烈。在许多城市这种斗争仍在延续，士绅化和城市恢复失地运动在晚期资本主义城市的城市地理重建中面临着相同的局面。冲突的形式细节可能有所不同，但是背后的过程和条件是具有广泛共性的。

巴黎、伦敦、阿姆斯特丹和纽约的寮屋居民和无家可归的活动家十分清楚自己的行动，他们正在进行相同的斗争。如果说城市中产阶级变得不那么乐观而直接导致了新的城市恢复失地运动主义的话，那么士绅化重新启动将进一步分化和肯定城市恢复失地运动。一直警惕出现双重或分割的城市（Fainstein et al.，1992；Mollenkopf & Castells，1991）肯定是有先见之明的；一座城市成为恢复失地运动者之城会让新的城市前沿变得更加黑暗、更加危险。尽管胜少负多，但是没有迹象
47 表明寮屋居民和无家可归者会突然放弃争取住房的斗争。

第一部分

构建士绅化的理论

第三章
本地视角：从“消费者主权”到租金差距

在度过战后一段时期的经济持续恶化后，许多城市的中心城区和内城街区开始了士绅化的经历。20世纪50年代初步出现的复兴迹象，特别是在伦敦和纽约，到了60年代得到加强，并在70年代发展成为广泛影响欧洲、北美和澳大利亚大部分较大、较古老城市的士绅化运动。虽然与新建房屋相比，士绅化改造只占新房屋开工的一小部分，但是这一进程在发生士绅化的地区是非常重要的。对于20世纪最后二十五年间对城市文化和城市未来的反思，它也产生了非常大的影响。

士绅化已经蚀刻出新城市前沿的边界地带。如果说士绅化的前因后果都植根于社会、政治、经济和文化转向的复杂嵌套中，那么我在本章则是要说明资本从建筑环境中流进流出的复杂性处于这一进程的核心位置。对于所有围绕这一进程进行解释的文化乐观主义来说，新的城市前沿也必然是经济创造的产物。士绅化的因果关系研究在尺度上还是复杂的。虽然士绅化这一进程在街区尺度上是显而易见的，但它也是全球重组的一个组成部分。在本章中，我想集中解释街区尺度上的士绅化；在第四章解释全球尺度下的士绅化。

消费者主权的局限性

士绅化进程风生水起，相关研究文献也就大行其道。这类文献多数关注士绅化的当代进程或其影响，包括社会经济特征、文化特点、新城市移民特征、拆迁、政府角色、城市收益、社区的出现与破坏等。至少在最开始时，很少有研究试图构建出这一进程的历史解释，更多的是去研究原因而不是影响。殊不知，这些解释在很大程度上都是想当然的，
51 通常陷入两大类别：文化研究的视角或经济研究的视角。

士绅化理论家中流行的概念是，年轻且通常是专业人士的中产阶级已经改变了他们的生活方式。例如，据格雷戈里·利普顿的说法，这些变化已经非常明显，以至于“相对降低了拥有郊区独栋住宅的意愿”（1977：146）。因此，随着少生孩子、推迟结婚年龄和离婚率快速上升的社会趋势，父母的梦想失去光泽，年轻的购房者和租房者们更期待在城市中而不是在郊区定居。另外一些学者强调去寻找独特的社会群体，比如像同性恋士绅化的研究（Winters，1978；Lauria & Knopp，1985）。还有一些学者则将其扩展为更普遍的说法。例如，按照戴维·莱伊的观点，在当代白领服务行业取代蓝领生产职业的“后工业城市”，随之而来的是对消费和舒适性的强调，而不再强调工作。消费模式开始决定生产模式：“是消费而不是生产的价值引导着中心城区土地使用方案的决策。”（Ley，1978：11；1980）士绅化由此被解释为这种强调消费

的结果，代表了一种新的社会消费体制下的新的城市地理状态。这种早期文化派解释最近增添了新鲜的血液：有一种趋势将士绅化视作后现代性或（在更极端的情况下）后现代主义的城市表达（Mills，1988；Caulfield，1994）。

与这些文化派解释针锋相对的是一系列紧密相关的经济派观点。第二次世界大战后，城市里新建房屋的成本迅速上升，新建小区离城市中心也越来越远，翻修重建内城和中心城区在经济上更为可行。购买和翻修旧物业及宅基地比购买新房的成本低。此外，许多研究人员，特别是在20世纪70年代，还强调上下班通勤的经济成本——私家汽车高昂的燃油成本和上涨的公共交通费用——以及住在上班地点附近所带来的经济效益。

这些传统的研究假设相互之间并不排斥。它们经常被混为一谈，并且在一个重要的方面有着相同的视角：强调消费者偏好和实现这些偏好时所受的限制。消费者主权假设与涉及面更广泛的因战后新古典经济学产生的住宅用地理论如出一辙（Alonso，1964；Muth，1969；Mills，1972）。按照这些理论的说法，郊区化反映出消费者对空间的偏好，以及他们因为交通和其他方面限制减少而不断增强的支付能力。士绅化则被解释为偏好改变，及/或在决定实现或可以实现哪种偏好的限制方面改变的结果。因此，在媒体报道和相关研究文献中，特别是在郊区化承担着沉重文化符号责任的美国，士绅化开始被视作一次“回城运动”。

这种假设见于早期士绅化改造项目，如费城的社会山项目（1959年
后获得大量政府支持后完工，见第六章），另见于后期更自发、更普遍的 52
私人市场范畴士绅化的研究中（虽然往往仍然有公共补贴）。一切都成

为所谓中层和上层阶级从郊区回归朝圣的象征。但是，这种认为士绅化者是幻想破灭的郊区居民的假设可能并不确切。早在1966年，赫伯特·甘斯就感叹说，现在还没有人做任何“有关多少郊区居民真是因为城市改造项目而回归的研究”（1968：287），随后几年的学术研究中，陆续有人开始研究这个问题。

所以，在本章的第一部分，我将给出费城社会山小区的一些实证数据，以此探讨传统的以“回归城市”为术语的消费者主权假设是否恰当。在第二节中，我将讨论资本投资对塑造和重塑城市环境的重要性；第三节是对资金撤离这个被广泛忽视的重要因素进行分析。最后，我将试着把这些都整合在“租金差距”假说下来解释士绅化现象。

从郊区回归市区？

作为宾夕法尼亚州的创立者威廉·佩恩在17世纪所进行的“神圣试验”的选址，费城的社会山一直到19世纪都是费城上流阶层趋之若鹜之处。然而，随着工业化和城市发展，其受欢迎程度逐渐下降，上层阶级和新兴中产阶级一路向西，搬到里腾豪斯广场，跨过斯古吉尔河搬至费城西边，甚至搬到西北边的新郊区中。社会山到19世纪末时已经日薄西山，实际上已经沦为一个“贫民窟”街区（Baltzell，1958）。但是，到了20世纪50年代，新一届市政府雄心勃勃地试图重建该区，并在1959年开始了市区改造计划。不到十年，社会山就改头换面重建完毕。到十七年后的1976年，在纪念美国独立二百周年的广告中，社会山被描述为“这个国家最古老的一平方英里”，再次成为费城中层和中上层阶级及部分上流人士的家园。小说家纳撒尼尔·伯特注意到人们在重建过程中显露出的积极性，把握住了美国不少早期士绅化改造项目的精英味道。

> 毕竟，改建老房子是老费城人最喜欢的室内运动之一，而能够参与改建并且有意识地服务于城市复兴，这样的想法对上层阶级来说如饮香槟。(Burt，1963：556—557)

因此，随着这种室内运动的持续进行，“上层阶级回归社会山中央城区”成了费城的民俗（Wold，1975：325）。伯特用还很新颖但已开始出现的市民拥护者的语言雄辩道： 53

> 社会山复兴……只是巨大的七巧板中的一块，让费城从百年沉睡中猛醒，承诺将城市彻底改造。这场运动，回归社会山是其中重要的一部分，被众人称作“费城文艺复兴”。(Burt，1963：539)

事实上，到1962年6月，购买重建物业的家庭只有不到三分之一来自郊区[1]（Greenfield & Co.，1964：192）。但是，在1960年首批房屋刚开始翻修重建工作时，人们普遍预计郊区居民的比例会急剧上升，一是因为该地区更加广为人知，二是在社会山拥有一套房产开始让人艳羡。然而，1962年后，没有官方机构去收集数据。表3.1的数据取

1　“郊区”在这里意味着城市前沿之外的区域，但在SMSA体系中，它是通过时间定义的。那些由于后续的吞并而出现在城市中的旧的郊区进而被算作城市的结节。这个定义在这里是合理的，因为资产阶级士绅化的一个主要卖点是它会给城市带来额外的税收收入。显然，被吞并的郊区已经缴纳税款给城市了。

表3.1　费城社会山地区回迁居住者来源（1964—1975）

年　份	1964	1965	1966	1969	1972	1975	总计	百分比
同一区域	5	3	1	1	1	0	11	10.8
城市其他区域	9	17	25	9	12	1	73	71.6
郊　区	0	7	4	2	1	0	14	13.8
SMSA统计区之外的区域	0	0	0	0	2	0	2	1.9
未标明	0	0	2	0	0	0	2	1.9
总　计	14	27	32	12	16	1	102	100

资料来源：费城重建局案卷；注：SMSA=标准大城市统计区。

样自费城重建局持有的档案，涵盖了项目前十五年的大部分时期（这一项目在第十五年时已基本结束）。这些数据代表了所有翻修住宅17%的样本量。

很明显，只有很少一部分士绅化者——占总数的14%——的确是从郊区搬回社会山的。相比之下，有72%是市区内其他地方搬过来的。进一步的统计数据分析发现：在以前就是城市居民的搬入者中，37%来自社会山街区本身，19%来自时尚的里腾豪斯广场区。其余的大多来自费城的上中层和上层阶级街区，例如栗山、芒特艾里、云杉山。这根本不是什么从郊区回归市区，而是表明士绅化带来了上层和中产阶级白人在市中心的居住区重新合并集中。利普顿（1977）对好几个城市展开了调查，从中可以观察到类似的合并模式。从巴尔的摩和华盛顿特区获得的郊区居民回归比例的数据也支持了社会山的数据（表3.2）。在欧洲范围内，科尔蒂等人（1982）发现，很少有证据表明“回归城市”与阿姆斯特
54 丹的约尔丹区的士绅化有什么联系（见第八章）。

表3.2　三座城市翻修房屋居住者来源

城　　市	市区居民比例	郊区居民比例
费城		
社会山	72	14
巴尔的摩		
宅地房产	65.2	27
华盛顿特区		
芒特普莱森特	67	18
国会山	72	15

资料来源：巴尔的摩房屋与社区开发局，1977；Gale，1976，1977。

这类出现在费城或其他地方的“城市复兴”，很可能在20世纪50年代和60年代就已经开始，但很明显并非得益于中产阶级从郊区回归。即使是在80年代士绅化的高峰期，郊区扩张依然迅速。这不由得让人怀疑传统的文化派和经济派的解释，即把士绅化看作在经济约束下变化的消费者选择所致。这并不是说消费者的选择不重要；有一种情况，很有可能，某种士绅化涉及50年代以后搬至市区接受教育和专业培训的年轻人，他们并没有像自己父母那样迁移到郊区，这成了士绅化者需求的社会源泉。如果还坚持消费者选择的认识，那就很难用消费者主权假设来明确解释士绅化问题。因为士绅化不单纯是发生在北美的现象，在20世纪50年代和60年代也出现在欧洲和澳大利亚（例如见 Glass，1964；Pitt，1977；Kendig，1979；Williams，1984b，1986），这些地方先前的中产阶级（实际上还有工人阶级）郊区化的程度和经验，以及郊区和市区之间的关系都和北美明显不同。似乎只有莱伊（1978）更加包容的后工业化城市的社会假设才有足够强的解释力，既能说明这一进程的国际性，又能保留以消费为中心的方法。但即便接受这一观点，情况依然自我抵牾。如果文化选择和消费偏好真能解释士绅化，这相当于要么假设在全国范围乃至全球范围内个人偏好步调一致地同时改变——这种观点因为罔顾人性和文化个体性而显得苍白乏力；或者说压倒一切的经济约束强大到足以抹杀隐含在消费者偏好中的个性。如果是后者，消费者偏好的概念充其量是自相矛盾：最初用个人消费偏好来解释这一进程，现在却解释为中产阶级的文化单维性导致的结果——这种观点仍然苍白无力。因此，在最好的情况下，对消费的关注
55 要在理论上行得通，只可能是应用于集体的社会偏好而不是个人偏好。

现在大家都非常熟悉对传统城市经济理论背后的理论和假设的广泛批评（Ball，1979；Harvey，1973；Roweis & Scott，1981）。我在这里只对新古典理论中街区改变导致士绅化这一点进行分析。为了解释当代内城房屋市场的变迁情况，布赖恩·贝瑞和其他人采用了一种“过滤”模型。按照这个模型的解释，较为富裕的家庭腾出先前住的较小房屋，留给相对穷一些的住房人，而自己则搬进位于外围郊区的新房。这样一来，体面的住房经过“过滤”后留给收入较低的家庭，而最糟糕的房屋则退出市场，被废弃或者拆除（Berry，1980：16；Lowry，1960）。撇开“过滤”能否保证工人阶级获得“体面”住房这个问题不论，“过滤”模型显然是以消费者主权理论的历史化为基础的。这一模型假定人们拥有一组消费者偏好，包括对越来越大的居住空间的偏好，所以一个人对空间的支付能力越强，就越愿意买更大的空间。较小的不那么理想的居住空间，自然是留给那些支付能力不足的人。其他一些因素无疑也影响着房屋供应及需求，但这种对空间的偏好和必要的收入约束却是讨论城市发展的新古典主义的基础。

但是，士绅化与这一假设的基础是相矛盾的。它涉及一个相反方向的“过滤”，也和对空间本身的偏好引导住宅开发过程这个概念矛盾。这也意味着，要么从理论中拿掉这个假设，或者所谓的“外部因素”和收入约束已经变了，对更大空间的偏好因此显得不切实际和不能操作。正是以这样的方式士绅化变成了一种例外——一次偶然的机会，一个超乎寻常的事件，外源性因素独特混合导致的意外结果。但在现实中，士绅化并非如此出奇；出奇的是一开始就认定士绅化是不可能发生的理论。士绅化的经历很好地说明了新古典主义城市理论的局限性：为了解释这一进程，就必须抛弃这一理论，而采用基于特定外部因素的肤浅解释。但是，仅仅只是列出多种因素并不能构成一个解释。该理论声称能够解释郊区化，但不能解释从郊区化到士绅化再到内城士绅化的历史连续性。贝瑞含蓄地承认需要（但缺乏）这样的历史连续性，他总结说：

> 在第二次世界大战后，激励的重构在住房所有者增多和相应的城市形态转变中起到了至关重要的作用。没有理由相信，我们无法设计出另一种重构而引致其他方向，因为在一个高度流动的市场体系下最有效的生产变化就是相对价格的改变。所以，肯定是有办法的。当然，是否有意愿是另外一回事。因为在
> 民主多元的情况下，利益集团政治盛行，这种政治的正常状态是 56
> “一切如常”。大萧条和第二次世界大战后的大胆变革只是对重大危机的回应，因为只有在危机气氛下开明的领导人才可以凌驾于以不出差错为最大目标的日常政治之上。我认为，只有差不多相同的危机才会让必要的实质性的内城复兴发生。（Berry，

1980：27—28）

这样，和对士绅化进程乐观的支持者们一样，贝瑞提出了士绅化的唯意志论解释。

大量士绅化研究中隐含的这种对新古典主义假设的批评是片面而不够详尽的。然而，这类批评表明，我们需要对这一进程更广泛地概念化，因为作为消费者的士绅化者仅是该进程的许许多多参与者之一。只是根据士绅化者的偏好去解释士绅化，而忽略建设者、开发商、房东、抵押贷款人、政府机构、房地产经纪人——作为生产者的士绅化者——就过于狭隘了。包容能力更强的士绅化理论，必须把生产者和消费者的作用都考虑在内，而一旦将这二者考虑在内，人们就会发现生产方面的需求，特别是赚取利润的需求，是士绅化背后比消费者偏好更具决定性的因素。这并不是幼稚地说消费是生产的必然结果，或者说消费者偏好是生产的一个完全被动的结果。如果是这样，那就是“生产者主权”理论，和新古典主义一样都是片面的。相反，生产和消费之间是共生关系，但是在这种共生关系中，寻找利润的资本流动占据主导地位。通过广告等形式，我们可以创造也正在创造消费者偏好和对高档住房的需求。即使在社会山这样的早期项目中，也有一家麦迪逊大道上的广告公司受聘来营销该项目（OPDC，1970）。虽然消费者偏好和需求在实际过程处于次要地位，它们在解释最早士绅化为什么发生时也处在次要位置，然而消费者偏好和需求在决定复兴地区最终的形式和特点时——比如说，社会山和伦敦的码头区或布里斯班的斯普林山间有什么不同——是最重要的因素。

所谓的“城市复兴”更多是受经济而不是文化力量的刺激。在决定改造内城结构时，有一种消费者偏好往往会脱颖而出，即购房时稳健的财务投资的需要。不论士绅化者是否表达了这种偏好，这始终是根本，因为很少有人会在预见到财务损失的情况下考虑翻修改造。因此，士绅化理论必须解释为什么有些街区在重新开发时有利可图，而有些则没有。什么是盈利的条件？消费者主权理论想当然地认为，满足士绅化改造条件的地区唾手可得，而这恰恰是不得不加以解释的地方。 57

与之相反，另外一些解释可以让我们更详细、更广泛地了解建成环境中资本投资的历史和结构语境及其在城市开发中的作用。

建筑环境的投资

在资本主义经济中，土地和土地上建造的房屋都是商品。因此，它们拥有某些特质，其中有三点对于这场讨论尤为重要。

第一，私有财产权赋予所有者对土地和房屋的几近垄断的控制权，对建筑空间的垄断使用权。当然规划、土地征用等政府规定对土地所有者控制土地有着明确的限制，但在北美、欧洲和澳大利亚的资本主义经济中，这些限制就算有也不是很严格，不足以取代市场调节土地转让和使用的基础机制作用。从这一点可以看出地租作为组织经济区位地理手段的重要性。

第二，土地和房屋在空间上是固定的，但其价值却不固定。土地上的房屋受各种影响价值的常见因素影响，但是有一点非常不同。一方面，一块土地及其周边土地上的房屋价值影响着房东可以要求的地租；另一方面，由于土地和土地上的建筑物不可分割，建筑物转手的价格也反映了地租水平。同时，一块土地不同于其上的房屋，它“不需要维护保养就可以延续其使用潜力”（Harvey，1973：158—159）。

第三，虽然土地是永久性的，但其上的房屋却不是永久的，房屋一般有着较长的物理及价值周转周期。建筑的物理衰败期不大可能要求大部分建筑物只有二十五年的使用寿命，通常要比这长很多，而且在经济上（而不是会计上）可能也需要差不多长的时间才能收回其价值。由此我们可以得出这样几点：在一个发达的资本主义经济中，大量的初始投资对投资建筑环境是必要的；因此，金融机构将在城市土地市场中发挥重要作用（Harvey，1973：159）；资本折旧模式将是决定建筑物销售价格是否以及在何种程度上反映地租水平的重要变量。这几点对于理解投资和撤资模式非常重要。

在经济上，利润是衡量成功的标准，而竞争机制则将成功或失败转换成增长或崩溃。所有单个企业必须争取更高的利润，这样才能在追求利润中更大量地积累资本；否则将无法负担更先进生产方式的成本，进而落后于竞争对手，最终将导致破产或被更大的企业收购。这种对利润增长的求索，就整体经济而言，需要长期的经济增长（稳定也意
58 味着增长）。特别是当其他经济产业增长受阻，或者盈利率较低时，建筑环境就成为有利可图的投资切换目标。这在郊区化的经验中尤为明显；不是原地扩展，而是空间上的扩展，成为资本积累持续需求的回应（Walker，1977；Harvey，1978）。但是，郊区化也很好地说明了投资建筑环境的两面性，因为作为资本积累的载体，它也可以成为进一步积累的障碍。这是因为上述特征而变得如此：对空间近乎垄断的控制、投资的固定性、漫长的周转期。土地所有者对空间近乎垄断的控制，可能会阻止出售土地用于新的开发；投资的固定性迫使它在也许不太有利的其他地段进行新的开发，并且在已投入资本回本之前阻止重新开发；投资

建筑环境需要漫长的资本周转期，因此只要周转期较短的其他经济行业保持盈利，投资者就会打退堂鼓。在19世纪后半期，早期的工业城市就出现了这样的障碍，它最终造成了郊区的发展，而不是留在原地继续开发。

在19世纪的大多数城市中，土地价值呈现出经典的圆锥形：峰值出现在市中心，越往周边延伸价值越低。完全可以这么认为，虽然这个圆锥形租金梯度结构在欧洲地区是非常明显的（Whitehand，1987：30—70），但在北美或澳大利亚却能找到最佳的例子，因为那些地方的工业化还没有开启，或者只是在最近发展起来的城市中出现了。那里的市场较少受到政府的调控管制。这当然就是霍默·霍伊特（1933）发现的芝加哥模式。城市不断发展，圆锥形的土地价值梯度向外向上移位；位于中心的土地价值上涨，而圆锥的底部变大。土地价值往往与经济的长周期变化保持一致；它们在资本积累特别迅速时增长最快，在衰退期间暂时下降。正如怀特汉德（1987：50）用格拉斯哥的例子说明的那样，这些不同的外延增长周期可能会带来不同种类、不同来源的建筑环境建设。由于郊区化依赖于土地、建筑、交通等方面的大量资本投资，因而也倾向于遵循这种周期性的趋势。面对扩大生产活动规模的需求，同时由于各种原因不能或不愿在当前所在区域扩展，很多企业跳出城市而到位于土地价值圆锥底部的地方——因为那里有广阔的扩展空间，价格也相对低廉。相反的做法——大幅改造和重建已建成地区——对于私人资本来说因成本太高而无力承担，所以产业资本越来越多地迁移到新的郊区。

在美国，产业资本的这种由中心向郊区的运动发生在1893至1897年的严重经济萧条后，稍晚于古老的欧洲大城市中心的情况。随之而

59 来的还有大量住宅建设资本的迁移。在已经发展多年的城市里，这种建设资金的地域性重聚只在中央商务区出现明显的例外情况——这些中央商务区中摩肩接踵的摩天大楼多是在20世纪20年代开始开发的。事实上，资本流向回报率更高的郊区对内城产生了不利影响：由于高风险和低回报率，投资者通常忽视了内城区域，并且像商量好了似的几乎同时撤资，使得内城陷入长期的衰退和新资本投资的匮乏。用1933年一位评论员的话来说：

> 一方面，城市在以前所未有的方式持续扩展，导致了当下许多金融窘迫的状况；另一方面，市中心的商业和轻工业地区（以及工人阶级聚居区）却停止了扩张，甚至在某些情况下，明确地显示出从之前占有的前沿萎缩的迹象。（Wright，1933：417）

结果，内城的地价相对中央商务区和郊区普遍下降，所以迟至20世纪20年代末时霍伊特能够确定芝加哥“在卢普区和外层住宅区之间已经形成了地价曲线上的洼地”（图3.1）。这一洼地“表明在建筑年龄大多超过四十年的街区里，居民租金支付能力最低”（Hoyt，1933：356—358）。霍伊特注意到了这一奇怪现象——它和租金锥形明显不同——并对此疑惑不已，但他并没有深究。事实上，从20世纪40年代到60年代郊区化最为持续的二十多年间，因为一直缺乏生产资金投入，这一土地价值曲线的洼地进一步加深和拓宽了。

到20世纪60年代后期，芝加哥的这类价值洼地可能已经宽达6英里（McDonald & Bowman，1979），纽约市的也差不多大小（Heilbrun，1974：110—111）。其他城市的证据也表明，这种资本贬

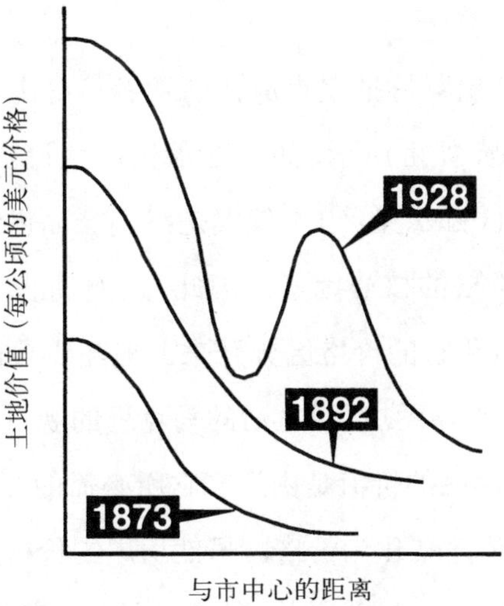

图 3.1　芝加哥土地价值洼地的地租曲面和演进（Hoyt，1933） 60

值和随之发生的美国最古老城市中的土地价值洼地扩大（Davis，1965；Edel & Sclar，1975）制造出了贫民窟和黑人居住区，而且被那些搬到郊区的中产阶级在第二次世界大战后突然发现并视作大“问题”。一种士绅化的理论需要解释内城资本贬值的历史过程，明确说明这种贬值可能如何带来能够获利的再次投资。这里的关键是土地价值和房产价值之间的关系。但是，这些概念都不够完善。霍伊特的土地价值是一个合成范畴，指的是未开发地块的价格，以及通过使用这些地块获得的预期收入；而未来作为什么类型使用则只是想当然而已。另一方面，房产价值通常是指建筑物的售出价格，它包括土地价值。因此，为了全面阐述土地价值和房屋价值之间的关系，有必要把这两项价值评估分为四个独立但相关的范畴。不过，这四大范畴（房屋价值、销售价格、资本化地租、潜在地租）在土地价值和房产价值的综合概念下仍然是完全或部分模糊的，甚至难以区分。

房屋价值

新古典经济理论坚持把重点放在消费者偏好上，认为价格是供需状况的结果。但是，如上所示，如果寻求生产性投资的高回报是士绅化背后的主要动机，那么生产（不仅仅是终端产品供给的数量）的特定成本将成为决定价格的核心因素。因此，反对新古典理论的时候，有必要把房屋的价值和它的价格区分开来。追随古典政治经济学家（亚当·斯密和大卫·李嘉图）以及之后的马克思的观点，我认为劳动价值论是不证自明的：商品的价值是由生产它所必需的社会劳动量衡量的。只有在市场上，价值才转化为价格。虽然房屋的价格反映其价值，但二者不能机械地等同起来，因为价格（不像价值）也直接受供给和需求状况影响。因此，价值的考虑（制造商品所必需的社会劳动量）设定了价格波动的水平。住房市场上的情况则更为复杂，因为个人住房周期性地返回市场转售。所以，房屋价值还取决于它用后贬值的速率，以及通过添加更多价值后重新估价的速率（后者发生在需要人工进行维修、更
61 换、扩展等活动时）。

销售价格

和房屋有关的更为复杂的一点就是，销售价格代表的不仅是房屋价值，也有租金的附加成分，因为土地一般是随着土地上可容纳的房屋结构一起出售。所以，谈论地租比谈论土地价值更合适，因为土地价格并不像商品本身的价值那样反映用于其上的劳动量。

资本化地租

地租由土地所有者向土地使用者索取，代表着生产者在土地上创造的成本价格以外的剩余价值的减少。资本化地租是考虑到当前土地用途时土地所有者占有地租的实际数量。在租赁房屋的例子

中，房东在自己拥有的土地上提供服务，生产和所有权职能相结合，此时地租虽然真实存在，却也更加无形化；房东的资本化地租主要以租户缴纳房租的形式返回。在业主自住的情况下，地租只有在建筑被出售时才会被资本化，因此它是房屋售价的一部分。所以，假如要对价格与价值给出一个方程式的话，就是销售价格=房屋价值+资本化地租。

潜在地租

在目前的土地使用情况下，某一地块或街区能够对一定量的地租进行资本化。由于地段的原因，有些区域在改变土地使用情况时或许可以更大量地获得资本化地租。潜在地租即指土地在“最大最佳使用”(用规划者的说法)，或者至少较大较好使用情况下能够被资本化的数额。这个概念在解释士绅化时尤为重要。

在这些概念的基础上，让一些街区成熟以满足士绅化条件的历史过程就初现轮廓了。

内城的资本贬值

内城房屋在物理和经济上均逐渐破败贬值，是土地和房屋市场严格遵循逻辑“理性”运作的结果。当然，这并不是说它是自然而然的，因为市场本身是社会产品。街区衰落根本不是不可避免的，而是

> 可以确证的私人与公共投资决策的结果……虽然没有像拿破仑那样掌控街区命运的人物，但是房地产行业的资本和开发商等行动者有足够程度的控制与整合，他们的决策根本不是对市场的回应，而是在塑造市场。(Bradford & Rubinowitz，1975：79) 62

接下来，我将试图从机构、行动者和牵涉的经济力量几方面来解释内城街区历史衰落的原因。我们可能会认为，这种解释是生产方理论对传统“过滤”理论的修正。虽然它要求确认出不同衰落阶段表征的显著进程，但它并不意味着要对每个社区的经历进行确定的描述。逐日描述衰落的动态过程是复杂的，尤其是在业主和租客关系方面，已经有学者进行了相当详细的解释（Stegman，1972）。我的论述旨在提供理解每个街区具体经验的解释性框架。它从一开始就假设相关的社区在房屋年龄和质量方面是相对同质的，而事实上，这往往也是再开发地区的情况。

新建房屋与第一个使用周期

新建成内城街区的住房价格反映了房屋结构和相应修缮的价值，以及土地所有者获得的地租。在第一个使用周期，地租很可能会增加，因为城市不断向外发展，内城房屋的价值即便要下降的话也只会非常缓慢地下降，因此销售价格会相应上升。最终这片街区的房屋会持续贬值，这有三个原因：劳动生产力的进步；户型过时；自然磨损。劳动生产力的进步主要是由于技术革新和工作过程中的组织变化。通过这些进步，人们可以用比以往更低的价值生产类似的房屋结构。这种进步的两个最近的例子是桁架结构和工厂制件而非现场施工。户型陈旧是刺激住房市场持续贬值的次要因素（偶尔甚至可能引起房价的升值，因为有时旧的款式更受追捧）。自然磨损也会影响房屋的价值，但在这里有必要区分为了房屋保值而定期进行的小修小补（例如油漆门和窗框、室内装潢），较少进行但需要更大支出的大修（例如更换管道或电气系统），以及不进行修理就会变得不稳定的房屋结构性修理（例如更换
63 屋顶或更换干腐地板）。一个使用周期后的房屋贬值，反映了不仅需要

照片3.1　城市住宅存量中的资金撤出：一栋废弃的建筑和基于社区的重建(《阴影》)

定期的小修，也迫切需要涉及大量投资的大修。贬值将导致这些房屋相对新房的价格下降，但整体下跌的幅度取决于同期有多少地租也相应变化了。

房东与自住房主

很显然，许多街区的房屋所有者成功地进行了一些重大维修，维护甚至提高了一个地区的住房价值。这些地区保持着稳定。同样明显的是，也有些所有者自住的小区经历了第一阶段的房屋贬值。自住房主在意识到如果不进行维修房价就会立刻下降时，他们可能会把房屋卖出去，寻找让自己的投资更为安全的新房。在这一点上，如果不进行维修的话，在第一个或随后的使用周期后，这一街区可能会转化成高档的租赁小区。由于房东和自住房主使用房屋的目的不同，他们的维修方式也不同。自住房主在房屋市场上同时是消费者和投资者；作为投资者，他们的主要回报是销售价格的增量超过购买价格。房东获得回报的主要形式是房屋租金，在某些情况下，只要还可以收租金，房东就不大愿意对房屋进行维修。当然，这并不是说房东通常
64 不大维护他们的物业，有些较新的公寓和需求很大的老式住宅经常得到了很好的维护。正如艾拉·洛瑞所说，“维护不够是房东对市场下跌极为合理的回应”(1960：367)，由于从所有者自住过渡到租赁通常与市场衰退有关，一定程度上的维修不足是可以预料到的。

房屋维修不足得以把资本释放出来用于其他地方的投资，比如投资于其他城市的物业，跟着开发商的资金流动到郊区，或者投资于其他产业。但是，随着整个街区年久失修，房东会很难出售物业，特别是在一些较大的金融机构收紧抵押贷款之后；对房东来说，销售量变得更少，成本也更高。所以，除了少量必要的投入以保证现有的收益之外，房东们很少愿意加大投资。除非是出现高质量住房短缺的情况，这时租金提高，投入资金进行改善维修是值得的，这种情况下也可能逆转这种房屋价值下降的局面。否则的话，这一地区很可能会经历资金净流出的局面，起初是涓涓细流，因为业主仍然有大量的投资需要保护。在这些情况下，个别房东或拥有者很难对抗这场他们曾经推波助澜的经济衰退。房屋价值下跌，这一区域的资本化地租水平下降，低于潜在地租（见图3.2）。对自己的房屋进行了大量维护的个人，被迫把租金提高到本地区平均租金水平以上，但是这很难吸引到收入超过平均水平的租户，也就无法将所有地租资本化。这就是通过基础地租结构运作的著名的“街区效应”。

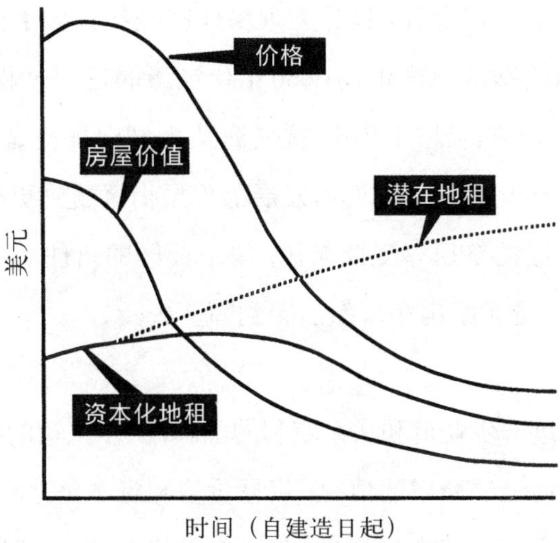

图 3.2　租金差距的贬值循环和演变 65

房产欺诈与房产井喷

一些街区不会转型为出租社区，而是会经历相对稳定的发展，或者非常温和地缓慢衰落。如果发生衰落的话，房产拥有者通常会出于市场策略原因而不是因为缺少资金减少对自己房屋的修缮。房地产中介竞相诱骗房产拥有者削价抛售，从而进一步加剧了这种衰落。在房价开始下降的白人社区，地产中介利用种族主义的情绪，以相对便宜的价格买下房屋，然后大幅涨价卖给非洲裔美国人、拉丁裔美国人或其他“少数族裔”家庭，很多这类家庭可能正在努力挣扎以期拥有自己的第一个家。劳伦蒂的研究表明，房屋价值通常在房产欺诈发生之前就已经开始下跌了，在房产主人的肤色发生改变之后，这种下跌也就暂时停止了（Laurenti，1960）。但是，一旦房产欺诈发生，房屋价值会进一步下降，这并不只是因为住房市场的种族主义，也因为该房屋以虚高的价格被售出，新搬入的家庭因此缺少维修资金，也不能按时支付按揭贷款。

房产井喷是一个类似过程，只是无须房地产经纪人插手而已。哈维等人描述了巴尔的摩房地产市场在60年代经历的这一过程（1972；另见Harvey，1973：173）。他们指出，贫民窟从内城向外蔓延（土地价值谷地变宽），随之而来的是原本健康发展的外层街区受到更外层安全的中上阶层住宅小区的挤压。受此挤压，整个社区的自住房主都可能把房屋卖出去（通常是卖给房东），然后搬到郊区去。

拒绝贷款

随着资本进一步贬值和房东获利的下降，更多主动的撤资就逐渐取代因资金不足而无法修缮的情况；房屋价值和资本化地租下降，导致房屋售价进一步下降。房东撤资的同时，金融机构同样“理性”地收回投资，不再给该地区提供按揭贷款。提供低首付、低利率贷款的大型机构发现，他们可以在郊区获得更大回报，而且抵押房屋赎回权被取消的机会不大，物业价值下降的风险更小。它们在内城的作用最初是由专门从事高风险融资的较小型本地机构接管。大型机构拒绝对本地区贷款，该地区也可能会获得由联邦住房管理局（FHA）提供的担保贷款，然而这些也都几乎只限于外城。虽然FHA贷款的目的是为了防止下滑，但在某些地方这种贷款却促成了下降（Bradford & Rubinowitz，1975：82）。除了拒绝提供房贷之外，房主自住保险公司也拒绝提供资金（Squires et al.，1991），这进一步导致经济上的投资缩减。这一阶段能够提供的贷款只是在物业转手交易方面，这无法鼓励在房屋维护方面的再投入，所以这种下降过程就像加了润滑油般速度更快了。最终，中小规模的投资者也
66 像抵押贷款保险公司一样拒绝在这一区域提供贷款。

破坏财物的行为进一步加速了房屋贬值，尤其是在前一租户搬走而后一租户尚未搬入期间，这个房屋暂时空置期对财物的破坏成了一

个大问题（Stegman，1972：60）。但是，就算一栋建筑物住满了人，在缺少维护或者对房屋进行系统改造以最大限度“压榨”其价值的情况下，这类对财物的破坏还是会促成房屋贬值。在这个阶段，破坏财物实际上是房东的一个策略，至少在纽约是这样（Salins，1981），在伦敦虽然不那么常见但还是这样（Counsell，1992）。这一阶段，把房屋结构进一步切割，划出更多的出租单位司空见惯。通过这种进一步划分，房东希望在最后的几年内物尽其用（即加强盈利能力）。但最终房东会完全抽离资金，拒绝进行维修，只支付必要的费用——通常是零星的——以保证还能带来租金收益。

废　弃

当房东收到的租金不足以抵消必要的费用（如水电费和税金）时，建筑物就会被废弃。这是一个社区层面的普遍现象；在发展稳定的街区，废弃孤立的物业是很少见的。似乎有点矛盾的是，很多废弃的房屋在结构上是完好的。但是，建筑物被废弃并不是因为它们不能用了，而是因为它们无法盈利了。在这个衰败期，房东甚至会萌生一把火烧掉自己的物业以换得大笔保险赔付这样的想法。

士绅化——租金差距

上一节我们简要介绍了这一常见的但在20世纪60年代和70年代被误以为是“过滤”的过程。这个住房市场的常见进程影响了许多街区；但就算这一进程在美国城市显而易见，它也并不完全是一个美国现象，弗里德里希斯（1993）对德国和美国的比较研究就说得很清楚。出于同样的原因，这一贬值周期绝对不是放之四海而皆准的，在不同街区也不以完全相同的方式发生。之所以在这里将其包括在内，是因为士绅化就发生在这样的周期之后；当然，不是说这一过程出现了就一定会有士绅化随之而来，也不应就认为这种衰落是不可避免的。洛瑞说得很对，“过滤”的出现不是因为“时间的无情流逝”，而是因为“人类能动性”(1960：370)。在上一节，我们已经提出了哪些方面是这种动力的代理人，他们对市场力量如何反应，又创造出了哪些市场力量。上一节也提出，过滤背后的客观机制是投入到内城住宅的资本折旧和贬值。这种贬值造成了让资本重新估值（士绅化）成为理性的市场回应的客观经济条件。这里面最重要的就是我所说的租金差距。

租金差距就是潜在地租水平和根据现行土地用途实际资本化地租之间的差距（图3.2）。租金差距主要是由资本贬值（从而减少了能够资
67 本化的地租比例），以及不断的城市发展和扩张（历史上看，这个过程提高了内城的潜在地租水平）造成的。现在可以在很大程度上把霍伊特1928年观察到的土地价值洼地（图3.1）解释为租金差距发展的结果。只有当这种差距出现时，才能预期再投资的出现，因为如果目前的用途成功地让全部或大部分地租资本化了，从再度开发中就很少能够获得经济利益。随着“过滤”和街区衰落的继续，租金差距越来越大。当差距足够大，开发商可以低廉的价格买到房屋，能够支付建筑商的成本以从翻修改造中获利，可以支付抵押贷款和建筑贷款的利息，而且能够以带来满意回报的销售价格销售终端产品，这时士绅化就出现了。整个地租，或很大一部分的地租现在都资本化了；街区从而被“回收利用”，并开始一个新的使用周期。

我们在这里集中讨论了这种普遍情况，即由撤资带来的资本贬值周期导致了租金差距的出现。但也可以设想这么一种情况，不是资本化地租因为贬值而被推低，而是潜在的地租突然被推高，以这种不同的

方式带来了租金差距。例如，在快速持续的通货膨胀时，或是存在严格的土地市场监管时，潜在地租都保持低位，但随后这些调控撤销时都有可能出现这种情况。这样造成的租金差距在解释阿姆斯特丹和布达佩斯的士绅化时很重要（见第八章）。

一旦租金差距足够大，土地和住房市场上的任一行动者都可以在给定的街区发动士绅化改造。在这里，我们再回过头来看生产和消费之间的关系，因为经验证据表明，这一过程不是由深受新古典经济学家喜爱的个体消费者偏好所发动的，而是由街区层面的集体社会行动的某种形式造成的。例如，作为市区重建改造项目的延续，美国各州政府发起了很多早期的士绅化改造，虽然政府补贴和对士绅化的资助在今天起到的作用较小，在当时仍然是重要的。如今更常见的是，与私人市场的士绅化改造一道，一个或多个金融机构扭转长期以来的拒绝贷款政策，积极瞄准一个街区，将其视作建设贷款和抵押贷款的潜在市场。除非这种长期缺席的资金来源重新出现，否则世界上所有的消费者偏好都等于零；以某种形式出现的按揭贷款资金是一个先决条件。当然，这种按揭贷款资金必须由行使某些偏好的有意愿的消费者借用，但这些偏好可以并在很大程度上由社会制造。和金融机构一道，专业开发商一般都是士绅化背后的集体推动力量。通常情况下，开发商将购买一片而不是一栋贬值物业来做翻修改造和销售。这种集体资本在启动士绅化改造中的优势地位有一个明显的例外，那就是在已经士绅化 68
改造的区域附近的街区。实际上，在那些地方，经常会看到个体的士绅化者成为翻修重建的重要力量。他们决定重建是看到了之前街区的结果，不过这也说明在他们心目中稳健的财务投资是最重要的。他们也会从愿意提供贷款的机构那里获得抵押贷款。

通常有三种开发者在回收利用街区：(一) 购买房产、翻修改造并转售牟利的专业开发商；(二) 购买和重建物业用来自住的自住型开发者；(三) 翻修之后出租的房东式开发商。[2]前两种开发商的投资回报体现为已落成物业销售价格的一部分；而对房东型开发商而言，回报以房屋租金的形式呈现。通过出售获得的回报有两个单独的收益：地租的资本化增加和生产性资本的投资利润(与制造商的利润截然不同)。专业和房东型开发商是重要的——和大家想的不一样，迄今为止，他们是社会山改造中的主流——但自住型开发者对翻修重建比对任何其他住房建造的行业都更加积极。相对来说，由于已经开发的土地形成了复杂的产权关系，对专业开发商来说，获得足够的土地和房屋以使得投资获得回报并不是那么容易。甚至房东型开发商也往往同时或按顺序翻修改造多个物业。房屋所有权的分散结构使得自住型开发者——他们通常是建筑行业的低效运营者——占据了改建贬值街区的有利位置。

从这个角度来看，士绅化改造并不是偶然发生的，也不是对不可避免的“过滤”过程的不可言喻的逆转。相反，它是可以预料的。19世纪内城街区资本的贬值与20世纪上半叶持续的城市发展，两者结合产生了能够盈利的再投资条件。如果这个士绅化的租金差距理论是正确的，可以预料到差距最大且可获得最高回报的，也就是在最靠近城市中心的街区和价值下降基本降无可降的街区，翻修重建也会从这些地方开始。但作出这样的预期也会带来很多问题。根据经验，士绅化确实倾向于在市中心发生，至少在初期阶段如此，但是导致在一个特定街区进行士绅化改造的直接原因很多，很难把下降水平和士绅化改造倾向

2 我因为一个明显的理由而忽略了投机者，他们没有投资生产性的资本，他们只是为了以更高的价格出售给开发商而购买物业。投机者在城市结构中不产生任何转化。

关联起来。这一理论还认为，由于这些地区开始回收改造，其他回报较低但仍然可观的地区，或者对再投资设置障碍更少的地区，会得到开发商的青睐。这就涉及远离市中心的区域和下降幅度不大的区域。因此，在费城，南大街、费尔芒特和皇后村成为继社会山之后的新“热点”（Cybriwsky，1978；Lvy，1978），而分配街区补助资金的城市分流政策，使得附近的费城北部和西部成为未来某种形式再投资的候选区域。 69

在早期的翻修改造计划中，政府的作用是值得注意的。通过以“公平的市场价值”集中房屋，再把它们以较低的评估价卖给开发商，政府承担了资本贬值最后阶段的成本，从而确保开发商能够获得高回报，因为没有这些回报改造或重建就不会发生。政府现在较少参与降低房屋价值的过程，开发商显然能够消化尚未完全贬值但正在贬值的资本的成本。也就是说，他们能够对翻修的房屋支付较高的价格，同时仍然获得合理的回报。看来，无论伴随着城市改造会有怎样的社会和政治失败——这些失败肯定很多——政府在经济方面是成功的，因为城市改造提供了大量的条件刺激私人市场的振兴。

结论：资本的“回城”运动

士绅化是土地和住房市场的结构性产品。因为资本流向回报率最高的地方，资本向郊区运动，以及内城资本持续贬值，最终产生了租金差距。当这种差距变得足够大，重建（或者重新开发）就可以开始挑战其他地方的回报率，资本也就回流了。士绅化改造是回城运动这没错，不过是由资本驱动而不是由人驱动的回城运动。

士绅化改造在20世纪后半叶出现表明，和传统的新古典经济学思想所认为的相反，中等及中上阶层的住房可以集中在内城开发。士绅化本身已经显著改变了城市地租梯度。土地价值的洼地可能正在向外移位，并且随着士绅化对中心城区土地的重新估价（图3.3），随着撤资现象向外移动到更近、更老的郊区，进而导致引来众多抱怨说中产阶级
70 郊区现在面临“城市问题”（Caris，1996；Schemo，1994）。

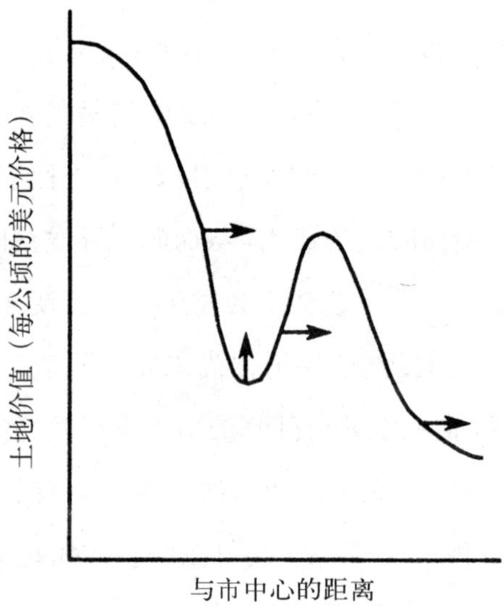

图3.3　士绅化改造后地租曲面和土地价值洼地的演进

士绅化一直是大规模空间重建中住宅及休闲化改建的前沿（但绝不是原因）。一方面，重建是根据资本的需求，伴随着中产阶级文化转型来实现的；另一方面，对资本的需求可能会被系统性地解除，一个提出人们直接需求的社会、经济和文化的议程，可能会取代资本成为城市转型的指导性看法。

但是，单用本章中所采用的本地视角也很难进一步推测士绅化和城市的前景。这个过程毕竟是同建筑环境的资本投资模式和节奏紧密联系的，并且从更大的范围来说，和资本积累与经济危机也息息相关。

后　记

自从租金差距理论于1979年被提出以来，它就成了城市研究方面争论不休且竞相研究的课题。可以预见到，也许有人攻击它把消费者偏好和个人选择从其解释基础中拿走，攻击它单纯用资本流动取代了个人消费（Ley，1986；Mills，1988；Caulfield，1989，1994；Hamnett，1991，Clark的回应，1992）。有些人也认为，租金差距理论和马歇尔经济学之间有着矛盾的联系（Clark，1987），而其他人则试图把理论本身用虽然模糊但是安全的新古典术语进行改造（Bourassa，1993，Clark的回应，1995；Boyle，1995；N. Smith，1995b）。有些人则说得更直接，干脆否认任何近似租金差距的存在（Ley，1986，N. Smith的回应，1987； 71
Bourassa，1990，Badcock的回应，1990）。一些批评家更为理性，指出了该理论的局限性。博勒加德（1990）认为，租金差距理论不能准确预测哪个社区将进行士绅化改造，哪些不会；而巴德科克（1989）指出，士绅化改造（指住宅改建这一狭义范畴），实际上是阿德莱德市为填补租金差距采取的第三种选择。该理论还省略了士绅化带来的社会变革之间的联系，尤其是它并不能解释士绅化代理人的出现（D. Rose，1984，1987；Beauregard，1986，1990）。

后者的批评有一定的道理，我认为有助于建立起租金差距理论适用范围的限制，它毕竟只是通过当地房地产市场的透镜来查看士绅化改造。这个概念也很难实际操作（Ley，1986；N. Smith，1987）。然而，自从该理论被提出以来，在多个正在进行士绅化改造的城市都已经确认了租金差距现象的存在。识别租金差距取决于找到适合测量资本化地租和潜在地租的方法，而在不同国家的背景下，学者们已经用不同的方法来达成这一目的了。

克拉克（1987）的里程碑式研究，确定了瑞典马尔默市中心几个采样街区的租金差距。在马尔默市，显著的租金差距出现在19世纪末，并在20世纪60年代末和70年代初随着士绅化活动和重新开发而差距缩小（另见Clark，1988）。最近，克拉克和格尔伯格（1991）曾研究过斯德哥尔摩的租金差距，以及城市建设的长期波动和不同建筑形式之间的相互作用。B.恩格斯（1989）同样细致地研究过悉尼郊区格利伯的租金差距演变：它开始于20世纪早期，到了20世纪70年代初随着士绅化改造出现而明显缩小。这两项研究均表明，真正重建之前的投机行为也会显著削弱租金差距。

虽然质疑了士绅化的其他方面，巴德科克（1989）还是确定了阿德莱德的租金差距，同时指出，根据当地情况和政府措施可能会采取不
72 同的重估贬值房屋的策略（另见Badcock，1992a，1992b）。艾莉森确定了布里斯班斯普林山街区的“土地价值洼地”，但发现很难准确量化（Allison，1995：165）。卡瑞（1988）绘制了60年代和70年代初多伦多土地价值洼地图，但指出城市周围的洼地深度还远远不是那么均匀。他接着对加贝奇镇和唐威尔区进行了案例研究，确认了租金差距，也跟踪过70年代末和80年代士绅化改造之后租金差距得以充填的证据。科尔蒂和范·德芬（1981），以及范·维瑟普和维格斯玛（1991）确认了阿姆斯特丹存在的租金差距。

针对伦敦房地产市场，哈姆尼特和兰多夫（1984，1986）确定了他们所谓的“空置房屋价值”和“出租的投资价值”之间的“价值差距”。当“价值差距”变得足够大，房屋所有者就会有冲动把建筑物从出租型住宅转化到其他使用权形式。关于此点有如下几方面是关联的。首

先，如果我们打算保持价格与价值之间的一致区分，那么价值差距更恰当的表述应该是“价格差距”。然而，鉴于其广泛的使用情况，不用这样的迂腐命名可能更好。价值差距和租金差距之间肯定有关系。克拉克（1991a）指出，租金差距理论并不能直接解决士绅化过程中土地所有权转换的问题，因此价值差距可以看作租金差距参数的补充完善。克拉克总结说：“一栋房屋如果没有租金差距就不会有价值差距。”（Clark，1991b：24）最后，这是一个历史的音符。克拉克（1987）无疑是正确的，他说虽然租金差距理论听起来很新颖，但它的先驱是弗里德里希·恩格斯和阿尔弗雷德·马歇尔。其他人肯定也有过这样的想法。1933年的一篇记叙中就有人惊人地提出了士绅化改造和重建的租金差距解释。[3]这可能是一个“令人吃惊的说法”，区域规划师亨利·赖特说道，但“清除贫民窟的最大障碍是城市中心土地成本高企导致难以解除契约的情况”。他接着确定了“实际的和潜在的土地价值”，并绘制了一张图来说明它们之间的区别：

> 这样，我们发现了贫民区的实际使用价值……受到双重拉动减少的影响，向外到新郊区……和向内到降低容量需求的摩天大楼中心这一不被注意的新拉动。贫民窟是一个被留下的“孤立”区……但这些通常精明的［房产］利益团体迟迟没有承认收缩到最终的“真正价值”所造成的全部损失，这一目的可能还有另外的用途：能够吸收较大面积的土地用作住宅用途的重建改造。（Wright，1933：417—418）

3　我要感谢鲍勃·博勒加德，在他的著作《衰退之声：美国城市的战后命运》（1993）中我关注到这则信息。

换句话说，用赖特的话来说他们还没有察觉到改造和重建的“潜
73 在土地价值”。

发现问题后，赖特也同样直接给出了解决方案。这些“更近的地区，”他说，“应该在土地成本的基础上正确地转让。”

> 我会毫不犹豫地说，那种认为贫民窟应主要以安置目前居民而重建的观点，在大规模处理这一问题时，不再是有效的……那么我们为什么不利用这一形势来调整我们对于满意住所的认识，为那些工作关系主要是在中心城区的人愉快方便地入住而改造现在的贫民窟地区呢？（Wright，1933：417，419）

如果说过去这项计划不得不忍受失败了的城市改造计划——具有讽刺意味的是，城市改造计划实际是被其加强了——这个可以追溯到20世纪30年代的“土地成本基础上的转让”（Wright，1933：417）计划，
74 在近几十年来的士绅化改造中得到了完美的表达。

第四章
全球视角：不均衡发展

士绅化是本地房地产市场的产物，因此在前面一章中我主要在本地层面上讨论了此进程的理论问题。租金差距理论表明了土地市场和房屋市场上单栋房屋、地块和街区范围之间的动态关系，也涉及对这些市场中特定行为者的了解，以及街区层面资金流入流出的历史。但是，除了这些本地的动态因素以外，士绅化还代表着从历史和地理上对曾被认定的城市发展模式的颠覆，这些模式下的经济增长被认为与更广泛的政治经济变化密切相关。士绅化现象出现在至少三个大洲的城市中，并且与20世纪80年代以来“全球化”的现象紧密关联。那么，我们也需要从另一个角度，即从它在全球经济中的位置来看待士绅化，而要厘清这一视角，最好是通过全球经济和国民经济“不均衡发展”这一点去理解士绅化问题。

在士绅化问题上保持更大的视野非常重要，因为这既有助于解决公众关心的一个主要问题，也有助于关于城市变迁的学术讨论。士绅化作为城市景观的制造者到底有多重要？对于一些人来说，士绅化是一个本地的、小规模的进程，就算有些象征意义上的重要性，也纯粹是暂时的，几乎没有长远意义。士绅化只是一个短暂的例外现象。比如，杰出的城市地理学家布赖恩·贝瑞就持这一立场。他呼吁道，士绅化应该被视为“衰败之海中小小的重建之岛”(Berry，1973，1980，1985)。如果说20世纪80年代的士绅化浪潮让这种例外论立场陷入某种程度困境的话，那么欧美的房地产专业人士在80年代末经济繁荣末期则迅速地转向这一立场。原因在于，协同促使士绅化发生的那些特定因素本身纯粹是暂时的因素，例如郊区住房高昂的成本、较低的房屋空置率、婴儿潮一代生活方式的改变、雅皮士的消费习惯等，但这些并不代表长期的变化，而且当这些因素停止运作时，士绅化也会相应停止。

相比之下，另一流派的城市评论员从士绅化中看到了一种长期的城市反转。这种视角下的士绅化可能只是代表了城市更大规模“振
75 兴”的一部分：特定城市活动而不是郊区活动的再度中心化，被誉为服务、娱乐设施、就业机会以及高档住房自发的再度中心化的一部分。在最乐观的评论员眼中，士绅化被视作更大规模的经济转型和社会运动的一部分，这些转型和运动有可能反转中心城区和内城的衰落历史(例如见Laska & Spain，1980)。然而，不论有多么乐观，这种对士绅化未来的期盼很少有明确的解释基础。这种乐观论点的基础更多是出于乐观主义而不是理论探讨。这种观点的拥趸中大名鼎鼎的是吉米·卡特总统。在他选择南布朗克斯来作为衰败可能被逆转的例子时，这种乐观主义达到了顶点；不是对士绅化的认知和理解，而是对士绅化长期有益有效的希望和信念，让卡特总统做客南布朗克斯，并随后制定了胎死腹

中的全国城市政策。

如果说士绅化理论在后一种乐观论调下是被认定而不是被解释的话，有一点则是极其惊人的。这种反转的假定原因非常类似于例外论者的立场，尽管它们似乎是在解释相反的结论。两者都认为城市变化是消费方因素驱动的，争议点只是消费选择可能改变的程度而已。但是，一种城市理念怎么会引出完全相反的两种结论呢？贝瑞认为，乐观主义者全凭热情来发掘新奇理论，忽略或者低估了已然验证过的理论。他是对的。但是，正如我们在上一章所见，贝瑞自己的立场也不是没有问题。秉承传统城市经济理论，贝瑞唯意志论的解释使他无暇顾及士绅化的程度和意义。帮贝瑞总结一下，士绅化本来是“重建激励”的结果，他自己也承认这番进程是可能的，但是要放在公民视域下观察才行。事实上，贝瑞认为，这种激励机制以及消费模式的转变，只有在约束结构发生变化时才会发生，“大萧条和第二次世界大战后的大胆变革”实现了这种转变，所以，如果士绅化真的具有重大意义，那么现在就应该有相同级别的东西复刻出现。贝瑞在1980年认为，这些大胆变革代表了“对重大危机的回应，因为只有在危机气氛下开明的领导人才可以凌驾于以不出差错为最大目标的日常政治之上，只有差不多相同的危机才会让必要的、实质性的内城复兴发生”(Berry，1980：27—28)。

回想起来，到1980年时我们已经遭遇了这样的危机——国内国际都是如此——不仅仅是在住宅市场，还在整个经济领域，而这场危机也确实带来了重建“价格”和“激励”以外的东西(Harris，1980a；Massey & Meegan，1978)。但是，危机和重建不是像新古典理论通常认为的那样是外生“因素”，而是对均衡的意外背离。经济危机是具体的历史事件，在让新的情况和社会关系显现出来的同时，也在短期内将经济中早已隐藏的一些趋势变成现实（Harman，1981；Harvey，1982）。总之，城
76 市空间的重建自20世纪70年代以来一直在进行中，虽然这场重建肯定涉及像婴儿潮、能源价格和新建住房单位成本等“因素”，但其根源和动力还是来自一组更深层次和非常具体的过程，我们可以称这组过程为不均衡发展。在城市范围内，士绅化代表着该过程的前沿。

城市尺度的不均衡发展

所谓不均衡发展通常是不言自明的，它指社会发展在各地以不同的速度或者方向发生。这个概念如此明显，几乎不值得一提，但是没有多少人真正仔细地审查过这个概念。实际上，不均衡发展应被视为一个相当具体的过程，既是资本主义社会独有的，又直接根植于这种生产方式的基本社会关系中。可以肯定，采用其他生产方式的社会发展可能也是不均衡的，但之所以如此却有着完全不同的原因、不同的社会意义，并导致不同的地理景观，例如封建集镇的地理与当代大城市就全然不同。资本主义制度下发达地区和欠发达地区之间的关系，最清楚、最本质地体现了不均衡发展，在国际范围内如此，在区域和城市范围内也如此（Soja，1980）。不同的空间范围内，资本在地理上的移动是出于不同但类似的原因，正是这种目的和结构类似，才能产生不同范围内类似的空间不均衡性。我们在这里只能以最粗略的方式描述发展不均衡的经济原理（N.Smith，1984）。我会指出不均衡发展的三个核心方面并依次进行讨论，希望能够串联出一个理论框架。在每一步的讨论中，我都会将士绅化置于分析之中，以此来阐述不均衡发展理论，以及在此框架下理解士绅化现象的更广泛的理论框架。

差异化和均等化趋势

资本主义结构中素有两种相互矛盾的倾向，一方面是发展条件和
水平的均等化，另一方面是它们的差异化。均等化趋势源于资本主义
社会对经济扩张更为迫切的需要：资本家和企业只有盈利才能生存，
但是在一个以企业间相互竞争为主导的经济环境下，想要生存就需要
扩张——积累越来越大量的资本。在国家或世界经济的层面，这意味
着需要永续的经济增长；如果这种增长没有发生，系统就会陷入危机。
吸引越来越多的工作者从事劳动生产、获得工资并进行生产性消费，获 77
得和利用更多数量的原材料，发展交通方式以便更便宜、更快捷地获得
原材料并进入市场，这些因素加速了经济扩张。简而言之，创造数量更
大、种类更多的商品，在市场上把商品销售出去，并把一部分利润再次
投入到扩大生产规模中，这些将助力经济扩张。从历史上看，地球正在
被转化为通用生产资料，人们在五湖四海寻找原材料；在资本眼中，陆

照片 4.1　从“美国腋窝”到“魅力之城”：巴尔的摩滨水区的改造

地、海洋、天空和地下都成为实际或潜在的生产资料，每一种都贴有价格标签。这就是生产条件和水平均等化趋势背后的过程。因此，在东京的一个新汽车工厂和在德国埃森或巴西的巴西利亚的新汽车工厂几乎一模一样，而除了表面上的一些细节不同外，圣保罗郊区的中上层阶级聚居的亚丁区在景观上和悉尼或旧金山的郊区景致没什么不同。

就地理空间而言，资本扩张和发展条件与水平的均等化，是导致出现所谓“收缩的世界”或者“时空压缩”现象的主要因素（Harvey，1989）。资本驱赶着去克服一切空间障碍来扩张，用交通和通讯时间去衡量空间距离。这一过程，马克思先知先觉地将其称为“用时间消灭空间”：

> 资本就其本质而言超越任何空间上的障碍。因此，创造出交
> 78 换所需的物质条件——通讯和交通方式（以时间消灭空间）——就成为其所必需的……所以，资本必须一方面努力拆除每一个空间交流障碍，征服整个地球以将其作为市场；另一方面也力求用时间去消灭空间，即要把从一个地方运动到另一个地方所花的时间减到最少。因此，资本越是发达，它所流通的市场也越广泛，形成流通的空间范围也越大，它也会更加努力地争取市场的更大扩展，同时在更大范围内以时间消灭空间……这些就是资本的普遍趋势，与所有以前的生产阶段截然不同。（马克思，1973年版，第524、539—540页）

这种普遍过程的经济关联就是利润率的均等化趋势（马克思，1967年版，第三章，第10页）。这两种趋势都在资本的流通中实现，但会表达

出植根于生产中的一个更深层次的过程：抽象劳动的普遍化，以及随之而来的社会交换中的“价值”霸权（Harvey，1982；Sohn-Rethel，1978）。

那些关注城市理论近几十年发展的人，对于城市范围内运行的这种均等化趋势是非常熟悉的。但是在审视城市本身之前，有必要先看一看差异化的推演过程。发展水平和条件的差异化不是发生在某一焦点上，而是沿着数轴出现。首先，当代资本主义显然继承了一个根据自然特征而分化的环境。在早期社会，这种分化的自然基础是社会发展不均衡的基本要素。仅举一个例子，各地能够提供和使用的自然材料不同，随之出现了各地的劳动分工：绵羊有草吃且能够利用水力的地方出现了纺织业，出产煤炭和铁矿石的地方出现了钢铁业，在港口区域出现了市集城镇，等等。这就是传统商业和区域地理的基础，某一方面也是地理研究中描述“区域差异化”传统的基础。但是，资本主义的发展使人类在一定程度上从自然和自然的约束中解放出来。布哈林写道：“虽然生产条件的自然差异非常重要，但与生产力不均衡发展导致的差异相比，它们越来越不那么重要。”（1972年版，第20页）因此，当代的地理差异，虽然保留了早期因自然基础的差异化而导致的根深蒂固的残余内容，却越来越被产生于资本主义结构的社会动力驱动向前。

这种动力涉及多方面内容，比如在各种层面进步的劳动分工，资本在某些特定地方的空间集中，工资率在不同空间呈现不同格局的演变，
各个空间上明显不均衡的地租曲面的发展，以及阶级差异等。如果试 79
图将构成地理差异化趋势的这些复杂过程和关系大致分解清楚，这样的工作将过于庞大而难以为继。不管怎么说，这些过程和关系根据其被考虑的范围，呈现出完全不同的意义。例如，工资率是在国际和地区范围内发展不均衡的核心决定因素之一，但在城市范围内，我认为，相

对来说并不那么重要。要建构不均衡发展的普遍理论，面临的最大挑战之一仍然是阐述清楚差异化的普遍因素和内在动力，但在此我们不做更多推演，而是要把精力放在城市范围内的讨论，这样差异化的分析可以具体一些。不过，在这个阶段最重要的一点就是，在资本主义经济中有一种或一系列与发展条件和水平均衡化相反的趋势在运作，而正是这些在具体历史中表现出的相互矛盾才是发展不均衡的现存模式背后的原因。更重要的是，这种与均衡化对立的差异化过程，对发达国家和地区与欠发达国家和地区之间、郊区和内城之间的对立负有责任。

在战后经济扩张的乐观主义高峰时期，梅尔文·韦伯（1963，1964a，1964b）提出了"城市非场所领域"的概念。韦伯论述说，随着新技术的发展，特别是交通和通讯科技的发展，许多旧形式的社会差异和多样性正在被打破。对于越来越多的人来说，经济和社会的邻近性已经从空间邻近性中解放了出来；除了穷人，他认为，城市人已经从地域性的限制中解放了出来。韦伯的"城市非场所领域"概念得到了很多人的欣赏并广为流传，这不只因为它的乐观主义和理想主义与时代合拍，表达了城市规划行业冉冉升起的自由派愿景，还因为虽然它还比较模糊，但依然表达了战后城市发展的真正的具体趋势。韦伯所领会到的——虽然往往比较含蓄，甚至会转弯抹角——其实是城市范围内运转的均衡化趋势。针对这种对均衡化的强调，戴维·哈维则强调与之相反的过程——城市空间的差异化，并强调在这种差异化过程中阶级的重要性（Harvey，1973：309）。

现在回过头来再看，显而易见的是，这两种观点都是部分正确，部分有待商榷的。无空间的城市生活是随着工作电脑化的出现和电信、电子网络、远程办公等技术进步后才迅速成形的。然而，获得这些进步的途径却是极不均衡的，很多人发现自己被困在城市空间里，而不是从中得以解脱。因此，“城市非场所领域”和城市空间的再度分化之间明显存在着理论矛盾，这其中更隐含着资本主义空间构成的真实矛盾。

在城市尺度上，不均衡发展主要体现在郊区和内城的关系上，而在城市层面上调解这种关系的关键经济力量是地租。大城市地区不
同地方地租水平的均等化和差异化大致决定了发展的不均衡性。我 80
在作出这一判断时知道有其他社会和经济力量参与其中，但其中许多已经在地租结构中表达过了。工资和收入水平肯定表现在一个城市房地产市场的阶级和种族隔离中，但这些差异都是通过地租调解的。或者比如说，一些地段因为交通系统而变得更加便利，因此（一般）更受欢迎，这就带来了代表更高资本化地租的更高的土地价格。但是，这就出现了到底是先有鸡还是先有蛋的问题：新的交通系统重构了地租曲面，从而带来新的开发，也因此需要新的交通系统吗？当然，在城市范围内，由新开发带来的对新交通系统的迫切需要，是那些根本性改变能够发生的主要手段。这就是作为城市发展基本过程的郊区化和比较短暂的带状街区发展之间的区别；虽然交通方式发展明显增强和鼓励了郊区化发展，但郊区化是更深层次和更早期力量的产物（Walker，1978，1981）。另一方面，带状街区的发展，恰恰是由于新的交通路线改变了原交通格局，进而改变当地的地租结构，以及紧贴该新路线而进行的新开发。没有新的公路、铁路或运河，这种开发就不会发生。

城市区域里的地租模式功能强大，因为依靠这一机制，不同的活动通过土地市场被分配了不同的空间。虽然管理或调解这种差异化的城市空间，但地租本身并不是差异化的来源。相反，地租曲面成了定量测

量城市景观中趋向差异化的实际力量的手段。这些差异化力量在当代城市有两大来源。第一个是功能差异化，更具体地说，指的是住宅、工业、娱乐、商业、交通和机构用地之间的差异。每种类型里又按规模大小分化，比如，大型的现代化工业厂房和小规模的、劳动密集型的手工作坊在地理上是有差异的。第二种力量——主要适用于住宅用地——是阶级和种族差异（Harvey，1975）。社会和功能差异化这两大来源，主要通过地租结构转化为地理上的差异化。

但是，工资差别和城市空间发展不均衡又是怎么回事呢？人们常常认为，整个城市空间范围内是没有显著的工资差别模式的。然而，艾伦·斯科特（1981）在对多伦多卓有见地的研究中发现了工资差别的独特而系统的空间模式——越从城市中心往城市边缘走，工资越高。斯科特对这一结果解释道，虽然其他一些因素很重要，但郊区的高工资主要是本地供需关系所致；以郊区为例，较低的人口密度，劳动力供应相
81 对最小，工资会高一些，反之亦然。因此，不同的工资率是工业和其他职业郊区化的结果而不是原因；因为位于郊区边缘的资本密集型公司，无论如何都不会基于工资的考虑而进行迁移。实际上，对该数据还有另一种可能的解释：企业类型和产业规模与工资率之间具有更直接的关系。很有可能的是，郊区更高的工资率是由于位于郊区的工厂往往代表着更新、更大、资本更加密集的、更先进的经济行业，要求工人的技能水平相对较高，因此工资水平也比较高。

郊区化的实际历史也支持把工资率看作因变量而不是自变量——不是取决于市内人口密度，而更多是取决于工作性质。这一结论只适用于城市范围内；在地区和国际范围内，情况则相反（Mandel，1976；Massey，1978）。

与住房市场不同，城市劳动力市场的细分并非由于对交通可达性直接的空间限制。本质上讲，无论在技能、种族、阶级和性别上有多大的社会差别，城市劳动力市场是一个单一的地理性劳动力市场。城市作为一个独特的空间范围，在实践中是根据劳动力的再生产和上下班路程定义的。大多数上班族都能够乘坐公共交通工具到达几乎整个城市区域；人们可以迅速地往返于城市和郊区之间，而从郊区到另外一个郊区可能会稍微麻烦一点。无论我们是否接受斯科特对城市空间内工资差别的解释，关键的一点是，城市范围内现有的工业区位模式不是什么工资差别确实存在的产物，相反，它帮助创造了这种差别。

城市区域在一定程度上是一个单一的地理性劳动力市场，交通网络的发展极大地拓展了上班族每天上下班的区域，就这些方面而言，城市范围内的均等化趋势已经变为了现实。但是，这种均等化是微不足道的。从历史上看，更重要、更基本的均等化是发生在地租结构中。新古典模型下，传统的地租曲面通常被描述为一个离中心越远越下降的函数或曲线。这一曲面被认为是由于在土地市场上有不同空间偏好的不同类型行动者的参与，因而具有不同的“竞租曲线”。因此，当我们分解这一曲线时，我们得到了熟悉的交叉曲线结果，分别代表不同变化速率的土地用途。如果我们现在根据阶级把住宅用地进行分解，我们就会得到同样熟悉的交叉收入曲线结果：低收入在中心，高收入在外围。这些理想的城市土地市场模型与在第三章中讨论的过滤模型完全一致，但是它们在早些年可能在经验上还是有效的，现在却已无法描述今天的城市基础曲面。今天的租金梯度更接近图3.1的弱双峰曲线。 82

这个模式表明了均等化与差异化过程的运作情况。一方面，郊区的发展明显减少了中心城区和郊区任一地段地租水平之间的差异。但

照片 4.2　多伦多市中心的伊顿中心

在另一方面，“土地价值洼地”已经出现在围绕中心城区的内城。在空间上，该区域已经区别于周边地区，其地租水平与早期新古典经济学中隐含的竞标地租模型有了差异。由于地租水平不同，这片土地的潜在用途也与新古典模型认为的有很大不同。

为了了解这种模式的具体来源，并评估未来土地用途的潜力，我们有必要从历史的角度来看有关不均衡发展的观点，这样我们就需要考虑不均衡发展理论的第二个方面：建筑环境中资本投资的升值和贬值。

建筑环境中资本的升值和贬值

投资到建筑环境的资本有各种特点，但这里强调的是其周转期漫长的特点。无论是投资在直接生产过程中的固定资本，还是投资于建
83 筑改造（房屋、公园、学校等）或流通手段（银行、办公室、商业设施等）

的资本，投资建筑环境的资本在很长时间内都固定在一种特定的物质形态中。建筑环境中资本的增值——追求剩余价值或利润的投资——必然与资本的贬值匹配。在资本固定于环境中的这段时间，增值的资本渐渐地返还其价值。投资者零敲碎打地获得投资收益时，投入的资本就贬值了。房屋的物理结构必须继续使用，不能拆卸也不能遭受损失，直到投入的资本已经收回价值。这就在相当长一段时期内把整个地块限定在某一特定的土地用途内，进而给资本流动和新的开发造成障碍。但是，要想积累更多的资本，就必须要进行新的开发。所以，资本的稳定贬值除了造成建筑环境资本进一步增值的障碍之外，还可能造成另外一种情况，即从长远来看可能通过投资进入新的增值阶段，而这正是内城已经发生的情况。

关于投资于住房市场的资本，经济贬值过程中常常表现为一个街区内房屋居住权安排、居住和物理条件的明显转换顺序。这是第三章中描述为贬值周期的下降顺序。这种内城街区的经济衰落是自由的企业土地和住房市场中“理性的”可预见结果（Bradford & Rubinowitz，1975；Lowry，1960）。正如资本贬值隐含在资本增值中，内城街区的衰落也隐含在城市地区更普遍的扩张中，特别是郊区的发展中。

正如沃克（1981）指出的那样，若干非常复杂的力量参与了郊区的发展，但非常重要的一点是，要在更广泛的城市范围内以及不均衡发展的视野下把郊区化看作与内城衰落的补充。郊区化是城市范围内均等化和差异化过程相互作用的结果。从根本上说，它代表了把城市的社会形态从空间中解放出来，具有相当大的历史意义。这个过程有几个层面。社会资本从空间约束中的解放，是以郊区化为代表的沉浸在大自然中的更普遍解放项目的一部分；也就是说，资本积累与扩张，以及城市范围内用时间消灭空间的趋势，采用了相当具体的形式。原先不是城市区域的城市外围扩展区域被纳入到城市空间。在空间方面，城市空间这种爆炸性的扩张是郊区化过程引导的。因为它逐步将全社会简化为城市社会，这种乡村地区的城市化代表着发达资本主义制度下发展条件均等化最激烈的形式之一。

马克思认为，“资本的积累……就是无产阶级的增加”(1967年版，第一章，第614页)，实际上，资本积累必定带来更多劳动力的积累。随着社会资本不断集中，以及城市集聚经济的运作，扩大的新生产活动有
84 着定位于城市区域的强烈倾向。社会资本的集中——越来越少的企业集中了越来越多的资本——是积累的永恒驱动力的直接表达(马克思，1967年版，第一章，第625—628页)，而这种社会集中又部分转化成资本的空间集中。这有助于解释19世纪和20世纪爆发式的城市扩张，但是郊区和内城区域之间的差异化仍有待解释。这种差异化是扩张的结果，也是扩张得以发生的方式。

郊区的上流住宅区最早往往是乡村度假别墅，是两种相互交织的劳动力分工的空间表现。首先，它代表工作和家庭之间的社会性分工，或者更确切地说，它之所以代表这种郊区化的中产阶级分工，是因为许多第一批精英级别的郊区居民是无需工作的。其次，它也代表着阶层之间的空间划分，因为早期的郊区把上层和中上层阶级与城市底层分离开来。直到后期才有中产和工人阶级郊区出现，先是在欧洲和北美，在那里郊区化也标志着种族的空间分化。工人阶级的郊区化出现在产业郊区化之后，这也是在某种程度上，特别是在工厂范围内劳动力逐步分工的产物。由于许多劳动过程被分解成更简单、技术要求更低的任务，将这些单独的活动再结合成一个完整的复合生产过程就需要更多

的空间。一部分原因是单独分工的任务数量急剧增加，另一部分原因是不断增加的机器规模，还有部分原因是为了保持竞争力，生产单位必须要更庞大。因此，劳动分工和这些分工的必要重组，使得生产过程在空间上必须扩张。搬移到地租较低的郊区是唯一经济的选择。但这并不是说城市郊区化本身是唯一的选择，而是因为改建已经建成的城市不是一个经济的选择。中心地段还在行使功能，这意味着它仍然在贬值的过程中。因此，随着城市外围的郊区化，城市发展均等化和差异化的竞争冲动相互妥协了。

郊区的发展与其说是城市分散的过程，不如说是资本大量集中到城市区域的有力延续。然而，郊区化也同时强化了城市空间的内部分化。所以，从19世纪起，资本的郊区化同时也是内城区域在经济上放弃新建和维修的过程。这一过程在美国是最严重的，因为政府管制在调节资本流动性方面不作为，但在欧洲、澳大利亚和北美的经济体中管制则是很普遍的。这种资本投入的空间转移导致了租金差距。

投资到城市中心和内城区域的资本，造成了在此空间中进一步投资的物理和经济障碍。资本转移进入郊区开发，导致了内城和中心城
区的资本系统性贬值，而反过来，租金差距的发展导致了内城新的投资 85
机会出现，而这恰恰是因为新投资的有效阻碍先前在那些区域运作过。现在我们要思考的问题是这些资本流动的节奏和周期性，这是不均衡发展理论第三个也是最后一个要考虑的方面。

再投资与不均衡的节奏

城市经济的节奏和周期性，与更大范围内的国民和国际经济的节奏和周期性密切相关。因此，怀特汉德（1972）展示了格拉斯哥的城市扩张和郊区化如何在经济繁荣和萧条周期的特定点上连续出现（参见

Whitehand，1987）。正如哈维（1978，1982）的研究所表明的，从经验上说，投入到建筑环境的资本在地段和投资数量上有强烈的周期性、快速性和系统化转移的倾向。这些地理或地段的转移，与更大范围的经济危机时点密切相关。危机不是像新古典经济学认为的那样，是某种一般经济均衡的意外中断，而是不时打断基于利润、私有财产和工资关系的经济系统的整体不稳定性积累的必要性导致了利润率的下降和商品生产过剩，从而导致危机（马克思，1967年版，第三章，第13页）。

士绅化与这些更广泛的过程紧密关联。我们从利润率下降开始作最简单的解释。当主要工业部门利润率开始下降时，金融资本开始寻求一个利润率仍然较高而风险较低的替代性投资舞台。正是在这一点上，流入建筑环境的资本往往会增加。其结果是大家熟悉的房地产繁荣，如1969年至1973年间，以及在80年代后期影响了发达资本主义世界许多城市的那次房地产繁荣。但是，拥入建筑环境的资本定位何处的问题仍没有明确的答案，这取决于上述经济繁荣期间所创造出的地理格局。在当前城市空间结构调整的情况下，资本面临的地理格局是郊区发展和内城欠发展同步创造出来的。以前发达的内城地区如今由于大量撤资导致欠发达，导致了租金差距，这反过来奠定了投资于建筑环境的资本大量转移到其他地段的基础。住宅领域的士绅化也因此与资本投资的行业转移保持同步。

但是，就像20世纪70年代以来伴随许多国家经济繁荣和萧条周期而出现的新建住房市场剧烈波动表明的那样，这种地段转移很少是平稳进行的。因此，城市范围内的发展不均衡不仅带来了最狭义的士绅化，而且导致了整个城市的重建：公寓转让，修建办公建筑，娱乐和服务设施遍地开花，兴建酒店、广场、餐厅、码头、旅游商街的大规模重建计划等。所有这一切都涉及资本流动，资本不是作为对即将发生或已经存在的经济危机的回应而简单地进入日常的建筑环境，而是专门地进入到中心城区和内城的建筑环境中。这种特定的地理集中化再投资的原因，可以从内城作为再投资机会代表的投资和撤资的历史模式中发现。有鉴于此，传统的自由主义观点认为，美国20世纪50年代实施的国家补贴的市区重建计划是失败的，而对这种观点进行重新评估是有价值的。不考虑从社会的角度来说市区重建如何具有破坏性——它的确对社会产生了破坏——单从经济的角度来说，它成功地奠定了重建、复修、土地用途改变，以及随之而来的私人市场最终士绅化这样一个阶段的基础（Sanders，1980）。

经济危机使得社会和经济空间的根本转型成为必须，并且为此提供了机会。在美国，就郊区发展可以带来一系列投资机会，并可以帮助恢复利润率而言，郊区化是对19世纪90年代和20世纪30年代经济萧条的具体的空间回应。依靠联邦住宅管理局提供抵押贷款来进行补贴及建设公路等，政府对郊区化进程提供了资助，并将其作为更全面地解决经济危机方案的一部分（Walker，1977；Checkoway，1980）。尽管在地理条件上发生了反转，内城街区的士绅化和重建改造明显代表着导致郊区化的那种力量和关系的延续。就像郊区化一样，中心城区和内城街区的重建与改造起着巨大的利润发动机的作用。

士绅化是内城居住空间重建的一部分，它同之前就存在的办公、商业和娱乐空间的改建是一体的。虽然这种重建具有多种功能，但它的主要目的还是为了抵御利润率的下降。在卡特总统的全国城市计划中，他大致领会到了这一点。这也是“城市振兴”第一次被视为与美国经济的全面振兴是一体的。这种隐约认识的代表就是，卡特总统试图把住房和城市发展部与经济发展局整合为发展援助部，从而建立一个新的政府部门。当然，该计划没有能够实现，但它的确是一个雄心勃勃的政府计划，打算以国家经济振兴的名义来润滑城市空间的重建过程。自1980年以来，美国、英国和其他大多数发达资本主义国家的政府都采取了不同的方法，有效地撤回或限制了国家参与的住房投资。士绅化就此在这种新的私有化气氛中兴盛起来。

虽然士绅化代表着城市范围内的空间重建、去工业化、全球化、民族主义复苏等一系列现象的前沿，但欧盟和新兴工业化国家则标示着在全球、全国和地区范围内的空间重建（Harris，1980b，1983；Massey，1978；Massey & Meegan，1978）。虽然就世界经济的整体转型而言，城
87 市尺度上的转型可能最终是最微不足道的，但是，不均衡发展的内在逻辑在那里却体现得最完整。这个逻辑就是，一个地区的发展造成进一步发展的障碍，从而导致了欠发展，反过来又为新的发展阶段创造了机会。从地理上说，这可能会造成我们称之为“地段跷跷板”现象的出现：特定区域的连续发展、欠发展到再次发展的这个现象，是因为资本从一个地区转移到另一个地区，然后又转移回来。可以说，这个过程创造了发展机遇，也破坏了发展机遇（N. Smith，1984）。

当然，这种地段跷跷板现象不可能是毫无限制的。在国际范围内，除了少数例外情况，国境线和军事力量严格地将发达国家和欠发达国家划分开来，很难有完成的形式让我们看到这个过程。然而，在地区范围内，一些曾经发达的工业区，如新英格兰地区、苏格兰中部地区、法国北部地区和德国鲁尔区等在经历了急剧衰退之后，在20世纪后半叶再度获得投资，这多多少少让我们能够了解这种跷跷板现象。在城市范围内，这种地段跷跷板现象也许是看得最全面的，尤其是在美国的城市

里。这就是士绅化的意义：曾经发达而又发展滞后的城市中心和内城区再次积极置身于重新发展中。

需要强调的一点是，这并不意味着郊区化即将结束；正如在郊区化最火热的时期，城市区域内也还是有房屋新建和修缮那样，对乡村地区的城市化进程也将继续，只是重点越来越多地会被放在目前郊区以外的区域（Garreau，1991）。城市中心和内城区域的重建，虽然在经济转型的过程中能够吸收大量的资本，却永远不可能是地域上再次投资的唯一焦点——就凭这一点我们也可以很清楚地得出上述结论。经济转型的规模和范围也将表明，城市中心和内城区域的重建仅仅是整体改造过程中的一小部分。城市与郊区之间形成的差异化，随着一些郊区的重新发展，以及一些郊区可能的衰落和滞后发展，将会被乡村地区的持续城市化过程赶上并取代。

结　论

在本书导论部分，我曾认为振兴不是一个很恰当的士绅化术语，但是我们现在可以看到，在某种意义上，它是适当的。士绅化是为了振兴利润率而进行的规模庞大的重建过程的一部分。在这个过程中，很多城市中心区域转化成了资产阶级的游乐场，遍布着古朴雅致的市场、翻修完毕的联排别墅、一排排的精品商店、游艇码头和凯悦酒店。这些极具视觉效果的城市景观改建，根本不是什么暂时的经济失衡造成的意外副作用，而是和郊区化一样，从头至尾都是根植于资本主义社会结构的。例外论者和乐观主义者引述的经济、人口、生活方式和能源等因素，只有在考虑了城市范围内发展不均衡的基本理论后才有关联。一 88
些研究试图表明，面对长期的经济波动和20世纪80年代末之前的经济危机，无论是在亚特兰大和华盛顿特区（James，1977：169）还是在加拿大的城市（Lev，1992），士绅化都有点反周期的性质——虽然巴德科克（1989，1993）对阿德莱德的研究表明局部情况其实更加纷繁复杂。随着80年代末、90年代初的经济衰退，这种局面也发生了改变，这些是我们后面将会讨论的主题（第十章）。

士绅化及士绅化作为其中一部分的重建改造，是晚期资本主义城市发展的系统事件。就像资本主义努力用时间消灭空间一样，士绅化也越来越努力地制造出差异化的空间以作为自身生存的手段。可以预见到，士绅化被推向市场的喧闹和拥护背后是一种民粹象征主义。它关注“打造宜居城市”，意思是中产阶级的宜居。事实上，并且也是必须的，城市对工人阶级始终也是“宜居”的。所谓的复兴能够给各阶级人民造福，不过是广告和销售的噱头，因为事实表明情况并非如此。例如，美国住房和城市发展部的年度住房调查结果显示，每年约有50万个美国家庭无家可归（Sumka，1979），这可能造成多达200万人流离失所。这些家庭中，86%是因为自由市场活动导致流离失所，而他们大部分都是城市工人阶级。即使在20世纪70年代相对开明的城市政策下，联邦政府也回避了失房者的问题，不时声称没有准确的被迫迁移的数据，声称相对于继续郊区化来说这是一个微不足道的过程，或者说，它是地方政府的责任（Hartman，1979）。此外，所谓的复兴一般是作为提高城市房产税收入和减少失业的手段来推出的，但很少有证据表明真的存在这些好处。20世纪80年代激增的无家可归现象让士绅化及其成本之间的联系变得清晰起来，到这个时候，美国联邦和地方政府才开始粗略地处理城市空间重建所带来的社会影响。联邦政府采取的应对措施之一就是不再搜集上面引用过的数据。

自20世纪70年代以来，战后政治经济结构延续而来的经济转型，影响了经济和社会活动的各个角落。通过士绅化改造、削减服务、失业、抨击社会福利，工人阶级社区的再造本身——即劳动力的再生产——也被攻击为是这个更大的经济转型的一部分。在20世纪70年代，也许在80年代之后也是如此，空间使用和生产方面的斗争在很大程度上受社会阶层（如“士绅化”术语本身提出的）、种族以及性别的影响，这一点变得越来越清晰。士绅化因此是更大规模的经济转型的社会议程的一部分。正如在其他范围内进行的经济结构调整（以工厂关闭、商店关门、社会服务削减等形式呈现）损害了工人阶级利益一样，城市范围内的空间结构调整——士绅化和重建改造——也是如此。 89

90 照片4.3　全球各地反对士绅化改造的涂鸦（从上至下顺时针方向）悉尼、纽约、戈斯拉尔（德国）、格拉纳达（西班牙）

TAKE
EMPTY

MF
TOTAL WAR FOR
SPACE

SLUMS

第五章

社会视角：雅皮士与住房

按照《新闻周刊》的说法，“1984”不是乔治·奥威尔之年，而是“雅皮士之年”——该周刊年底封面专题文章中所配的第一张照片，就是用士绅化来表现雅皮士的生活方式。“雅皮士”这个词是在1983年被新造出来的，专指婴儿潮一代的年轻的、向上流动的专业人士。很少有词语在初次出现时就能够让人如此印象深刻，如今它已经广为流传。除了年轻、向上流动和定居城市这些特点外，雅皮士更大的特点就是消费成瘾的生活方式。因此，对于大众媒体来说，它们通常都在颂扬士绅化城市“拓荒者”的美德，把雅皮士和士绅化这两种文化偶像联系起来具有不可抗拒的诱惑。在学术讨论中，虽然传统的观点也强调消费选择、生活方式转变和婴儿潮一代对士绅化所起的作用，但一些研究人员寻求更加全面的解释，开始把士绅化看作由于雅皮士的崛起，或者说得更清楚一些，新中产阶级的发展而导致的社会和地理现象。更普遍的说法是，士绅化被视为当代社会转型的结果（Mullins，1982；Rose，1984；Williams，1984a，1986）。

在前面几章中，我已经讨论过士绅化在本地和全球市场上作为政治经济转型产物的话题。本章旨在从更加社会化的角度来审视士绅化，特别是认为20世纪70年代以来影响了许多国家的社会转型导致了士绅化的观点。本章中，我首先通过统计数据讨论是否存在一个新的中产阶级，然后再讨论女性社会角色转变是士绅化重要推动力的主张。士绅化并非像某些人所说的那样是一个“混乱的概念”，但是伴随士绅化而来的阶级和性别的重组也非那么简单。对城市景观中阶级和性别的理解，在多大程度上能够帮助我们把士绅化的经济和社会愿景联系起来呢？

新中产阶级？

哪些人构成了新中产阶级呢？拉斐尔·塞缪尔对此有着生动的描述，他认为区分新中产阶级 92

> 与其说是看存款，不如说是看开销。周日报纸杂志上的彩色增刊，既描述了中产阶级幻想中的生活，也从文化上给出了一丝线索。中产阶级的许多文化主张主要是靠炫耀其良好品位来表现的，比如厨具的形状、来自“欧洲大陆”的食物、周末驾船出游，或者到乡间别墅休闲等。新的社交形式，例如派对和“韵事”，已经打破了严守男女之防的性事藩篱……
>
> 新中产阶级是外向的而不是内向的。他们允许游客参观自己

> 的房屋，将其暴露在公众的目光之下；他们卸下自家窗户上的网眼窗帘，取下自家商店的百叶窗；他们在开放办公室里上班，门窗隔断都用平板玻璃，一眼就可看穿。在房子的装修设计上，他们推崇光线和空间，用开放式起居区域代替一个一个的房间，让黑暗的角落也看得清清楚楚……这个新中产阶级几乎没有阶级的概念，他们中的许多人都工作在某一制度下，等级分明，但是没有明确地说要和谁对抗……
>
> 新中产阶级在情感经济上与战前的前辈会有所不同。他们追求立刻的享受，而不是过后的满足，对消费的态度更为积极，喜欢炫耀和自我享受，视其为良好品位的展示。他们的社会主张和性身份的确立，是建立在远离非法的感官享受之上的。食物尤其受到资产阶级的青睐……甚至已经成为阶级的重要标志。（Samuel，1982：124—125）

这幅英式图景中有明显的民族特色，但其背后的风情在不同的国家背景下却可以立刻辨认出来。不过新中产阶级并不像流行看法认为的那样是个新现象，对它的讨论可以追溯到19世纪和20世纪之交。历史学家罗伯特·韦贝认为，单就美国方面而言，这群生活在城市里的专业人士、专家和管理者经历了一场“身份革命”。新兴城市产业体系的专业化需求让他们的社会角色日益突出，这一新中产阶级中的个体，充满了“驾驭一切的自信”，怀有“用自己的模式来改变世界的真诚愿望”（1967：111—132）。

但是，一旦离开这些进步时代的“原型雅皮士”群体继续向前看，我们就会发现，在这个问题上的一致意见被不确定性所取代了。争论了几十年，现在不仅没有一个普遍接受的新中产阶级的定义，甚至连一个普遍接受的新中产阶级的明确界定范围都没有。在社会阶级的图腾柱上，这个社会群体被概念划进不同的特定壁龛，贴在他们身上的不同标签也证明了这一点。除了新中产阶级和专业经理阶级这类说法外，社科文献中还充斥着其他概念，如“新阶级”（Bruce-Briggs，1979）、“新工人阶级”（Miller，1965）、“受薪中产阶级”（Gould，1981）、“中间阶层”（Aronowitz，1979）、“工人中产阶级”（Zussman，1984）、“专业中产 94
阶级”（Ehrenreich & Ehrenreich，1979）等，更不用提老式的简洁稳重的“中产阶级”这一说法。简而言之，虽然这些不同的概念在阶级地图上多多少少有交叉的地方，但它们指称的对象还是不太清楚。事实上，阶级这一概念本身也有很多解释。为此，在本章中，我采用的“阶级”一词的概念是根据人占有生产资料的社会关系来定义的，我认为其是不证自明的。

是什么让其成为“新的”中产阶级这一问题尤为重要。在一篇过去十五年中不断激起人们讨论此话题的文章中，厄伦莱希斯（Ehrenreichs，1979）认为，不同于由工匠、店主、农场主和个体经营的专业人才构成的旧中产阶级，专业经理阶级不是独立于劳资关系，而是因经营、控制或管理工人阶级等目的受雇于资本。现在该阶级大约占美国总人口的25%。其他较少的分析则倾向于将这一群体看成整个“白领”劳动力的代名词，这样新中产阶级就接近占总人口的60%。在他讨论当代阶级制度的结构主义著作中，尼科斯·普兰查斯把新中产阶级楔入工人阶级和资本家阶级之间，这一公务人员阶层既不拥有生产资料，也不进行生产劳动，但在政治和意识形态方面参与对工人阶级的统治（Poulantzas，1975）。在一篇更复杂的分析文章中，埃里克·奥林·赖特（1978）拒绝给社会套上紧身衣来把其约束在不同的阶级角落，并坚持认为我们必须认识到“矛盾的阶级立场”这一现实状况；阶级更像是模糊子集而不是离散归类。在赖特看来，新中产阶级是经典的矛盾阶级立场的例子。其上阶级的经济欲望、其下阶级的政治潜力，以及统领他们日常工作的意识形态，合力牵扯着这一群体忽东忽西。20世纪50年代就发表过的许多比较传统的分析文章，则试图在消费模式基础上定义这个新的阶级，为这种“白领”视角讨论提供了消费方的推论（见Parker，1972）。

新中产阶级的政治形象也非常模糊，这一点也似乎支持了赖特的“矛盾阶级立场”的概念。韦贝笔下的被我称为“原型雅皮士”的群体显然是“进步派”（与美国的进步时代意义一致），而厄伦莱希斯（1979）描述的六十年后的新左派领袖也是出自这一阶级。的确，“雅皮士”这个词在1983年出现于美国，与加里·哈特的总统候选人身份有关系，虽然无论他本人还是他的支持者都没有新左派的根基，他们还是可以被称为现代进步派，是80年代的“新人”——新自由主义和/或新保守主义者。到了20世纪90年代克林顿任总统时期，美国政府和它的反对者一样是以“新人”为主。在澳大利亚，新中产阶级的“新潮人物”给人们这样一种政治上的刻板印象：他们是澳大利亚工党中的积极分子，就个人来说比较保守，但是对社会问题一直关注。在英
95 国，新中产阶级被认为是包罗万象的，从“新潮左派”到更加新自由主义的社会民主党、现在的自由民主党的核心支持者，再到年轻的保守派都容纳其中。用伦敦《金融时报》一位专栏作家的话说，社会民主党的形成“主要代表了一个社会的发展，一个政治制度开始赶上社会变化的例子……这个新阶级从人数上超过了传统的工人阶级或者资本家阶

级”(Rutherford,1981)。

虽然新中产阶级的概念可能有些模糊不清，但是还隐含着能够相互接受的主题，使我们能够在某种程度上从实践中识别该阶级。不过，考虑到定义的模糊性，在理论和经验识别之间进行转换面临着严重问题；所以，不应把此处讨论的两大识别途径——结构途径和经济途径视为该阶级的定义，它更多是表明阶级特性的指标。首先，新中产阶级被认为是职业和收入结构发生变化之后的产物。对于这种变化模式，我们是非常熟悉的。西方资本主义经济体都经历了制造业就业的相对重要性下降，而专业技术、行政、服务和管理职位的重要性同步提高的过程，特别是在生产性服务业(金融、保险、房地产业等)、非营利性服务业(主要是卫生和教育)和政府部门。例如在英国，归类为专业技术员工的比例从1951年的6.6%上升到1993年的19.1%，而农业、工业和其他体力劳动雇员的比例在这四十年间从72.2%下降到49.3%(Routh，1980；国际劳工组织，1994)。

职业结构发生转变是不可否认的现象，但我们不应就此得出结论说，这就等于出现了一个新中产阶级：阶级划分不能不加鉴别地等同于职业差异。至于士绅化，在不断发展的各种行业中，专业技术人员、经理人员和高层行政管理人员在士绅化者中占了很大比例，这一点不可否认；一组调查研究案例也从统计学上说明了该现象的普遍性(Laska & Spain，1980)。但职业结构的转变未必就是雅皮士和士绅化之间产生联系的最关键一点。

认为士绅化产生于社会转型的当代模式这一说法，隐含着就业结构已经发生改变这层意思，不仅如此，从经济上来看，这一新中产阶级也因拥有巨大财富而和其他阶层区别开来。与这一新中产阶级相关联的消费模式，包括住房消费模式，被假定为是这个群体收入更高、消费能力更强所致。简而言之，我们会觉得一个新中产阶级的出现可能是这一社会阶层的收入总份额增加的结果——一个可辨别的收入向中间重新分配的过程。归根结底，新中产阶级的意识形态包括近代霍雷肖·阿尔杰笔下从贫民窟奋斗到华尔街或伦敦金融城的童话故事。这就是为什么他们是“年轻的、向上流动的专业人士”。因此，虽然在把
96 士绅化与新中产阶级联系起来的具体讨论中绝不能把收入差异等同于阶级差异，但是可以预料到的是，收入占比的相对增加成为这个阶级崛起的特征。

但是，当我们审视过去几十年的收入分配情况时会发现局面并非如此简单。汇总数据根本没有表明收入的再分配情况，而是呈现出周期性波动下的稳定性。尽管战后经济增长，美国人口中最贫穷的20%人群并没有分得更大份额的社会财富蛋糕，而最富有的20%人群也没有放弃自己手中这一半的蛋糕（表5.1）。就算这个稳定的收入分配出现了任何波动，也不能说明延续到20世纪70年代中期的收入最小民主化到了80年代发生了明显反转。到了90年代，贫富差距比过去二十五年中的任何时候都要大。至于新中产阶级，大概位于五个社会阶层的第二层和第三层之间，整个70年代人数都很稳定，但从1982年起开始明显下降。20世纪80年代并没有见证一个新中产阶级的崛起，而是见证了最激烈的士绅化改造，似乎同新中产阶级实际上在萎缩是一致的。如果说70年代末以来美国在收入和财富方面的两极分化显得更为极端的话，在其他发达资本主义国家同样出现了收入分配的转变，只不过相对温和一些罢了——这种转变与更广大范围的经济转变是相联系的。

表5.1　1967—1992年美国家庭总收入所占份额

年　份	收入分配					
	最低的五分之一	次低的五分之一	中间的五分之一	次高的五分之一	最高的五分之一	顶尖的5%
1967	4.0	10.8	17.3	24.2	43.8	17.5
1970	4.1	10.8	17.4	24.5	43.3	16.6
1975	4.3	10.4	17.0	24.7	43.6	16.6
1980	4.2	10.2	16.8	24.8	44.1	16.5
1985	3.9	9.8	16.2	24.4	45.6	17.6
1990	3.9	9.6	15.9	24.0	46.6	18.6
1992	3.8	9.4	15.8	24.2	46.9	18.6

资料来源：美国商业部人口统计局，1993;《1992年美国家户、家庭和个人货币收入》，P60—184系列。

我们很难避免得出这样的结论，即很多人对新中产阶级这一想法的呼吁——至少在士绅化的背景下——其实是一种“经验概括”(Chouinard et al.，1984)，而不是一个理论范畴。新中产阶级这一想法的出现，给士绅化这一过程提供了看似简洁的特征描述，对我们大多数人来说似乎直观明了，但其实我们并不真的明白。之所以这样说，是因为尽管某些类似于一个新中产阶级的人群可能已经出现，但至少从相关的经济学角度来说这种出现不可能有很明显的意义。有几种可能性： 97

(一) 新中产阶级有一个明确的经济和职业身份，但其意义却在如士绅化这样非常明显的经历中被夸大了。

(二) 新中产阶级更多是靠职业、政治或者文化标准区分，而不是靠收入区分。专业技术、经营管理和行政工作大概酝酿出了其社会角色的鲜明的自我概念，这可能转化为同样鲜明的消费选择，导致了中心城区和内城区域的空间集中。这一阶级人群收入的绝对增加使得这种空间集中成为可能。

（三）新中产阶级以任何标准来说都不是一个清楚的群体，有关士绅化的解释必须在其他地方寻找。

我们在探讨这些选项的可行性之前，有必要把士绅化的社会轮廓问题再扩大一些，因为把社会转型同士绅化联系起来的说法不仅指阶级构成问题，也指性别问题：女性（和男性）的角色转变、再生产行为的当代转型、受薪工作和再生产之间变化的关系等。

女性与士绅化

罗斯曾经注意到，“女性在引起士绅化方面正在发挥积极和重要的作用，这一点得到越来越多人的承认。”（1984：62）女性参与士绅化的原因“还没有充分概念化”，但她认为越来越多的妇女可能被导向士绅化，或是因为她们第一次能够负担得起这样的住房，或是因为她们负担不起任何其他东西。一般来说，安·马库森就女性在士绅化中的重要性问题可能说得最简要：

> 士绅化有很大部分是父权制家庭崩溃的结果。同性恋家庭、单亲家庭、夫妻两人都在中央商务区工作的家庭，越来越发现中心市区极具吸引力……士绅化在很大程度上满足了夫妻双方（或者更多）都是专业技术人员的此类家庭的需求：首先，他们需要相对位于中心城区的居住地段，这可以尽量减少家中工资收入者上下班的成本；其次，这可以提高家庭生产效率（商店就在附近）和市场生产

> 商品替代家庭生产的效率(洗衣店、餐馆、儿童保育)。(Markusen, 1981: 32)

这种把女性和士绅化联系在一起的观点仍然只是大体判定,很少有实证文献。这本身就是很奇怪的,因为士绅化的研究一直是实证主义传统主导的,但是在无数的案例研究和街区调查中很少有女性卷入士绅化程度的明确文献(参见Rothenberg, 1995)。我想在本节中给这种联系简要地提供一些全国(美国)和本地数据统计的支持。 98

众所周知,第二次世界大战以来妇女在劳动力中的比例一直在稳定增长。在美国,这个比例从1946年的30.8%已稳步上升至1993年的57.9%(美国商务部1994年数据);而相较而言,男性所占比例由83%下降到78%。与"正式"的劳动力市场女性参与比例增长相对应的是,女性的相对收入比以前也有提高。女性对男性的中位收入比在1970年仅为33.5%,这一数字到1992年稳步上升至52.2%左右(美国商务部1994年数据)。但这种增长分布极不均衡,收入最高的女性增幅最大。在1970年,工作女性中只有8.9%的收入超过2.5万美元,到1992年这一数字已上升到19.4%。高收入女性群体中,87%是白人。相比较而言,这个收入档次的男性人数仍然相当稳定,在这段时期,一直在40%至44%之间,在经济衰退时期稍微下降(比如80年代初和90年代),而在经济扩张时期有较大上涨(比如20世纪70年代初与80年代末)。这种情况表明,就绝对数量来看,高收入群体确实在不断扩大,而女性在这一群体中的数量,尤其是白人女性,虽然总是少数,也还是在稳定增长。这也表明,与向上流动的妇女的数量增加相对应的是,处于收入层级底部的女性收入相对下降。这当然与贫穷女性化的说法是一致的

(Stallard et al., 1983；Scott, 1984)。

这些美国经济数据的意义在于，在收入层级结构顶端的女性人数显著扩张，而这个群体的确代表了一个士绅化者的主要来源。正如罗斯所说，她们向上流动，可能是首次能够承担得起比较体面的住房。但这种全国汇总的情况与当地情况相比又会怎样呢？由于缺乏全面调查，我只介绍一下我们在纽约市正在进行的研究所表明的一些情况。鉴于其特殊性，这些情况只能部分说明女性参与士绅化的程度。

此处统计的五个街区到20世纪70年代时都经历了士绅化，这一过程延续到了80年代，甚至可以说90年代。1970年至1990年间的收入和租金统计数据表明，的确发生了明显的社会转变和具体事物的变化。这些街区在社会和具体环境上有很大差异。第一个区域是主要作为住宅的格林尼治村，由于对文化的狂热，这里有各种已经成形的社区。最近的许多士绅化改造活动多是在格林尼治村的边缘展开——虽然西村在50年代末就已经开始了士绅化，并且吸引了以同性恋为主的士绅化改造活动。SOHO区和特里贝克区是第二和第三个街区，位于格林尼治村的南边；从前这里是仓库林立的工业区，如今仓库和阁楼都已改
99 造完毕(Zukin, 1982；Jackson, 1985)，SOHO区成为远近闻名的艺术家街区。第四个街区是紧邻林肯中心的上西区，虽然这里以住宅为主，也包括哥伦布大道以及沿街的高档餐厅和精品商店。第五个街区是约克维尔，横跨上东区和东哈莱姆；这一区域在70年代经历了已有住宅存量的逐步转变，但在20世纪80年代成了豪华住房建设计划的主要目标(参见图7.1)。

这次分析的结果很是惊人。首先，虽然纽约市的人口在70年代下降了10%以上，但是上述街区有75%经历了总人口的增加，这说明人

群在曾经被放弃或至少迁出的街区再次集中，或者搬入像特里贝克这样以前是工业、商业和其他非住宅土地用途占主导地位的街区。在20世纪80年代，这些街区有67%的区域超过了4%的全市增幅。更令人称奇的是，除了两处例外的区域，这些区域的女性人口在20世纪70年代比男性人口增加得更为迅速；在这些已士绅化的街区，女性居民的比例越来越大。另外，上面提到的两处例外街区，女性人口实际上是下降了，但是这两处都是在西村，因为男同性恋者引领和主导了此处的士绅化进程。在80年代，女性数量在士绅化了的街区继续大量增加，而且在四个街区的女性人口增长都超过了男性。

除了女性相对数量的急剧增加外，女性群体内部构成的曲线变化也类似于人们对士绅化街区的期待。女性群体中单身者数量大幅增加，尤其是在上西区和约克维尔，这些街区内独居或合租的单身女性数量在70年代有所增加，而已婚妇女和女性为户主的家庭数量绝对下降。这可能是因为贫困家庭和女性为户主的家庭搬出这些街区，而富裕单身女性搬入这些街区造成的。至于年龄，全市范围内二十五岁至四十四岁的女性大幅增加，而关于就业最重要的变化就是，家庭妇女正式就业量相对增加。也就是说，一家人中两个或两个以上成员出来工作挣钱的比例更大了。最后，这些街区的居民是专业人士、管理人员和技术人员的比例也越来越高。

这些研究结果是否能够复制到其他城市，或者纽约市在这个或者其他方面是否独一无二，这些仍有待观察。但是，从这些纽约市街区得来的证据似乎并不平常。妇女和士绅化之间有联系的说法得到了支持，而女性在这一过程中到底扮演着什么角色还很难辨清。如果就此认为女性是士绅化背后的首要因素，这又是错误的——相关性不等于

100 因果关系，参与不一定是引领。实际上这里有两个问题：第一，在女性中，一个人数相对较少的位居收入层级顶部的女性群体有更好的经济状况，是女性参与士绅化改造背后的因素吗？这基本上是经济上的解释。或者，劳动力市场的政治和结构变化以及通过女权运动引起的再生产方式和风格的变化是女性参与士绅化改造背后的因素吗？女权运动松动了之前压抑的社会关系，虽然这只是影响了阶级和种族限定的部分女性。其次，女性在士绅化过程中在多大程度上扮演了特定和不同的角色呢？

“士绅化”这词本身就说明了对城市变化的一种以阶级为基础的分析，很有可能对士绅化的社会解释涉及阶级和性别构成的某些叠瓦作用（Bondi，1991a，1991b）。当然，这并不意味着应该抛弃经济上的解释，像沃德希望的那样（1991），重新认识到消费是城市变化的主要驱动力（另见Filion，1991）。相反，这意味着社会和经济视角要相互补充。在这方面，我觉得布里奇（1994，1995）的观点是正确的，他坚持认为，士绅化的社会视角应该将阶级构成放在比街区更广泛的意义和地理范围中考虑。

士绅化是一个混乱的概念吗？

如果士绅化是一个从一开始就充盈着性别概念的以阶级为基础的过程，这是否意味着如罗斯（1984）认为的那样，士绅化必然是一个“混乱的概念”？在对马克思一段戏言（1973年版，第100页）的阐释中，安德鲁·塞耶（1982）提出，在许多分析中，我们采用的概念完成不了我们想要它们完成的任务。在一般情况下，这些“混乱的概念”界定不清，无法抓住它们想要传达的实际情况。塞耶心目中对我们通过抽象获得概念的抽象化过程有更具体的定义：

> 当我们进行抽象思考时，我们把对象特定的某一方面给孤立了出来。我们知道，这些方面在现实世界中很少自发地孤立，而自然科学实验的目的恰恰就是要实现或具象化这种抽象过程。“理性”的抽象化是把世界上有一定统一性和自主力量的重要元素孤立出来。另一方面，糟糕的抽象化或“混乱的概念”则把无关的事物结合起来，或者把不能分割的给分割开了。（Sayer，1982：70—71）

当然，从这个角度来看，认识论问题的要旨是，区分现实中那些无关的方面和那些不可分割的方面，并相应地设计概念。也就是说，我们试图发展的概念应该把这些“对象的孤立方面”准确地结合在一起，包括应该被包括的，省略应该被省略的。

罗斯（1984）把这种认识论现实主义应用于士绅化问题的研究中。这个论证相当复杂，很难理清，但在这里还是值得总结一下。最基本的一点是，在文献中常用的“‘士绅化’和‘士绅化者’这两个术 101
语”是“混乱的概念”，因为它们掩盖了这样一个事实，即过程的多样性而非单一的因果过程对内城改造负有责任。对于罗斯来说，士绅化在经济上的定义过于狭窄，她试图对此进行概念重建。她关注不断变化的家庭结构、另类生活方式以及人与劳动力再生产形式的转变；对于罗斯，也对于博勒加德（1986）和威廉姆斯（1986）来说，必须面对的首要问题是，“士绅化者”是如何生产和再生产出来的。为了探索这一复杂过程，她引入了“边缘士绅化者”的概念。她说“边缘士绅化者”这类人很可能是收入微薄的女性，虽然肯定不适合我们的士绅化者的范例概念，但仍然可以在士绅化过程中发挥重要作用。罗斯举了一位单亲母亲作为例子：她受过大学教育，在20世纪80年代中期每周挣195美元，住在“奥克兰不太好的地区”的小单间里（Rose，1984：67）。

我认为，罗斯在这里把两种看法混为一谈，而如果我们将它们分开的话，罗斯所认为的很多“士绅化”的混乱都会烟消云散。第一个看法关心的是，许多穷人在“不错的地段”找到负担得起的住房越来越困难。妇女尤其受到因收入较低而造成的诸多问题的影响，某些群体的妇女比其他群体更受影响，例如少数族裔妇女、单亲母亲、女同性恋者和失业女性。罗斯的第二个看法是，随着士绅化的进行，士绅化丧失了其狭隘的阶级性质，因为“比士绅化的这群人收入更微薄的白领家庭”也参与了进来。这是截然不同的两派观点，即使在今天，也指的是两个不同的群体——士绅化者和穷人——但在她的“边缘士绅化者”的概念中，罗斯掩盖了城市变化的不同方面和这些方面影响的不同人群之间的差异。毫无疑问，士绅化已成为大部分人，尤其是妇女的住房选项，从这个意义上说，士绅化的机会已经超出经济层次而渗入政治领域，但还没有渗透到把目前收入不到1万美元的单亲家庭也考虑为士绅化者的程度。把这样的家庭放在“士绅化”的标题下，是人为给这个术语制造混乱。我也不认为这个术语有什么混乱的。这不经意间让罗斯与房产管理局从自我利益出发对士绅化重新定义（第二章）的做法结成了联盟。此外，很难将罗斯的立场和上述纽约街区的经验结合起来，毕竟这些街区的士绅化是伴随着以女性为户主的家庭数量下降而不是增加。在这些街区中出现了贫穷女性和富裕女性之间的分歧或分化，以及“非家庭户的边缘化”（Watson，1986），而不是“边缘士绅化者”的概念中所暗示的那种融合。

这并不是说贫穷男女，不论受没受过大学教育，有时就不会搬入便
宜的、资本已经撤离的地区，而这些地区可能也会开始经历某种程度的 102
士绅化。很显然，这种情况确实是会发生的。这里的重点是，士绅化是一个过程，而不是一种状态，并且按照好的现实主义的方式，它应该在其核心被定义，而不是在它的边缘。所以，“边缘士绅化者”的重要性不在于他们定义了士绅化，恰恰是他们处于被定义为“从低收入到高收入居民区的内城街区”转变过程的边缘（Rose，1984：62）。边缘士绅化者是重要的，尤其是在士绅化过程的早期阶段，并且他们可以很好地用文化属性和另类生活方式来区分（Zukin，1982；DeGiovanni，1983），但是，考虑到士绅化过程会继续，房产价值会上升，他们能否继续留在该地区不是取决于他们的文化状况，而是取决于他们的经济状况。因此，最终混乱的是“边缘士绅化者”这一概念。它虽然可能是一个重要的概念，从描述和历史来看非常有效，表达了士绅化从受到社会限制到一个较为广泛的过程，一个迄今为止还未概念化的演进过程；但它仍然是一个混乱的概念，除非它同定义士绅化核心特征这一问题脱钩。

最后，“边缘士绅化者”的概念是“士绅化”混乱的证据，这种看法背后隐含着一个政治视角。罗斯认为，既然“我们不能杜绝所有的士绅化”，既然士绅化涉及非常不同的群体，所有群体都有不同的利益，那么基础广泛的政治联盟为“干预的进步类型”提供了最大希望，并提供了“对立空间”的身份——在这一空间中，我们可以尝试“前喻”的生活和工作方式。我们“不应该事先假定所有士绅化者有相同的阶级立场，也不能假定他们同无家可归者是‘结构性’分化”

(Rose，1984：68)。事实上，这样僵化的假设，既不会告诉我们多少关于特定街区士绅化的内容，也不会对“对立做法”和“前喻生活模式”有任何帮助；但同时我们也不能无视这样的事实，即士绅化参与者与无家可归者之间的确有非常清楚的(结构性的或其他方式的)两极分化。“边缘士绅化者”的概念所带来的后果之一肯定是，以建立联盟为名，对许多在士绅化街区发生的明显两极分化极度轻视。

士绅化、阶级与性别：一些初步结论

确定一个新中产阶级困难重重，尤其是在经济方面，这应该让我们在不假思索地将雅皮士和士绅化关联起来之前先停下来想一想。很有可能，“雅皮士”和“新中产阶级”仅仅只是经验概括(Sayer，1982；Chouinard et al.，1984)，为一个似乎直观明显但还没有得到解释的过程提供一种看似简洁的表征。毫无疑问，就业结构已经发生了巨大变化，而一场深刻的社会转型正在发生(Mingione，1981)，而且它正在改变女性的传统角色——不管是在家庭和工作场合内部，还是在家庭与工作
104 场合之间——和社会的阶级构成。同样的，这种社会转型与士绅化进程牵连极深。

罗斯拒绝把阶级作为理解士绅化手段的抽象功能主义的做法(不要与结构主义相混淆)是正确的。这种阶级分析是早期社会学家重新发现马克思和马克思主义的标志——虽然不够精确，但这个观点开始看到了塑造地理景观的社会进程的阶级性质。这场辩论已经很明显地超出了这个水平——这并不是说阶级是无关的，而是阶级分析必须更加精细。经典马克思主义的两个阶级模式确实给了我们许多整体上观察资本主义的洞见，但要作为理解社会和政治变革的特殊经历的工具，

它还需要加以完善和发展（参见马克思，1967年版，第一章，第640—648页，第三章，第370—371、814—824页；马克思，1963年版，1974年版）。如果是检查一个给定街区中士绅化的细节，它就像用链锯去雕刻木头一样无效。这不是说两个阶级模式在本质上是迟钝的——对于把木块切割成型，让我们可以更加复杂地雕琢塑造士绅化，这套模式是必要的——而是说，实际上，这是一个模式误用的例子。就像两个阶级模式可以切割出士绅化的鲜明轮廓那样，更复杂、更精致、更豁然的阶级分析工具适合在一个特定的地方环境下描绘士绅化，但是对于从历史和理论上更大范围地解释资本主义社会，就好像用指甲刀去砍伐森林一样，是无效的。

通过举例，罗曼·塞布里乌斯基（1978）对费城一个士绅化街区的社会冲突进行了丰富翔实的描述，这个描述完全不是基于马克思主义式的阶级分析，但是和这种分析的结果又是一致的。尽管有明显的事实，塞布里乌斯基讲述了一个白人联盟的悲伤故事，这个联盟是“士绅化者”和受到威胁的工人阶级居民在种族偏见的基础上缔结的。

或者考虑一下同性恋者的士绅化。自20世纪60年代后期同性恋运动出现以来，在地理上形成了众多著名的男同性恋社区（如纽约的西村、旧金山的卡斯特罗）和几个女同性恋社区（Castells，1983）。在罗滕伯格（1995）讲述的布鲁克林公园士绅化的故事中，故事的中心主题是讲述一些社区行动，通过营造街区气氛、提供服务、获取住房等方式鼓励女同性恋者，无论是作为个体还是整个社区，进而构建自己的身份。与此类似的是，卡斯特（1983）的研究表明，在旧金山，士绅化是一种策略，旨在打击广泛歧视同性恋者的住房市场。劳里亚和克诺普（1985）则辩论道，同性恋士绅化的政治更加复杂，需要更进一步的理论分析。

同性恋与士绅化的连接是真实存在的，但不是所有的同性恋社区都士绅化了。拉里·克诺普（1989，1990a，1990b）对同性恋者参与士绅化的问题进行了最持久、最有见地的分析，他发现很难作出概括。虽然男女同性恋社区是多民族、多阶级的，但主要还是白人中产阶级和相对富裕
105 人群。当这一点与帮助构建抵抗社会压迫的男女同性恋身份的社会行动结合起来时，士绅化也开始看起来像是一种身份建构的地域和社会策略。因此，尤其是男同性恋士绅化可以是一个非常保守的事业。克诺普坚持认为，任何想要了解男同性恋者参与士绅化的问题，都必须考虑房地产市场以及同性恋身份建构的问题。他发现，在新奥尔良的士绅化改造房地产市场上出现了许多同性恋创业的例子。他因此建议（Knopp，1990a），同性恋士绅化是一种阶级和同性恋身份建构相结合的策略。

于是，这一观点的关键是，士绅化从内在来说是一个以阶级为根基的过程，但它并不止于此。在地区、城市或社区范围内，我们面临的挑战是要了解把当地的具体举措同整体社会结构关联起来的联系链，或者要确定这些联系什么时候会脆弱得无法持续（另见Katznelson，1981）。所谓马克思主义阶级概念的刻板僵化通常是被夸大了。工人阶级和资产阶级概念经常被用一种乖戾的经验写实主义来解释；只要有一个单独个体不适合套用阶级概念模具的各个方面，我们就会认为有足够的理由把这个模具，连同其制造者和所有关注过这个模具的人统统扫到垃圾桶去。这当然不是马克思自己对阶级的概念，我也严重怀疑，这样一个严格的概念上的卡尔文主义甚至已经特征化了马克思的更多“功能主义”的误解。

虽然如此，为了澄清任何可能的误解，还是得重申一下对阶级的基

本了解。在最近的几次辩论中，赖特（1978）指出了一个对阶级进行概念化的更好方法。虽然他同意阶级立场首先取决于一个人与生产资料的关系——无论其拥有公司还是由公司拥有——但赖特强调，这个标准并不是提供一个完全封闭的阶级界限。相反，很多人有着“矛盾的阶级立场”；从历史上看，矛盾的根源是有区别的，可能涉及从个人职业到一个特定时期内阶级斗争水平的任何东西。阶级总是处于构建的过程中，与性别及性身份一样（Bondi，199la）。

在阶级斗争减退时期，阶级界限变得更加难以辨认，这一点是特别重要的。值得注意的是，通过这种方式，意识的问题被内置于阶级的定义中——当然，这并不是说意识决定阶级。阶级不应该被视为一格一格的分拣架，被视为一个有确定的边界和确切的拣入拣出规则的多方面因素的集合。相反，阶级更像是模糊集合，或多或少取决于社会、经济、政治和意识形态条件。这就把有关阶级结构的讨论从辩论哪些人适合放在哪个格子这样的蠢问题，转移到更加严肃的历史讨论中去，即关注特定阶级本身的崛起和衰落，以及它们不断变化的构成。

但是，放开阶级范畴只是答案的一部分。这当然打开了一个讨论中产阶级的空间，但是也为根据分析的规模和话题变着花样强调不同的阶级和阶级关系打开了口子。不过，影响深远的反对意见仍然存在， 106
即源于生产的社会关系的阶级分析完全不适合用来理解士绅化适合的消费领域。在城市变革的背景下，彼得·桑德斯是最坚持这种说法的。桑德斯（1978，1981）起初试图修复最早由雷克斯和摩尔（1967）提出的住房阶级概念。桑德斯像雷克斯和摩尔那样坚定地站在韦伯式理论基础之上，认为按照马克思主义分析得出的阶级概念充其量只是和生产领域相关，但不适用于消费这种“分析起来完全不同的领域”。由于消费模式，尤其是住房消费模式，是重要的社会差异化来源，甚至比人们通常认为的还要重要。桑德斯因此认为，基于消费资料构建起一套平行的阶级差别是必要的。不过，桑德斯后来放弃了“把房屋所有权理论建构为阶级结构化决定因素的打算”（1984：202），这倒不是出于对韦伯式概念起源的批判，而是更加坚持他对生产领域和消费领域的区分：他以前的办法“过分地扩展了阶级理论，最终未能将围绕家庭物业所有权产生的阶级关系与生产资料所有权产生的阶级关系关联起来”（1984：206）。相反，他认为，“在消费领域的划分并未重新调整阶级关系，而是横切阶级关系”。此外，“基于消费的物质利益与基于生产（阶级）的物质利益一样是‘基础的’或‘根本的’”。桑德斯（1990：68—69）甚至更进一步认为，对住房所有权的生物性倾向可能强化这种独立的消费领域。

如今，这种批评马克思主义的阶级分析而紧密联系韦伯理论观点的做法，已经对士绅化研究人员产生了相当大的吸引力，即使这种做法会导致女权主义分析经常寻求整合的领域的分离。其特别之处在于，它提供了一种直接或间接的方式，通过这种方式，士绅化的解释可以植根于当代社会转型，而不用考虑经济方面的因素。在总结批判中，哈罗（1984）曾对桑德斯只是作出断言而没有证明出的社会关系提出质疑。哈罗尤其质疑桑德斯的论点，即英国社会正在经历“新的重大断层”，这个断层线的刻画不是基于阶级（生产资料所有权），而是基于部门调整（消费资料所有权）（Harloe，1984：233）。对于桑德斯来说，这个新的断层线把住宅消费资料所有者（房主）与那些没有自己的消费资料而被迫消费集体消费资料（即公房或社会住房）的人分开。根据哈罗的说法，住房私有化并不构成新的和长期的断层线，尽管在20世纪80年代社会住房的数量在下降。应该加上一句，桑德斯的区分在美国几乎没有什么实证意义，因为美国不像英国，大约三分之一的家庭仍然得从私人租赁市场租房住，还有不到3%的家庭是公租房租户。这些"消费资料非所有者"根本代表不了一个连贯的消费领域，但在整个阶级地图上分布广泛。在纽约市，1980年有20%的租户收入低于4960美元，25.3% 107
的租户收入低于官方贫困线。但出于同样的原因，有20%的租户收入超过22 744美元（Stegman，1982：146—150）。市场顶端以豪华房屋租赁为主，市场底部以公共房屋和出租公寓为主。

但在士绅化的背景下，对桑德斯批判的应用会带出特殊的概念性问题。虽然不是每个人都会公开同意桑德斯提出的生产和消费之间的这种根本区别，在实践中也没有学者探索过消费和生产之间相互作用的中间地带——研究人员倾向于支持二者中的一方或另一方。所以，我接受哈姆尼特（1984）对我早期作品（N. Smith，1979a）的批判，因为我把消费方概念下混杂的各种生活方式和人口方面的观点与消费者偏好的解释混为一谈了。努力整合消费方和生产方观点——不是机械地采取一种概念"横切"另外一种概念的方法，而是认为生产和消费是相互牵连的——应该是我们首先要解决的问题（见Boyle的批评，1995）。

然而，实践中做起来可不像说起来那样容易。力求改变马克思主义的分析和软化早前对经济和生产方问题的排他性强调，已将注意力集中于一组不同的问题（Rose，1984；Beauregard，1986；Williams，1986）。这些讨论主要集中在以下几个问题："士绅化者"从何而来？什么样的社会进程负责把他们生产成为一个统一的社会群体？就像博勒加德（1986：41）所说的，"要解释士绅化，先从解释士绅化者的存在开始。"（另见Rose，1984：55—57）这项工作最重要的一点在于，它引入了社会转型的广泛问题，这些问题对解释士绅化来说非常重要。然而，它们也带来一定的内在危险。如果士绅化确实要首先解释为一种新的社会群体出现的结果——无论是以阶级、性别或其他术语定义——那么，无论怎样淡化，都会变得难以避免或者至少是默许存在某种消费者偏好模型。除了要求市场上某些类型和地段的住房外，这一新的社会群体还会造成怎样的士绅化呢？即使采用桑德斯的方法，他认为（在吉登斯1981年之后）拥有住房满足了“本体安全”一些深层次愿望（1984：222—223；另见Rose，1984）这一点仍然是不清楚的。

我并不是在这里建议说消费者需求是虚幻的，或者在市场上消费者没有什么呼声。我也不是要证明这样的需求是不变的或无效的。有一种说法认为，这种需求有时——尤其是在需求急剧变化的时候——会改变生产的性质。但士绅化的难题无法解释中产阶级需求从何而来。相反，它可以从根本上解释为何城市中心和内城区域几十年来都
108 无法满足中产阶级的需求而现在却能很好满足的地理问题。如果确实是需求结构发生了变化，我们需要解释为什么这些改变的需求导致了对中心城区和内城区域在空间上的再次强调。

现在我们可以回到前面讨论新中产阶级出现的几种可能假设上了。我们提出了三种将经济转型与劳动力市场变化同士绅化联系起来的可能性。不管中上层阶级收入是不是增加，都相当于新中产阶级出现——很难想象怎样用这种经济论点来解释士绅化问题。更高的可支配收入水平很可能让大量的人能够负担得起中心城区或内城区域的住所，但这充其量是一个有利条件。更高的收入本身并不意味着在空间上偏向中心城区；事实上，相反的假设曾经是基于新古典经济

学的土地利用理论的重要基石（现在看来是错误的）（Alonso，1960）。同样，毫无疑问，由于行政、经营、专业管理和其他一些服务活动的持续甚至加速集中，拥有中心城区住所对中产阶级大部分成员来说成为更加理想的选择。但这些论点确实能够解释一部分中产阶级男女在地理上反转了他们的地段偏好吗？在20世纪50年代，甚至20年代就没有年轻的向上流动的专业人士？为什么六十或八十年前的“原型雅皮士”没有引领士绅化进程，而是带头冲向了郊区呢？如果有年轻的中产阶级真的逆着郊区化趋势回到城市街区，那也是非常罕见的，就像在格林尼治村，他们和他们的生活方式被形容为“波西米亚风格”。

针对女性的角色变化也可以提出类似的观点（Séguin，1989）。越来越明显的经济或职业改变是显而易见的，至少对由阶级确定的某些女性来说是这样；同时数据也表明，这些变化与士绅化活动具有明显的相关性。但是，这些变化显然不应让我们无视那些不那么明显但可能更犀利的变化。有两个或更多的家庭成员出去工作的家庭数量在增加，这无疑增强了那些在中心城区工作的家庭在中心城区安家的理由。但是，我们有责任解释清楚，为什么女性工作和女性高收入阶层的比重逐渐增加就会转化为实际的住所空间转移。毕竟，尽管人数较少，但是已婚妇女在第二次世界大战之前（以及在此期间）就已经是劳动力的重要组成部分，而且其中一些女性还拥有高薪的专业职位，但那时似乎并没有什么士绅化行动来延缓郊区的腾飞。怎么能够单独用更加渐进的社会变化来解释这样一个相对快速的空间反转呢？为什么在任何情况下这样的社会变迁都会导致住所在空间上发生变化，而不是增加的成本只由受影响的家庭承担的僵化空间结构呢？

当然，恩格斯的“自然辩证法第一定律”——即量变引起质变——可能会被用来解释这种转变，但就我来说，我怀疑这个“定律”。这种量
109 的社会变革怎么突然就质变了，我们需要给出更具体的解释。因此，就实际情况而言，社会转型是士绅化背后的主要动力的观点基本上是“证据不足”。

所以，我们认为马库森（1981：32）的论点——“士绅化在很大程度上是父权制家庭崩溃的结果”——夸大了事实，虽然得出这样的结论也不是没道理的。父权制家庭崩溃是事实，其对士绅化的贡献也是不可否认的，而且这一点和变化的就业模式联系在一起时更是极其重要。“严守男女之防的性别隔离”（Samuel，1982：124）的崩溃，似乎尤其有利于社会经济地位较高的女性，如白人妇女和受过更高教育的女性。对她们来说，尽管职业中的“玻璃天花板”仍然存在，但谋求一些以前隔绝她们的职业现在变得较为可能。虽然这种性别隔离制度逐渐松动可能早就已经发生，但它主要还是女权运动的结果（Rose，1984）。女权运动在20世纪60年代开始出现，影响了随后几十年的社会立法和社会规范。我们此处实际上看到的是，更加灾难性的政治和社会变革造成了与士绅化相关联的空间位移。然而，这只是故事的一部分，尽管非常清晰，但要解释士绅化代表的大量的经济、社会和地域转型，这个基础还是不完整的。我们仍然需要更广泛的解释来说明前所未有的与士绅化有关的投资的地理转移。

社会转型是士绅化七巧板中的重要一块，但只有在租金差距出现和广泛的政治经济结构调整的背景下才有意义。在20世纪初期的几十年中，在北美、澳大利亚，甚至欧洲各大城市所发生的从中心城区撤资的现象还只是起步阶段，那时郊区才开始扩展，几乎没人会把社会转型

和中心城区的环境改造联系起来。一直要到大量撤资创造出有利可图的再投资机会和“贫民窟清洗”的机会，而且市区重建已被证明具有可行性了，士绅化才会开始。正是由于中心城区存在租金差距，才会促使将更加渐进的社会及经济过程转化为一些住宅、娱乐和就业活动的空间反转。

士绅化媚俗与作为消费景观的城市？

桑德斯的观点中（1984）包含着对消费模式历史阶段的讨论，我们可以借此回溯到生产和生产出的士绅化景观。他声称，在过去的一百五十年里存在着三种消费模式且彼此延续。根据这一对历史的经验概括——因为他明确否认了这些阶段是演化渐进的假设——“市场”阶段主导了19世纪，但随后被“社会化”的消费模式取代，并最终在20世纪70年代末由一个“私有化”消费模式取代。因此，对于桑德 110
斯来说，20世纪末在大多数国家经济体出现的回归市场私有化现象，是一个重大的长期转型的一部分，在消费领域逐渐摆脱国家参与。从地理上看这种说法的推论是：新中产阶级——“凡勃伦有闲阶级的今日同行”——的“城市改革思想”是用消费景观而不是生产景观塑造后工业化城市的（Ley，1980；另见 Mills，1988；Warde，1991；Caulfield，1994）。工业资本主义的世界由消费多元化的意识形态取代，士绅化是这一铭刻在现代景观上的历史转型的一个符号。城市梦即将取代过去几十年的郊区梦。

这个结论有一些吸引力。当我们看到宏伟的伊顿中心矗立在多伦多，漫步在墨尔本的莱贡街头，探索不来梅的施诺尔精细改造后的中世纪通道，目睹前所未有的士绅化策略让格拉斯哥摇身一变成为欧洲的

"文化之城"，或见证了后现代主义风格的博纳旺蒂尔酒店鹤立于洛杉矶市区中心的建筑群中，我们的现场感受告诉我们，时代在不断变化，许多城市的中心城区确实正在建设得像一个资产阶级的游乐场。但是，是否就能因此得出结论说，城市形态正在以消费意识形态和需求偏好构建，而不是按生产要求和资本流动的地域模式构建？

我们处于一个"消费社会"的边缘不是什么新的主题。同样的概念不断浮现于分析性文章和乌托邦式的理想中，远在贝尔（1973）宣布后工业化社会之前它就已经是社会学话语的主题。仅在战后时期，这个主题就以不同的面貌出现，如伯纳姆的管理革命、加尔布雷思的富裕社会和怀特的组织人等。戴维·里斯曼（1961：6，20）在《寂寞的人群》中说得特别尖锐而乐观，他把战后美国和文艺复兴、宗教改革和工业革命相提并论，宣称战后革命涉及"从生产时代转向消费时代有关的整个
111 社会发展"。为了确定这个"消费时代"到底隐含着什么，同时提高我们对消费景观极限和潜力的理解，让我们回到里斯曼的生产时代和桑德斯的消费市场模式时代，并挑选那时的一个例子。

在整个19世纪，资本的国际扩张主要是通过占用绝对剩余价值和随之而来的绝对地理空间内的经济扩张实现的（N. Smith，1984）。根据米歇尔·阿格列塔（1979）的说法，这是"广泛的积累制度"占主导地位的时期。然而，19世纪末出现了严重的过度积累危机，日益有组织的激进工人阶级准备去捍卫自己的需求，这些需求具有一定的经济基础，包括工资、工作时长、整体工作条件等工作场所问题，也包括住房问题和租金水平等。针对这些对资本的经济和社会挑战，无论这些挑战是来自过度积累还是受薪劳动者，资本主义制度进行了广泛的改造，转向集约而不是粗放的积累制度。绝对剩余价值被相对剩余价值取代，这意味着工作

场所彻底改变，泰罗制和科学管理兴起。但是，这也意味着消费关系、资本和劳动之间的深层次社会关系的彻底变革。解决过度积累的问题最终落在工人阶级的经济解放上，他们依靠自身的力量成为消费的强力磁铁。这种集约的积累制度——阿格列塔称之为福特主义（Gramsci，1971年版）——控制了战后二十年引人瞩目的经济增长，并涉及前所未有的政府干预。向集约的积累制度过渡的另一个标志是，全球资本主义从地理上的绝对扩张过渡到内部扩张和差异化，以及古典模式的不均衡发展的出现（N. Smith，1984；Dunford & Perrons，1983）。

这是许多复杂社会变化的一个高度概括，但是这个过程中的城市转型还是容易辨认出来的。在城市范围内，这是一个激动人心的郊区化时期，政府积极赞助工人阶级购房和分散居住（Checkoway，1980；Harvey，1977），以及出台一系列扩大消费的模式。过去，国家和殖民扩张是解决生产与消费之间过度积累和不平衡问题的关键，如今的关键是地理空间内部的再次分化。"郊区解决方案"（Walker，1977，1981）是其中的一部分，但是巨大福利国家的扩张，以及总体来说桑德斯所描述的一个更加社会化的经济发展，也是解决方案的一部分。这涉及住房、医疗、教育、交通等方面集体消费的快速扩张；公民社会和组成公民社会的公民，通过抵押贷款、汽车贷款、消费信贷和大学教育费用等方式，以前所未有的程度被拉入资本的核心——这是消费领域内资本的真正包容。这就是 112
奥康纳（1984：170—171）指出的进程。他注意到个体需求越来越社会化，但同时这些需求也越来越通过商品消费的方式实现；而真正的社会需求无法满足商品"需求"的扩张。但这一历史进程的结果就是出现了文化界限的稀释，跨越阶级界限的消费模式的部分同质化，以及在美国出现了一个相对沉寂的工人阶级（部分原因是在40年代后期和50年代初达成的劳资协议)。这一时期美国阶级界限的模糊化，是英国和其他地方在二十年内无法复制的，但它迟早会出现；各个阶级不再是矛盾的，同过去相比阶级界限也变得更加不明显，在这种现实情况下就产生了对一个同质的中产阶级社会的乐观预期。

根据戴维·哈维(1985b：202)的说法，“资本主义从供应方城市化转型到需求方城市化”，在第二次世界大战的废墟中诞生了他所谓的“凯恩斯城市”，依靠以需求为主导的城市化，表现出“后工业化城市”的所有表征。由于消费已经处于广泛的积累制度下，因此不管是在经济上，还是在人们的个人生活中，或者是在地理空间的生产中，它和生产的关系都已不再贫乏。

对这种经济和社会转型的分析，大多数都集中于工人阶级的新角色上，因为他们融入大众消费社会是从历史上区分福特主义的重要发展之一。伴随这种巨变产生的消费伦理绝不限于工人阶级，或者更确切地说，不限于这个阶级的某些群体，例如成立了工会的大部分白人工人。整个战后社会都是这种情形。中产阶级同工人阶级中的富裕阶层享有共同的时代精神，但是因为中产阶级已经被认定为拥有舒适消费的习惯，这一点也就不那么引人瞩目了。这种新的消费结构规范反过来之所以可能，是因为商品生产的大量标准化，特别是住房和汽车，即便住房生产在技术发展和劳动过程组织方面持续落后于耐用消费品生产。按照阿格列塔的说法，这种工人阶级的大部分群体被整合进一种消费伦理

> 意味着创造出了一种获得根本的社会重要性的功能美学(“设计”)……这种美学并不满足于为日常生活用品创造空间来支持

> 资本主义的商品宇宙，它还通过广告技术提供了这个空间的图像。这一图像作为个人感知自身以外的消费状况的客观化而呈现出来。社会认可的过程则是外化的和拜物的。(Aglietta, 1979: 160—161) 113

正如商品的标准化和降价延展了工人阶级的消费习惯，它也使更多、更不同的商品能够为中产阶级所用(甚至珍视)；在生产一端的产品标准化在另一端产生了特定的差异化溢价。大众市场上的文化差异这个问题同士绅化是最相关的。士绅化是文化、社会和经济格局的再度分化，从这个意义上说，人们可以在消费模式中清晰地看到社会分化的企图。因此，根据贾格尔的说法(1986；见 Williams, 1986)，士绅化和它所引起的消费模式是阶级构成必不可少的组成部分；对于贾格尔来说，它们是新中产阶级人士把自己与旧中产阶级和工人阶级区分开的一种手段。在解读墨尔本几个维多利亚女王时期街区的“城市保护”时，他写道：

> 城市保护是社会分化的产品；社会差异通过这一机制转变成社会区分。贫民窟成为维多利亚时代的事物，住房成为一种文化投资，外墙立面标志着社会等级的提升……新中产阶级的不确定性和妥协显露在他们的审美趣味中。正是外墙立面的修复工作，让城市保护近似于一种以前的消费模式，在这种模式下，信誉是基于“非必要性的约束”……但在城市保护的情况下，这些消费行为都在改造工程中所包含的维多利亚时代式的职业道德面前打了对折。在艺术方面，这种二象性表现为形式和功能的双重性……抹

> 去工业化的过去和工人阶级的存在，洗白之前的社会污点，这些都通过广泛的改造实现了。回归（“高雅”的维多利亚时代的）历史纯洁性和真实性，则通过剥离外部多余饰物且在内部大肆改造得以实现。恢复先前历史实际上是洗刷或重新定义内城区域近代屈辱的唯一办法……内在的世俗禁欲主义成为公开展示；裸露的砖墙和外露的木材是用来象征文化的辨别能力，而不是穷得没钱涂抹石膏的贫民窟……通过这种方式，“劳动的污名”……被去除掉，并且改造成其他东西。曾经作为英国殖民地残存的痕迹，通过赋予还留有罪犯手工制造指纹的砖以重要性而保存了下来。（Jager, 1986: 79—80, 83, 85）

对差异性、多样性和区别性的追求，成为新的城市意识形态的基础，但它也不是没有矛盾的。这种追求体现了对多样性的搜寻，只要这种多样性是高度有序的；也体现了对过去的赞颂，只要这种过去安全地延续到了现在。如果说城市梦有一部分是对郊区梦的感知同质性的反应（Allen, 1984: 34），那么城市梦也同郊区梦一样有很多的焦虑。历史是一种商品，康奈尔（1976）描述的上下班的萨里郡农场农舍修补者，与
114 贾格尔笔下的以维多利亚时代自居的墨尔本人没什么两样。无论是在城市、郊区还是远郊，在大众消费中对差异和区别的永恒搜寻永远是令人沮丧的。这可能会导致新的“士绅化媚俗”，文化差异本身则成为大规模制造的产品。随着这一过程的不断发展，这一点变得越来越清楚。在士绅化的街区中，由于最好的房屋已经改造完毕，空地显得日益突出也越来越昂贵，新建房屋只有见缝插针才能实现填补。这时的建筑形式没有任何历史意义来重新修改成文化展示品，也因而对士绅化媚俗

极具吸引力。如果这种现代化的填补发生在正在士绅化的街区，无论是在巴尔的摩的奥特拜因、伦敦市中心的巴雷特，还是布里斯班的斯普林希尔，给人的感觉都是在地理、文化及建筑方面又兜了一圈。这种填补式士绅化正在实现城市的郊区化。

后工业化支持者认为，需求为主导的城市化进程中的消费景观正在取代生产景观，那么上文的角度和这有什么不同呢？答案包含三点。首先，上述隐含的角度试图了解自19世纪末所发生的社会转型方面不断变化的消费重要性，并反过来将这种社会转型与伴随而来的经济和空间结构调整联系起来。

其次，如果考虑到资本积累有赖于一个前所未有的消费品生产水平，并且经济这方面有一个高度空间化的身份，那么战后时期的城市发展的确是消费引导的。但是，我们必须小心这样的说法，因为战后扩张见证了生产资料大幅增长，更不要提破坏手段了。后者也是战后经济增长的决定性特征，这是永久军事经济的概念提出来的（Vance，1951）。在任何情况下，“消费主导的城市化”和“需求主导的城市化”不一定是同样的，我觉得哈维（1985b）在讨论“凯恩斯城市”的时候把两者混为一谈了。消费主导型增长暗示了经济的消费部门和消费部门中商品生产的重要性，而“需求方城市化”则隐含着从粗放型向集约型积累体系转移的过程中，积累的动态和需求次于消费的动态和需求，积累有可能沦为消费的副产品。了解“需求主导的城市化”的方向，需要了解某种消费需求理论。

第三点，可以说也是最重要的一点，上文提出的角度和后工业化观点的区别在本质上是历史的，这种区别也给出了前面阐述的积累模型合理的理由。如果战后的扩张、劳资之间的政治协议以及大众消费的道德发展实质上把这一时期的阶级区分搅成一潭浑水——无论是在现实中还是在表象上——这也不意味着这就注定是一个永久的、平缓的、渐进的转换过程，发达资本主义社会就会变成一个同质化的中产阶级。
115 丹尼尔·贝尔在20世纪50年代写成了《意识形态的终结》一书，1973年对他来说颇具讽刺意味，他在这年发表了一篇谈后工业社会的文章，而在同一年工业体系又重新开始强劲增长。几年来，国际经济体系跌跌撞撞地走向衰退，但1973年10月石油禁运危机引发的影响远远超出了能源的范畴，深入到社会结构的每一个层面。这场危机反过来又引起了一个基础广泛的经济、政治和社会转型，到1989年已经成为全球趋势，并在随后的二十年中持续着。1973年以后消费与生产的相互重构产生了剧烈的空间效果。

在某种程度上，城市化和不断变化的城市形态，是解决早期资本体制问题的部分办法，但是当集约体制崩溃了的时候，它们同样迅速地成了问题的一部分。20世纪60年代后期以来，城市格局的急剧变化表明了，城市必然是解决当代危机办法的一部分（Harvey，1985b：212）。在消费领域让人乐观的社会同质化只是部分完成，80年代后就被硬生生地截断，甚至反转了；由于持续的工业衰退和失业率长期居高不下，公共基础设施只要能够出售就进行私有化，并且规模越来越大，消费主导的城市化所倡导的社会均衡，已经让路给冰冷的阶级和种族的再度社会分化。20世纪头十年间建立起来的福利国家制度解体，这不仅代表了20世纪60年代女权主义者和民权运动所取得成果的反转，也代表了在它们之前的战后左派和凯恩斯主义的自由派所取得成果的反转。

考虑到士绅化的社会层面，这里的关键是20世纪70年代起的经济转型一直伴随着一个社会转型，而这一社会转型如今出现了一道新的裂痕。“新的断层线”一方面重申了旧的阶级路线，但是随着所谓的服务行业的发展也切入到新的领域。总的结果是，出现了一个日益两极化的城市，而且左派和右派对这一点达成了共识（Sternlieb & Hughes，1983；Marcuse，1986）。也就是说，消费伦理以及消费主导的城市化，仍然是许多中产阶级面对的现实，虽然对大多数工业和服务业工人来说这是个“变馊了的梦”。

在20世纪70年代后期到80年代初期的整个经济衰退中，大多数工业化经济体中的士绅化进展迅速（有关加拿大的情形参看Ley，1992），而无家可归者也逐渐增多，一直到80年代末的经济萧条时城市梦才开始失去光泽。这一现象表明消费梦想彻底分岔，制造出一个“富人与穷人的城市”（Goodwin，1984）。所谓的雅皮士和方兴未艾的士绅化代表着“富人城市”的历史前沿；在拐角处和几个街区以外就是“穷人”的城市，它的代表仅在美国就多达300万人。公共服务取消以及20世纪80年代中期以来的公共职能私有化，赋予了士绅化更为不祥的社会意义。 116

第二部分

全球化即本地化

第六章
市场、政府与意识形态：费城社会山

20世纪50年代末、60年代初出现的士绅化现象迅速赢得了赞誉，其象征意义甚至超出了“基本的”经济和地理范围。生产性资本在寻找能够获利的机会，士绅化成为其虽然小但确是一个实实在在的出口，这似乎也预示着战后住房市场衰落和分散现象的反转。士绅化让人们迅速觉得，曾经出现衰退的街区现在将会健康发展，曾经贫穷落后的地方现在将会回报丰厚，中产阶级也会回到城市——士绅化改造无疑是件“好事”。费城社会山街区的士绅化改造最初是在20世纪50年代提出来的，它被看作一件具有特别象征意义的“大好事”。社会山街区坐落于德拉瓦河与中心城区之间，早在17世纪威廉·佩恩就曾在此处进行了“神圣试验”；街区位于独立厅、独立广场和自由钟的南边，在费城的旅游介绍和历史保护相关文献中经常被奉为“美国历史最悠久的一平方英里”（图6.1）。到了20世纪60年代后期，建于18世纪后期和19

世纪早期的豪宅别墅已然翻修完毕，无论媒体还是搞城市地理、城市研究和社会学研究的学术界，都将其视作费城“复兴”的门面。“自20世纪60年代以来，”用一位作家的话来说，“（这里）就是历史悠久的城市核心街区进行全面转型和系统复兴的最为生动形象的例子。”（Morris，1975：148）

社会山的士绅化改造出现的背景在20世纪50年代，是政府、金融机构以及现在常见的公私合营开发公司前身的原型组织相互交织形成的复杂合力的产物。战后经济扩张让资本流向郊区开发，只有一些有选择地流向了城市中心街区。无论费城曾经有多辉煌，在统治阶级的

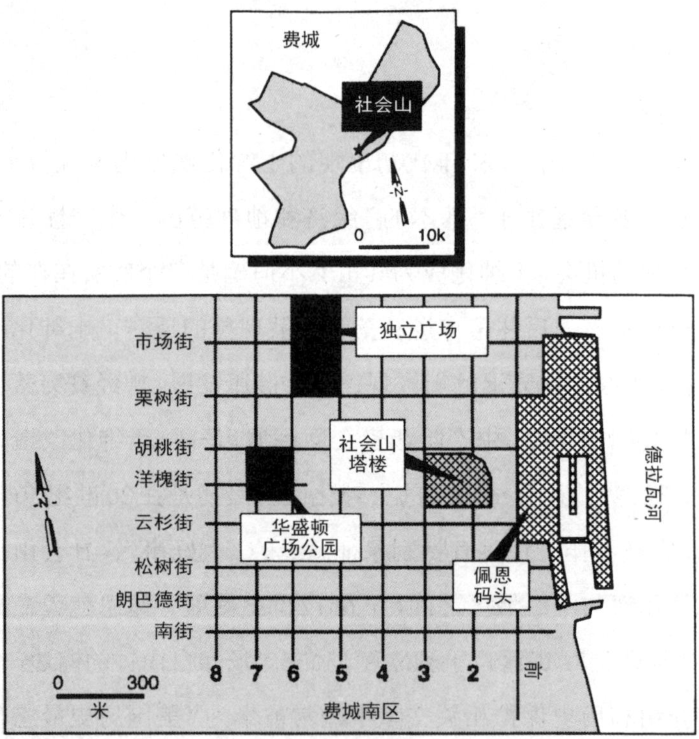

119 图6.1 费城社会山

照片 6.1　士绅化改造前夕的费城社会山街区（图片来自坦普尔大学城市档案馆） 120

白人精英人士眼中，它越来越像是一座腐朽的东海岸工业城市。当时，美国最主要的几份有关战后城市复兴的联邦法规刚刚出台，新兴的城市改造模式要求广泛清除贫民区并进行市区重建。所以在那个时候，立志改造社会山历史悠久但已经崩溃的住房市场，明显背离了当时普遍的重建做法，将很快受到大众媒体和城市研究学术圈子的攻击和嘲讽（参见Anderson，1964）。

社会山被视作费城上流社会的发源地，从17世纪开始到美国内战时期一直都是他们的家园。当时的上流社会也是奴隶主阶级，所以在同样长的时间里这里也是美国黑人的家园。到了19世纪下半叶，由于附近的德拉瓦河沿岸一带（费城最大的一个食品市场也建在这里）和相邻的费城南区不断有工厂落成，也由于随之而来的城市发展，费城的上层阶级向西搬到了里腾豪斯广场和斯古吉尔河畔的费城最早一批郊区社区里去了；而黑人还是留在了那里。从这次迁移开始的连续大半个世纪里，资金从社会山的住宅市场中撤离。到了20世纪50年代，许多建筑都已被房东空置或废弃，有些则成了贫穷的白人和黑人劳工的住所，条件恶劣，空间逼仄。十年间，社会山的人口减少了一半以上，降到了3378人，其中21%都是“非白人”；有18%的房屋单元已被拆除，另外有13.2%的房屋空置。到了20世纪50年代后期，市区重建计划的初稿完成了，从一开始这个计划就有公共、半公共和私人机构参与，它有
121 两个目标：全市经济复苏，以及吸引富裕家庭“从郊区回来”[1]。

1 重建计划的目标在下述文献中已被明确表述：《费城重建局：华盛顿广场东部城市重建区1号、2号、3号单元》，未出版且无日期。像本章经常采用的其他一些实证经验性研究一样，这个文件是在“华盛顿广场东部城市重建区”的RAP文件中研究的，社会山项目也是如此。

成功秘诀与修辞

从一开始，社会山就被看作“新城市前沿”，士绅化者是骄傲的“开拓者”(Roberts，1979；Stecklow，1978)。社会山的士绅化改造开始于1959年，并且立刻就获得了明星般的待遇。“很多规划部门都认为社会山是美国最重要的重建事业之一。”财雄势大的阿尔伯特·M.格林菲尔德房地产公司在一份分析报告中这样说道(1964：10)。阿尔伯特·M.格林菲尔德不仅是“费城最大最富有的房地产商”(Burt，1963：10)，还是城市规划委员会的前主席，理所应当地了解事情的前因后果。不过，如果考虑到他在社会山项目上功成名就赚得盆满钵满，我们有理由担心他说的话会夸大其词，但我们没有理由不相信小说家纳撒尼尔·伯特的话(1963：556—557)：

> 现在正被付诸实施的这个计划，是前所未有的最为大胆、最有品位的城市规划作品之一；该计划试图挽救传统之精粹，增添新建所必需，将费城这一街区转变成一处城市住宅天堂，而不是像陈列在博物馆中的化石仅供展示。如果一切都按计划完成，社会山将成为美国城市复兴的样板与名胜。

事实上，到了70年代，社会山已经成为名胜，街道绿树成荫，砖砌步道，铁艺路灯，颜色鲜艳的大门，殖民地时期和联邦党人时期的红砖大厦鳞次栉比。改造项目如此成功，居民们甚至迅速组织起来，反对社会山任何进一步的商业开发，否则周末时会有更多的游客成群结队地拥入这片街区。

社会山士绅化改造的成功秘诀包括三个基本要素：一个叫作“大费城运动”的公私合营组织及其衍生机构——费城老城开发公司(OPDC)；政府，主要是联邦政府和费城市政府；还有私营金融机构。大费城运动组织成立于1952年，它并不纯粹是个压力集团。在同年当选费城市市长的J.S.克拉克眼中，大费城运动组织“主要是一群虽然保守但是聪明正直、诚信经营的商人，他们把自己居住的这座城市的利益放在心上”(引自Adde，1969：35)。组织成员名单囊括了费城老城的名门望族，也包括希望跻身统治阶层的企业高管和政府官僚。这个组织的目的是使整座城市在市政建设和财政方面全面振兴。大费城运动组织是费城士绅化改造最早的催化剂，一开始就把注意力放在社会山街区，认为它是“费城复兴”的核心。他们觉得，社会山东边码头街上的食品市场(现在是社会山塔楼所在的位置)是一个主要障碍，就利用自己的政治影响力，在1958年把它搬到了费城南区，从而让刚刚萌芽的重建计划一下子正式变得肃然起来。

同时，大费城运动组织认为，同具体的政治活动应当保持适当的距
122 离和超然的姿态，由此衍生出费城老城开发公司，他们觉得它更适合监督重建工作。费城老城开发公司的任务更实际，头脑也更冷静，可以充当起当地政府、规划师、投资者、开发商和业主之间的联络人，在本地媒体和全国媒体上对社会山项目进行推介。[2]虽然费城老城开发公司强调城市的复兴是涉及每个人的“社区项目”，似乎让其愿景朝着民粹主义方向发生了偏转，但是其工作重点仍然是把费城的士绅化改造与参与改造的公司的盈利预期紧紧地联系在一起。宾夕法尼亚第一银行前

2 费城老城开发公司正式采用了“麦迪逊大道”这个名称，并且专业地推出全国性广告宣传“社会山项目”(OPDC年度报告，1970)。

总裁威廉·凯利说道：

> 我们所有这些公司的未来都是和这座城市的增长捆绑在一起的。我在城市事务上花时间，实际上也是在为自己的生意做事……我们银行的增长，未来几年的福利，都取决于在费城这里干得如何了。（引自Adde，1969：36）

凯利其实还应该加上一句话，不过内容刚好相反：这座城市的复兴及福祉取决于同这些银行的合作，反过来这些合作也将刺激银行的发展。

如果说大费城运动组织和费城老城开发公司充当了政府意志和私营部门资源之间润滑剂的角色，私营部门的作用仍然是至关重要的。不仅是因为私人撤资首次为再投资创造了机会，而且金融机构以房贷和贷款形式提供的再投资占了再投资资本的大部分，这些资本流向了私人修复者，或者规模较大的专业开发商。20世纪50年代初金融机构对社会山画上红线，拒绝向这一地区提供贷款，十五年后这片街区成为所谓的"绿线区"，金融机构争先恐后地在社会山寻找可能的投资机会。

通常而言，政府构成了社会山士绅化改造的第三种主要成分，在项目中充当着经济、政治和意识形态代理人的角色。受到费城复兴的诗意愿景激励，费城市规划委员会制定了重建计划。这一计划的主要制定者是该委员会的执行理事埃德蒙·培根，他也是大费城运动组织的成员。费城市政府与其说是富有远见，不如说是讲究实效地接受了该委员会的计划，对分区规划进行了必要的更改，并提供了政府项目开发成本30%的资金。按照当时的传统做法，市政府成立了一个全新的“地方公共机构”——费城重建局——来实现这个项目和其他的市区重建计划。费城重建局由理事会负责管理，其成员由市长任命，资金主要靠联邦和费城市解决，有很少一部分资金由宾夕法尼亚州政府提供。

联邦政府的作用有两方面。社会山的士绅化改造框架实际上是按照1949年和1954年的《住宅法》规定组织的。1949年的《住宅法》为联邦政府参与市区重建奠定了法律基础，这就是后来广为人知的“一号法案”。1954年的《住宅法》和其他一些法规为改建翻修楼宇建筑
123 （不只是“清除贫民窟”）作为市区重建的一部分奠定了法律基础，而这一点作为对“一号法案”的修正，在社会山项目中至为关键。按照法律

照片6.2　20世纪40年代的费城码头街市场（图片来自坦普尔大学城市档案馆）

规定，联邦政府应承担项目费用的67%，但由于法律规定适用“一号法案”的项目中公共资金承担的成本不能超过2000万美元，所以社会山项目重新命了名，并拆成了三个独立单元，分别命名为“华盛顿广场东部城市重建区1号、2号、3号单元”。联邦政府介入的第二个方面是按照第312条给城市“宅地”提供资金的规定，给社会山的许多开发商提供了联邦住宅管理局投保的抵押贷款。

虽然从分析的目的出发把公私合营机构、金融机构和政府机构区分为不同的力量代理很方便，但在现实中很难将它们区分开来。例如，20世纪60年代后期费城老城开发公司的董事长威廉·戴，也是在社会山项目中投入大笔资金的宾州第一银行及信托有限公司的董事长。他 124
在老城开发公司的继任者是威廉·拉夫斯基，是费城重建局的局长，也是费城七六集团（负责组织了费城二百年周年纪念庆典）的主席。但最臭名昭著的身兼数职的例子可能是古斯塔夫·阿姆斯特丹。在60年代末，阿姆斯特丹是重建局的理事和费城老城开发公司执行副总裁，他也是银行证券公司的董事长。这是一家私人金融公司，为一家与他有着密切关系的建筑公司所承包的重建局的一个或是好几个项目提供资金。1969年，在他利用自己的公共职位和半公共职位牟取私利的事情被曝光后，他被迫辞职。这种统治阶级的利益和慷公众之慨的幸福的混淆，绝不只是一个原本完美计划的不完美之处；从一开始，这种混淆就被写入了士绅化的言辞之中，并被看作社会山概念的根本。[3]

3　奥古斯丁—塞尔维蒂——他是重建局另一个执行理事——因为在57.5万美元的重建局合同中获得2.75万美元的回扣而受到十六项指控。塞尔维蒂被控“犯有一项诈骗罪、一项敲诈勒索罪和其他十四项欺诈罪名”。《费城问询报》，1977年10月29日。

政府控制

在实现社会山改造项目时，政府在帮助形成新的城市空间方面既有政治诉求，也有经济考虑。实施该计划的过程中，重建局的主要职责是从政治上进行控制。1959年，它开始征用重建区内1号单元的所有物业。依靠土地征用过程中的巨大权力和对新建建筑"一致"的规定，重建局只给了租户两个月的时间搬走，也只有零星的租户接受了草草拟定的搬迁补助。但是对业主，重建局给出了"公平的市场价格"，对某些业主来说这甚至是一笔前所未有的意外横财，因为他们的房屋实际上是卖不出去的；但对于另外一些业主来说，这差不多相当于洗劫他们的财产。重建局一路推进，结构上已经无法挽救的建筑物直接拆除，其他的则就地改造，然后以"评估的场地价值"把房屋和场地转售给指定开发商。换句话说，重建局承担了把所有房屋——不管是有人住的还是已经废弃的——转化成适合重建场地的所有成本。重建局在建筑或者场地销售完成之后也进行了管控。要想获得物业，所有的开发商都需要与重建局签订法律协定，规定清楚建筑物的结构、外部建筑样式和功能，以及该重建计划完成的日期。违约者将遭到起诉，事实上，重建局也的确对许多违约者提起了诉讼。

重建局的一部分政治控制职能最终授权给了费城老城开发公司。在对社会山成功地进行炒作之后，人们对历史悠久的房屋的需求不断上升，而重建局发现自己在选择开发商方面花的时间越来越多，于是在1967年把这个任务交给了费城老城开发公司，一次性给了它190幢房屋来启动项目。根据费城老城开发公司董事长兼重建局局长威廉·拉夫斯基的说法，该公司根据三个标准提名开发商：它们必须证明具备修复改造的财力，因为在70年代初改造的平均成本约为4万美元（OPDC，1975）；对社会山的建筑历史风貌深具同情的“优先考虑”；有独户自有住房计划的优先考虑。费城老城开发公司没有给这些房屋做广告。感兴趣的开发商只能口耳相传或私下打听，或者是读到关于社会山重建项目民间慈善活动的热情洋溢的媒体报道时获得启发。 125

重建局对整个项目的政治控制与其经济作用紧密联系在一起，但是资本与政府之间的关系开始有点朝相反的方向发展。到1976年7月31日该项目全面结束为止，政府已经投入了3860万美元的联邦和城市资金以确保社会山项目取得成功，而所有的资金都是经由重建局流向项目的。启动资金大部分是由费城最大的几家银行和金融机构购买市政债券而筹集到的。换句话说，最大的金融机构以零风险资助政府投资一个地区，而政府和它们都不直接参与这个地区的项目。然后，他们会考虑开展放贷业务。当然，如此一来，人们不可避免地得出这样的结论：政府的参与不过是费城精英企业获得经济利益的催化剂而已，士绅化改造既是创造城市宜居性的有效方式，也是创造城市盈利性的可行办法。从这个角度来看，政府的目的是重新创造出城市房地产的盈利能力。私人市场曾经通过从社会山撤资获利，政府现在需要在这里投入资金摊销撤资成本，这样社会山街区对私人再次投资来说才能保证再次盈利。

截至1976年投入的3860万美元公共资金中，约420万美元用于支付勘测、法律服务、利息、管理费用等。重建局收购及转售物业的净成本为2360万美元，代表了“财产资本”的政府支出（Lamarche，1976）；余下的1000万美元则是富有成效地花在了拆迁、清理和场地修缮等方面。[4]这些支出代表了给开发商的直接补贴，这样开发商不仅等比例地降低了重建成本，还吸收了公共领域工人所产生的盈余和利润。

社会山的开发商们

有三种开发商加入社会山改造项目。它们一方面受到政府和半公半私机构提出的设计标准约束，另一方面也受到从私营部门获得抵押贷款和建筑贷款的需求限制。这些开发商是：

（一）购买并重建物业，然后转手卖出，以盈利为目的的专业型开发商；

（二）购买并重建物业，但建成后自住的业主型开发商；

（三）购买并重建物业，建成后租给租客的房东型开发商。

房东型开发商包括只有一栋物业的房东、拥有多间物业的房东以及美国铝业公司。美国铝业公司在其社会山项目1964年竣工时，已经
126 有3亿美元投资于物业（Kay，1966：280）。美国铝业公司实际上既是房东型开发商，也是专业型开发商。它的总部位于匹兹堡，是一家跨国公司，也是世界上最大的铝业公司；美国铝业公司一直在寻找业务多元化机会，以对冲不断下降的利润率——下降的利润率在20世纪60年代初就已经开始影响整个金属冶炼行业。投资房地产将提供纳税报表中的高折旧免税额，提高利润率，因此美国铝业公司开始参与这一计划，建设了三栋30层高的塔楼，总共703套豪华公寓（还有37套低层联排别墅）。这三栋塔楼俯瞰市区南边的德拉瓦河河滨，由著名建筑师贝聿铭设计。贝聿铭是这样介绍这些公寓的："该住宅单元本身将是现代

4　华盛顿广场东区重建局每月项目收支表，1976年7月31日。

化的，配有空调，空间宽敞，远远超过联邦住房管理局标准。”[5] 在1978年初，一套四居室的套房每月租金高达1050美元，这一租金水平让社会山塔楼轻松跻身费城豪华住宅市场的金字塔尖。

从重建局的记录来看，美国铝业公司参与社会山项目是房地产交易中一个引人入胜的故事。美国铝业公司通过与韦伯克纳普公司（Webb & Knapp）合作来参与社会山项目。这家位于纽约的房地产公司的拥有者和控制者是老威廉·泽肯多夫，其资产接近五亿美元。在当时，泽肯多夫的地产王国可能是全美最大的，当然，也是最知名的。在不同的时期，泽肯多夫曾拥有过曼哈顿的克莱斯勒大厦和芝加哥的汉考克大厦；他建造了丹佛希尔顿酒店和华盛顿特区的朗方广场酒店，并为纽约大通曼哈顿广场及较早时期的联合国大厦提供了建设用地

照片6.3　1961年为社会山塔楼的建设清理土地的场景（图片来自坦普尔大学城市档案馆） 127

5　贝聿铭建筑事务所，“费城社会山：重建计划”，韦伯克纳普公司，无日期。

(Downie，1974：69—74)。

1961年5月，韦伯克纳普公司花费130万美元从重建局购买了社会山塔楼的建设土地。为了保证施工，根据1954年《住宅法》第220条规定，该项目又获得了联邦住房管理局担保的利率3%、总额1450万美元的抵押贷款。已经是公司新合伙人的美国铝业公司，在1962年11月韦伯克纳普公司遭遇严重的周期性短期现金流危机时买断了开发商的利息。通过泽肯多夫大量注册的子公司，美国铝业公司现在持有社会山塔楼合同的90%，另外的10%由一家英国房地产开发公司——科芬美国公司(也是泽肯多夫的一个合作伙伴)——拥有。城市开发中这类国际合作才出现不久，因战后重建而增强的欧洲资本开始迫切寻求在美国的投资机会。不管怎样，社会山塔楼在1964年完工并迎来了它的第一批租户。不过，美国铝业公司并没有过久地保留建筑，在1969年当为期七年的“双倍余额折旧期”到期且不再发挥税务冲销作用时，美国铝业公司就把它转售了出去。买家是通用地产，也是一家和泽肯多夫有关联的物业公司。到70年代中期，通用地产七年的加速折旧期又过去了，楼市低迷，只有很少的潜在买家。产权所有者不打算像以前那样把塔楼整体出售给单一买家，而是以租户合作所有的形式转手给租户，但是很少有租户愿意购买。在1976年，通用地产终于找到了买家——美国人寿，这是一家总部位于得克萨斯州的保险公司。故事继续以相同的方式发展。在经过所有这些税务引致股权变动之后，这些物业如今由阿尔伯特·M.格林菲尔德公司管理。

社会山塔楼的演变说明，社会山的士绅化改造同更大范围内的国内国际资本循环节奏和轮廓息息相关。从纽约到得克萨斯州，从匹兹堡到伦敦，所有权和开发利益不断转移；业主的主要业务从铝合金制造

照片6.4　1971年的社会山塔楼和联排别墅（图片来自坦普尔大学城市档案馆）

到房地产开发、人寿保险也是五花八门；而选择获得所有权的理由，与其说是改建美国“历史最悠久的一平方英里”，还不如说是与线下项目的利润和减税策略有关。

社会山的士绅化改造作为当地的一个“复兴”项目而广泛销售。如果说社会山塔楼的建设象征着跨国资本以及专业兼房东型开发商的参与，社会山项目流行的思路则强调“自住型开发商”——个人改造者的作用。C.贾里德·英格索尔和他妻子阿格尼丝的例子很早就受到媒体重点关注，称其拉动了地区发展，启动了士绅化改造。英格索尔家族的先人曾参与签署《独立宣言》，是费城的“望族”。早在社会山改造之前，迪格比·巴茨尔（1958：311）就在《费城绅士》一书中说道：“英格索尔家族……通常会引领费城时尚。”所以，英格索尔家族被说服翻新改造他们在社会山的一栋“联排别墅”。

旧城修复改造被费城老城的贵族家庭看作公民义务，而英格索尔家族就是其中最出色的代表。贾里德曾是美国钢铁公司的董事和费城城市规划委员会委员，在1959年，他与妻子同费城老城开发公司和重建局达成协议，同意对华盛顿广场东部城市重建区“1号单元”进行“翻新修复”。这受到广泛的关注。他们花费8000美元在曾经热闹的云杉街买下一栋建筑外壳，开始对联邦党人时期风格的立面和宽敞的内部空间进行彻底修复。随着这项总共耗资5.5万美元的工程竣工，建筑完全恢复到18世纪的原初风貌，他们一家也在1961年1月搬进了这栋位于云杉街217号的修整如新的联排别墅。

英格索尔家族被广泛誉为社会山“复兴”象征意义上的策划者，阿格尼丝·英格索尔在一篇为布林莫尔校友杂志写的文章中加强了这一印象。在这次具有象征意义的搬入之后，“社会山修复”（Ingersoll，1963）确实成了风靡一时的时尚：对费城老城居民来说，它已不仅是一项公民义务，还带有一点消遣游戏的性质。在这一点上，社会山的士绅化同二十年前苏珊·玛丽·艾尔索普引领的华盛顿特区乔治城改造（Dowd，1993）有异曲同工之妙，而不仅仅是它帮助启动了这一进程。依靠雄厚的公共资金和私人资本，社会山蓬勃发展，这里面的利润实在是
129 太丰厚了，越来越多的人觉得不能什么好事都让费城的那些贵族家庭占了，因此，华盛顿广场东区2号单元和3号单元的改造工作也正式启动了。

社会山融资渠道

除了扮演政府和开发商的角色外，费城老城开发公司带头努力说

服费城的银行和其他金融机构，改变它们拒绝对社会山地区提供贷款的传统态度。这些机构提供抵押贷款和房屋建设融资，对这一地区逐栋进行再投资改造起了至关重要的作用，这一点在一份抵押贷款活动分析中看得很清楚（表6.1和表6.2）。这些数字指的是自住型和小型房东型开发商；也就是说，不包括如美国铝业公司这样的大型房东兼专业

表6.1　1954年、1959年和1962年费城社会山房屋抵押贷款来源

年份	储蓄和贷款机构	银行	保险公司	其他投资人	私人	身份不明	总计
1954	16	5	4	9	17	4	55
1959	29	6	3	0	15	2	55
1962	36	8	0	2	0	2	48

资料来源：阿尔伯特·M.格林菲尔德公司，1964：第3章。1962年数据是根据从1月到6月的半年数据。

表6.2　从1963年开始每三年进行一次的费城社会山房屋抵押贷款来源

年份	住宅与城市发展局/联邦住房管理局	联邦储蓄和贷款机构	储蓄和贷款机构	储蓄银行	保险公司	财务公司	储蓄基金	社区合作协会	私人	身份不明	总计
1963	0	12	6	8	0	0	0	1	1	51	79
1966	1	12	5	15	2	1	3	1	5	31	76
1969	4	11	1	7	3	2	4	0	3	21	56
1972	2	12	2	22	0	5	1	1	0	12	57
1975	1	9	5	16	3	6	3	4	4	10	61

资料来源：费城重建局华盛顿广场东部城市重建区1号、2号和3号单元档案，费城房地产目录。 130

开发商。

很明显，在社会山士绅化核心撤资和再投资的历史有四个阶段。当然，这些划分不是非常严格，在改造的演变过程中总有阶段是相互重叠的。

1952年以前。从第二次世界大战后开始一直到1952年以前的投资规模小而分散。房地产开发商阿尔伯特·M.格林菲尔德公司（1964：16—17）是这样说的：

> 这一区域的融资表现出高风险街区的所有特征：间接融资非常普遍；典型的传统抵押贷款占了50％至60％的比例；有大量的民间贷款、财务公司和抵押贷款机构专门从事高风险的放贷业务……投资者和投机者把房屋切分成一个个很小的不合格的公寓单元。

这一时期所说的“投资”是一种委婉说法。喜欢高风险的投资者、较低的抵押贷款比率（贷款占购买价格的比例）、投机行为、房屋切分，林林总总让我们能够想象这一区域撤资的经典景象。几乎没有任何资本是有成效地投入到社会山街区的。规模更大也更稳定的贷款机构（包括政府），正忙于提供低风险高利润的郊区抵押贷款，甚至向国外提供贷款。金融机构拒绝放贷资金用于生产性投资，更不用说普通的房屋买卖，随着建筑环境中物化的现有资本进一步贬值，这一区域的“贫民窟”形象就树立起来了。

1952—1959年。大费城运动组织在1952年成立，受到了广泛宣
131 传，所以它对社会山的关注也开始激起人们对该地区投资潜力的兴趣。

照片6.5　费城士绅化改造前建于18世纪的住房（图片来自坦普尔大学城市档案馆） 132

照片6.6　1965年费城第二街和松树街角改建完成的建筑(图片来自坦普尔大学城市档案馆)

1954年，如表6.1所示，三分之一的抵押贷款是来自私人渠道。私人抵押贷款可以看作富裕的购房者不受抵押贷款约束的迹象，但由于“回归社会山”运动还没有开展，也由于投机盛行，而后者的可能性更大。在无抵押贷款情况下另外购买的17栋房屋(Greenfield and Co.，1964：45)则进一步说明，上层谈话透露出来的乐观消息刺激了规模虽小但势头强劲的投机行为。到1959年投机性买入和卖出仍然很明显，但储蓄和贷款机构逐渐增多，规模较小、风险较高的贷款人逐渐减少，说明中等规模的机构在放宽对社会山的政策。虽然大费城运动组织以公益为名刺激了投机行为，但它并没有说服大银行进入市场，也没有形成生产性资本的大量投资。银行家希望看到的是政府行动，而不是听他们说了什么。直到政府重建计划在1959年底开始实施，大规模的资金才再次进入社会山街区。

1960—1965年。一旦重建计划开始实施，以及英格索尔表态所具有的象征意义在统治阶级中产生了共鸣，最大的机构（尤其是银行及联邦储蓄和贷款机构）没花多少时间就实现了房屋抵押贷款的垄断。同时，高风险机构推出的房屋抵押贷款所占比例下降，它们被迫转移到其他地方。投机资金也大幅减少；毫无疑问，大部分原因是1959年重建局接管了社会山改造后，对修复改建进行了严格控制。到1963年，以抵押贷款形式流入社会山的资金主要是用于建筑改建修复的生产性资本。133
因此，在1号单元抵押贷款率超过了200%，这说明了修复重建的剧烈程度；修复物业的平均成本为1.3124万美元，而这些物业的平均抵押贷款是2.67万美元。一般按揭购房的银行贷款是销售价格的80%到90%。这样，银行给了社会山士绅化者一个虚拟的信用额度。到1965年，重建区域的三个单元都已开展了这项工作。

1966—1976年。在这一最终阶段，商业和储蓄银行成为房贷的最大单一来源。房地产投资信托基金所发挥的作用日益重要，而其中许多是大型银行的“附属机构”，受此影响，这些银行的优势远远不是数据能够显现的。在表6.2中，它们被归于“金融公司”类下。社会山已经成为一个主要的投资机会，而其开发现在由规模最大、历史最悠久、通常也是最保守的金融机构引导。它们在维持这一时期的发展方面所起的作用举足轻重，就像1959年之前它们对这一地区欠发展所起的作用一样。第四个时期的抵押贷款往往超过5万美元，风险低，竞争激烈，这也许可以解释为什么各种小型机构在市场的空隙再次出现。但是，这些小型机构的出现并没有严重威胁到大型机构的垄断地位，而它们的出现也许可以解释为之前就存在的与这些小型机构之间个人联系的结果，而不是政策的结果。这些贷款利率低得不可思议的事实足以支持这种解释。

因此，到了60年代中期，大型金融机构已经取代政府成为社会山士绅化背后的主要经济和政治动力。这正是它们所期望的。在1966年，抵押贷款比例已经下降到142%，这表明尽管大部分生产性资本仍然流向社会山的翻修重建项目，但这个过程已经见顶。随着1号单元接近完工，2号和3号单元的改建吸引了越来越多的生产性资本。1号单元的按揭贷款比例在1972年下降到116%，到1975年降到了54%，这表明这一时期的购房者足够富裕，有能力支付基本上改建好的昂贵房屋的首付。到1975年，1号单元工程里的平均按揭贷款是4.6573万美元，平均房价是8.6892万美元。改建计划基本完成，规划者们享受着职业声望提升而带来的温暖，居民躺在椅子上享受着联邦主义者时期的富裕生活，抵押贷款不再给建设融资，开始资助个人消费。

阶级、社会背景与历史

社会山的故事，尽管它的支持者无一例外地强调在许多方面都是独一无二的，但和其他的士绅化经验也有很多共同之处。在社会方面，
134 其概念实际上最早是源自贵族，主要是费城的白人精英在客厅、在绅士俱乐部、在会议室制定出来的。作为一种贵族责任感和本阶级私利的体现，社会山改造让人回想起第二次世界大战前最早的士绅化改造模式，例如纽约、波士顿或华盛顿的“最好社会”试验。但不管是华盛顿的乔治城、波士顿的灯塔山，还是费城的社会山改造项目，都不可能仅仅只是一个上流社会保护区。毕竟费城老城的白人家族还没有多到能够占据整个社会山街区的程度，更别提什么改造整个城市了，所以很快

中上层阶级和专业人士也开始被吸纳进来，虽然他们的进入在某些地方可能会让贵族家族叹息不已，但至少他们有钱来完成这项工作。到了70年代，贵族的况味可能只有在高门大户挂着水晶吊灯的客厅中还能感受得到，对这些人来说，士绅化既是公民义务也是玩耍游戏。但是在70年代，随着房地产行业的利润和街区对旅游者的吸引不断增强，新贵们占据了社会山。贵族业主同富有的公寓房客比邻而居；到了80年代，一批雅皮士拥入，完全改变了这些街区的基调。拜其成功所赐，社会山街区本就不多的几家古色古香的酒吧和餐馆到了晚上更是人头攒动，70年代的公民精神与其说是针对那些被废弃的建筑物，不如说是周六晚上普通游客参观游玩时发出的喧嚣鼓噪。

社会山在另一个方面又是很了不起的。虽然美国和英国的很多士绅化改造项目都享有这种或那种的政府补贴，但是像社会山项目这样组织严密、编制严格的补贴机制在早期还是很罕见的。当然可以说金融资本从来没有远离过决策中心，而大费城运动组织和费城老城开发公司这些组织机构很像压力集团，通过运作操纵地方和联邦提案，让私人市场经营者获得修复重建的补贴，几乎不用承担什么风险。在制度方面，社会山采用分散管理方式，似乎像是70年代末和80年代如雨后春笋般出现的各种大型市区重建计划的原型，如巴尔的摩港湾的劳斯商场、旧金山的渔人码头（或者说费城美术馆），或是悉尼的达令港或伦敦码头区。事实上，在70年代社会山就建立了自己的小型商业拱廊区。虽然方式不同，但上述例子都是在中央和/或当地政府、公共和私营开发机构、商业压力集团和国际开发资本间结成了类似的联盟。当然，也不能过分强调彼此之间的相似之处：劳斯项目在70年代末已经变得泯然众人了；而码头区的重建规模和私有化控制程度都是空前的（A. Smith，1989；Crilley，1993），然后就破产了（见Fainstein，1994）。从另一角度来看，如果说社会山项目代表了在美国政府利益和私人利益之间的联系比欧洲（至少是直到最近以前）更加激烈的话，那么社会山的经验实际上也与阿姆斯特丹的经验形成了鲜明的对照；在阿姆斯特丹，至少是在20世纪80年代以前，政府对市场的调控明显阻碍了大规模的士绅化改造（见第八章）。

同许多国家的市区和内城士绅化改造一样，在社会山，金融资本在70年代初的房地产市场中大获成功。这些日益全球化和多元化的
135 金融机构，过去几十年间通过拒绝提供贷款和住房融资让这些街区房屋贬值。在工业、消费和其他行业投资日益疲软的情况下，它们寻找替代产品，进入房地产行业，将前所未有的大量资金一股脑地倾泻进中心城区开发。在美国，这种行为让士绅化不仅面临与郊区的直接竞争，也和阳光地带城市、欧洲、第三世界国家产生了竞争关系。相比之下，在英国，对资本的竞争就没那么广泛，因为抵押贷款一般来自一个专门的资本部门，历来受到其他金融交易的限制。同样，英国的士绅化运动始于20世纪50年代，很少得到政府支持，基本上没有像大费城运动这样实力雄厚的私营组织推动；只是到了后来，人们越发关注内城撤资现象，中央政府才开始提供各种修缮补助计划（Hamnett，1973）来鼓励开展士绅化改造，并且直到80年代才有像码头区改建这样的大型计划出现。英国的建房互助协会很少像美国同行那样完全从内城住房市场上撤出。因此，在士绅化的早期阶段，美国政府更积极地参与，既说明了在美国资本和政府之间的关系更具工具性，也说明了撤资的深度。

所以，在美国的社会背景下，把社会山看作过渡性的项目是有道理的。战后城市重建的立法，特别是1949年和1954年的《住宅法》，主要是希望通过住房改造重建振兴中心城区的经济。在这方面，社会山项目绝对是成功的。社会山项目体现出如此高水平的政府控制和补贴，首先表明了“重建”的可能性，并且也吸收了所涉及的经济风险。但是，尽管立法者和开发商雄心勃勃，这个阶段的士绅化大体上仍是住房市场的一组特定过程，多多少少享受着政府的支持。不过，在70年代初发生的两件事情改变了这种状况。第一，媒体大肆宣传像社会山这样的项目在财政上取得了成功，其他开发商受此鼓励，纷纷投资对老旧工人阶级小区的改造重建，却没有获得多少政府补贴的好处，也没有政府出面揽下所有风险。换句话说，他们得通过自由市场采取各种手段争取最大化利用租金差距。

第二，士绅化不再是房地产市场相对孤立的过程，而是越来越多地与更广泛的城市转型联系在一起。这种转型是在20世纪60年代的政治动荡和70年代前半段的全球经济衰退之后出现的。不仅是住房，还有就业模式、性别和阶级的社会关系，城市空间的功能划分都正在重构转型，士绅化成为这一更大进程的一部分。这意味着士绅化能更加便利地获取全球（或至少非本地）的资本，也意味着它要面对全新的住房消费人群。社会山士绅化改造中的绅士气派，曾经哪怕是最忠实的支持者的盛赞之辞也无法尽述，现在却真正淹没在时代浪潮中了。社会山广受欢迎，就像一块磁铁，以它为中心，士绅化向南蔓延到费城南区和佩恩码头（Macdonald，1993），向西扩展到了里腾豪斯广场。 136

所以，成功在社会山似乎无处不在，房屋立面翻修整齐得体，同样整洁得体的还有参与项目的个人和企业的分类账簿。在社会山精致的历史建筑中，在那些著名历史建筑的铭牌上，是看不到这种成功亮相所隐含着的矛盾性的，所有这一切都已抹掉了自己过去的痕迹。但在有关该地区的一些统计数据中可以发现这种矛盾性。到80年代，社会山的人口与1960年相比翻了一番，1980年时成年人口中63.8%有大学学历，相比之下，1950年只有3.8%；家庭收入中位数在1980年超过4.1万美元，整个区域的收入中位数是费城收入中位数的253%，而在1950年时这个数字是54%；中位房价已经涨到17.5万美元。社会山业主自住房屋的售价比全市平均水平高七倍多（Beauregard，1990）。

在深埋于故纸堆里的重建局文件中，也能发现社会山项目“成功”的矛盾性。首先，对整个城市来说，这次成功是非常合格的。士绅化得到广泛认可，认为它是对一座城市税收基础的一种增强，是一次可能带来更高房产税收益的“胜利”，从而增强城市的“经济活力”（Sternlieb & Hughes，1983）。这是人们认可社会山项目的主要理由之一。事实上，既然只有不到20%的社会山早期居民真的是从郊区回归的，而大部分是从城市的其他地方来的（见表3.1），那么对于该地区因士绅化而增加的房产税收入，从一开始人们就高估了其对城市财源的贡献，因为80%的士绅化者是已经付过城市税的。更不用说，这种增加在任何情况下都是微不足道的。1958年，社会山街区每年缴纳的房产税总额是60万美元，到1975年也不过170万美元（OPDC，1975）。由于这一增长有部分是因为城市税率也提高了，该项目一年真正带来的额外收入远低于100万美元。这种增加的大部分还可以归因于1975年之前的十七年间的通货膨胀。不管怎么计算，和同年费城15亿美元的财政预算相比，这种税收增长实在无足轻重。

这一地区较低的税收收入很有可能是因为社会山房屋评估价值

较低。虽然1号单元的房价在1963年至1975年间增长了500%，社会山的房屋总评估价值在这段时期甚至还没有翻番，只是从1958年的约1800万美元上升到1975年的近3200万美元。人们广泛认为，作为一个政治上强势的社区，社会山成功地人为压低了房屋的评估价值。因此，社会山的成功所付出的代价，似乎也让城市复兴的热闹陷入了停滞状态。社会山街区只是实现了自我振兴，已经住在那里的人不过是重新回来而已；就费城而言，充其量收支相抵。

社会山项目对于这里的新居民，对于其策划者，对于美国铝业公司来说是成功的，这一点无须赘言。但是，重建局的文件显示，为了方便士绅化改造的进行，从1959年开始大约有6000名社会山的居民被强制迁出。对这些人来说，社会山项目的成功远非合理。根据联邦法律毫不起眼的要求，重建局人员强制迁移了许多居民（大多是租客），只是 137
给了个临时通知，提供了有还不如没有的笑话一样的搬迁援助和补偿。对于被驱逐的人群，当然也没有完好的统计数据，但他们大多是贫穷的工人阶级，白人、黑人、拉丁裔都有。

实际上，社会山的确是为市区重建赚足了声誉，人们讽刺地称其为“黑人消除”项目。但是，这种“社会山的白人化”，借用一家本地报纸的说法，并非是波澜不惊的。非裔美国妇女声称自己和先人在这片街区已经住了超过百年，她们领导了这场反对强迫迁移的斗争。一个叫作“奥克塔维亚·希尔七人组”的团体——以正在驱逐她们的贵格会教徒占主导地位的房地产学会命名——成立了一个组织，为社会山士绅化改造中失去住房的家庭提供当地的住房。这个非营利性组织被称为贝尼泽特公司，以法国出生的废奴主义者安东尼·贝尼泽特的名字命名，早在18世纪他就在费城伦巴第和第六街建起美国第一所免费的黑人儿童学校。该组织提出把社会山边缘的一些空置土地用于建设住房，提供给那些生于斯长于斯却在士绅化过程中被驱离的人，而这些房屋将由贝尼泽特公司管理。到1972年，社会山原初的贵族精神已经萎缩得十分厉害，成为随后的士绅化斗争的背景。这个提议招致了当地居民出自本能的反对。一批搬入街区的年轻白人资产阶级坚持认为，贝尼泽特计划不过是另一名义的“公屋”。“我想知道，”一位新搬入街区的人说，“这些人凭哪点说自己的根在这里？如果你没有房子，你就没有根。他们种下了什么？把脚插进地里？我跟你说，我们要斗争到底。”（Brown，1973）

奥克塔维亚·希尔协会拥有该栋有争议的房屋，在1973年提出将剩下的几个家庭搬到费城西区。“我终于弄明白了白人们看黑人都一样，”奥克塔维亚·希尔七人组的多特·米勒回应道：

> （他们）什么也看不见，就像丢包袱一样把我们丢到贫民窟，因为他们说，“你们是黑人，你们在这里最合适”，或者类似的话。嘿，我跟你说，我不知道该怎样“黑人”地活着，我只知道如何活着，就是这样。这个区域一直是平等相待的，我们也被教育要把人当人。这是我的家，我要留下来。（Brown，1973）

多特·米勒和奥克塔维亚·希尔七人组最终被赶出了家园。“市场”是白人团体进行对抗并最终取得胜利的主要武器。

同是这片街区，二百八十年前威廉·佩恩在此进行的“神圣试验”——“为这个国家树立起一个榜样”（Penn，引自Bronner，1962：6）——称其不仅是“好事”，而且是新事，必须进行，这很像1959年后社会山士绅化改造的前世。然而，佩恩试验成功背后的黑暗面表明，虽然社会山士绅化改造的一些细节对于那些能够从中获利者来说是全新且令人欣喜的，其造成的损失却让人想起以前的故事： 138

> 最勤劳的工人阶级在忍饥挨饿，而富人则在穷奢极侈地大肆消费，背后的基础是资本主义积累，这之间的紧密联系只有了解了经济规律才能发现。从另一个方面讲，这同“穷人的住房”是一样的。任何一个不带偏见的观察者都能发现生产资料越是集中，相应的劳动者就越是大量地聚集在一个固定的空间内；因此，资本主义积累速度越快，劳动人民的住房条件就越糟糕。随着财富的增长，拆除严重受损的房屋，建起宫殿般的银行和仓库，拓宽街道方便商人出行，方便奢侈品运输，方便引进电车，等等，通过这些方式进行城镇的“改善”，只会把穷人赶到更加糟糕、更加拥挤的藏身之地。（马克思，1967年版，第657页） 139

第七章
第二十二条军规：哈莱姆的士绅化？

> 白人变成了城市的先锋，他们就是另外一种拓荒者，胆子大，做起事情来毫无忌惮。接着，改造的前哨就推进到了这里。他们按下按钮，该死的警察就像这样出现在那里……当然，他们的确带来了些东西，公园、良好的交通，公交车从这儿经过。他们占据了像这样的房屋。他们打算在哈莱姆做的就是让它不再是哈莱姆。（哈罗德 · 华莱士，哈莱姆居民）[1]

如果说士绅化最开始是一个发生在北美、欧洲和澳大利亚各大城市特定街区住房市场的相对独立的事件，到20世纪70年代后期（在一

1 依据哈罗德·华莱士在1989年环绕哈莱姆部分中心区参观时的评论。引用自莫妮克·米歇尔·泰勒的《安家于哈莱姆：黑人身份和哈莱姆的资产阶级士绅化》，该文为哈佛大学社会学系的博士论文，1991，第7页。

场全球经济衰退之后），它已成为越来越普遍、越来越尖锐、越来越系统的事件。对城市中产阶级住宅翻修重建进行再次投资，同影响广泛的经济、政治和社会转型保持同步，自70年代以来，这些转型已经从上至下系统地改变了城市各阶层的物理环境和文化经济地貌（Fainstein & Fainstein，1982；Kendig，1984；Williams，1984b；M.P.Smith，1984；N.Smith & Williams，1986；Beauregard，1989）。除了住宅翻修重建以外，这个过程往往还涉及其他城市功能，包括一部分专业技术服务、金融和生产性服务重新集中到市中心新建的写字楼群；商业的振兴（城市中心街区的“精品店化”），高档的娱乐文化设施（餐厅、绿叶酒吧、艺术画廊、迪斯科舞厅等），以及多功能、多用途的城市景观项目，如游艇码头和“旅游商场”（比如巴尔的摩的港湾或伦敦的圣凯瑟琳码头）。

哈莱姆成为士绅化改造的对象，直观地说明了20世纪70年代以来这一进程的意义在深化。位于纽约市曼哈顿北部的哈莱姆是黑人文化的主要象征（图7.1），在美国和国际上都享有盛誉，乍看起来，这里是根本不可能成为改造目标的。正如德国《明镜周刊》在讨论哈莱姆士绅化的一篇文章标题中说的那样：“哦，宝贝，妈的，怎么会这样？”（Kruger，1985）。哈莱姆在公众心目中的形象是多样、强烈且激起人们共鸣的，同黑人身份的许多定义高度重叠。这里是哈莱姆文艺复兴的哈莱姆（Anderson，1982；Baker，1987；Bontemps，1972；Huggins，1971；Lewis，1981），也是60年代民权运动时期马尔科姆·艾克斯、黑人力量 140
运动、黑豹党徒们的哈莱姆。这里是贫民区的哈莱姆，每天有超过10万的穷人、工人阶级和黑人居住在此地的哈莱姆；这里是作为社区的哈莱姆，这座种族主义的避难所急需各种服务；这里还是房屋失修、房

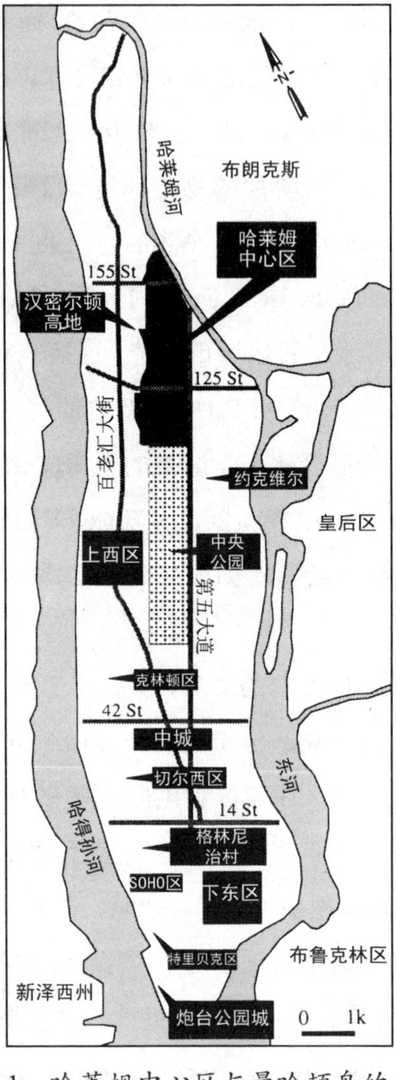

图 7.1　哈莱姆中心区与曼哈顿岛的关系

141 东犯罪、社会剥夺、街头犯罪、警察暴力、贩毒吸毒等各种景观荟萃的哈莱姆。哈莱姆是避风港；哈莱姆是地狱（Taylor，1991）。对当地居民来说，后者是真实得不能再真实的场景，媒体对哈莱姆的这一面几乎天天报道，又放大了种族主义者对各种威胁或外来危险的成见。

哈莱姆位于中央公园北边，19世纪最后几十年这片区域开始修建的时候，它被作为一个中产阶级和工人阶级混居的街区，在南北向的大道两旁通常是五六层高的公寓房，而在横街则分布着联排别墅和高档的褐石房屋。这些住房大多数建造于1873至1878年经济衰退之后兴起的建设热潮，或是在世纪之交的后期建设阶段。曼哈顿不断扩大，从1878年开始恢复的建设热潮涌向北边，同时一条高架铁路也通向最近刚并入曼哈顿的哈莱姆。接下来的十五年间，当代哈莱姆最大的一部分区域，在当时的定位是市中心的时髦中产阶级郊区；房屋建设大部分是在19世纪90年代后期到1904年的一个经济小高潮期间完成的。1905年经济再次陷入衰退，虽然没有19世纪70年代和90年代的衰退那么严重，但是对哈莱姆的影响却更加糟糕："低潮在1904至1905年间不可避免地到来。投机者后来伤心地意识到，在这段时间实在是修了太多的房子"，造成的过剩导致了大量的房屋空置；"金融机构不再给哈莱姆投机者和建筑公司提供贷款，许多借贷人只得断供停贷"。历史学家吉尔伯特·奥索夫斯基在《纽约时代》中如是总结道，哈莱姆的大部分区域"庄重地沉入价值贬值的汪洋大海"（1971：90—91）。

面对着哈莱姆即将成为一片废墟的境地，无数白人房东、业主和房地产公司采取了前所未有的（对他们来说，也是不顾一切的）行动，向黑人租户和购房者敞开了他们新建成公寓和住宅的大门。这些举措有时是通过黑人拥有的房地产中介机构和公司进行的。这种情况发生时，恰好是如滕德莱恩区这样的传统黑人社区，由于大批黑人从南方迁来而大大超出其既定边界开始扩张的时候。黑人又是出了名的租住空间少、支付租金高，这就不仅导致房东将当初给白人中产阶级修建的房屋统统分成更小的隔间，而且导致1905年开始的撤资趋势不断加深（Osofsky，1971：92）。白人房地产中介和业主采取了一种欺诈行为，可以看成是20世纪60年代人尽皆知的房产欺诈行为的前身，他们利用白人种族主义者对“黑人大量拥入”的恐惧心理，诱使他们以较低的价格出售房屋，然后转手高价卖给或租给黑人，理由是他们搬进的是一个独一无二的中产阶级郊区。

随着白人中产阶级不断搬到郊区，南方来的黑人移民速度在第一次世界大战期间不断加快，哈莱姆的人口中黑人数量越来越多，到了20世纪20年代，哈莱姆文艺复兴让这片区域正式成为黑人文化的最前沿。在第一次世界大战开始时，哈莱姆其实已经基本停建新房屋了，但是到了大萧条时期，房屋市场的撤资变得更加严重。除了一些由政府
142 部分或全部出资兴建的公共项目（主要是在50年代和60年代）以外，哈莱姆在20世纪80年代以前几乎没有什么像样的私人再投资，而集中在该地区的人口绝大多数是穷人和工人阶级。哈莱姆在60年代再次成为国际头条新闻的时候，它已经变成了一个贫民窟，而且迅速成为美国最臭名昭著的剥削黑人的标志。

当初搬进哈莱姆的黑人居民——中产阶级和工人阶级——很大程度上挽救了过度开发的白人房东、投机者和建设者。反过来，回报这些居民及其子辈孙辈的是九十年来资本持续地从哈莱姆房屋市场撤离。

虽然哈莱姆街区撤资和衰落的历史，在许多方面都是其他面临士绅化的街区的典型，但是在某些方面哈莱姆又是非典型的。最重要的一点是，哈莱姆是一个黑人街区；在20世纪80年代和90年代期间，根据人口普查，哈莱姆中心地区的居民只有4%至7%不是黑人。士绅化在美国无疑导致了黑人和其他少数族裔的流离失所，但因为许多城

市的黑人社区在早些时候就是市区重建的目标，也因为白人中产阶级士绅化者一般也不大介怀搬进白人工人阶级聚居的社区，最早受士绅化影响的街区，大部分都是白人街区或者至少是白人和其他族裔混居的地区。除了少数例外情况，主要由黑人构成的社区通常被视为难以进行士绅化改造的。比较明显的例外有华盛顿特区的国会山（Gale，1977），从20世纪60年代中期起这里就已经经历了士绅化。在英国，有人可能会指出，虽然布里克斯顿一直都有大量的白人居住，这一点的确不像哈莱姆，但是其撤资及英国黑人和加勒比裔英国人的贫民窟化历史却很近似于哈莱姆。在80年代，用一位作家的话来说，布里克斯顿开始“从暴乱肆虐的战场向士绅化的游乐场”转化（Grant，1990）。

哈莱姆的另一个重要特性是它的大小。哈莱姆比国会山或布里克斯顿大得多，总人口有30多万，占地约4平方英里。在中产阶级（尤其是白人中产阶级）眼中，哈莱姆具有高度的威胁性，这里的住房市场普遍低迷，紧密结合的社会身份和政治身份，是纽约市士绅化一个具有挑战性的障碍。另一方面，哈莱姆的地理位置——它就位于中央公园的北边，“坐上地铁A线到中城只有两站”（Wiseman，1981）——对于发起士绅化改造的开发商来说又孕育着大量商机。这也就难怪，尽管有这么多的危险，一方面，哈莱姆一直被看作士绅化进程的最佳试验；而另一方面，对哈莱姆的居民来说，士绅化又被看作一个巨大的威胁。哈莱姆的房屋租金远低于曼哈顿市场水平，又拥有代替私人及公共供应的社区支持系统，他们要靠这些才能生存。

所以，在80年代初，哈莱姆受到士绅化影响主要是因为两个典型特征：一方面，它的位置挨着世界上租金最高的地区之一；另一方面，尽管 143

非常近，但是整个20世纪的大多数时候，资金从哈莱姆持续撤离导致其租金和土地价值低得可怜。从中城到哈莱姆两站地铁这2.5英里的距离，代表了20世纪80年代人们能够想象的最陡峭的租金梯度。

但是，哈莱姆初期的士绅化也要放在广泛开发的背景下考虑。在70年代，纽约市人口损失巨大，1971年高峰时期人口近800万，到1980年已下降到刚过700万。曼哈顿也遵循了这一趋势，十年间人口从154万下降到143万，但同期曼哈顿的家庭数量却增长了2.5％（Stegman, 1982）。伴随着这种家庭数量的增长，士绅化过程——虽然之前也是显而易见的——在70年代后期，特别是在1973至1975年的经济萧条和同期笼罩纽约市的财政危机之后，得到了蓬勃发展。在70年代末私人以及公共领域经济危机解除之后，一股重新投资热潮不仅席卷了住宅开发市场，而且激起了前所未有的新建办公建筑热潮，其代表作也许是炮台公园的环球金融中心。正是在这个时候，纽约市的经济转型——成为越来越重要的全球经济金融控制中心——为其以及其他几座城市赢得了“世界城市”的美誉。

因此，尽管在70年代期间全市范围内人口持续减少，但是根据1980年的人口普查数据，士绅化在人口普查区域首次显示出强劲增长。查尔（1984）记录了纽约市的这一过程[2]。从地理上看，士绅化集中在曼

2　查尔实际上低估了资产阶级士绅化的程度。他使用了大量累积的城市范围数据，但不能展现任何郊区化趋势的逆转（至少到1980年时），因此他淡化了资产阶级士绅化的程度。事实上，如果考察人均收入而不是家庭收入的变化，同时考察空间相邻组的普查数据及其内部变化，将发现一个更清晰的资产阶级士绅化图景。在这方面，1980年人口普查的最重要方面，即是资产阶级士绅化在人口普查路径层面首次出现。这是明显的证据：通过绘制曼哈顿人均收入和平均合同租金上涨的空间分布，可见这些数据在曼哈顿岛南部和西部地区的戏剧性上升。研究结果表明了自1970年以来这一过程惊人的传播和扩展。参见马尔库塞（1986）。

哈顿的南部和西部地区：SOHO区、特里贝克区、下东区、切尔西区、克林顿区和上西区，都经历了相当大程度的旧有建筑存量翻新改建（图7.1）。这也影响到外围的几个街区，尤其是在布鲁克林区，以及邻近的新泽西州如霍博肯这样的城镇。

曼哈顿中城附近区域大量兴起修复重建的项目，住房成本和租金水平快速上升，在80年代初纽约全市范围内的房屋空置率极低，大约只有2%，正是在这种背景下是否对哈莱姆进行士绅化改造激起了哈莱姆居民、城市规划师和城市机构的热烈讨论。到70年代末的时候，哈莱姆是曼哈顿面积最大的工人阶级住宅区，几乎没有任何士绅化的迹象。

所以，本章大致有如下几个目的。首先，除了对这个拥有国际声誉的城市区域进行案例研究以外——哈莱姆的士绅化也确实是一个重大事件——本章也试图真实记录下这一过程的开始，为评估它的未来发展趋势打下基础。许多研究者，有部分原因是怀疑过去的士绅化趋势将发生逆转，所以都倾向于研究士绅化已是既定事实的街区。但是，即使这一过程截断或停止，研究士绅化的起源也是非常有用的。其次，本章一个更大的目的是期望弄清楚有关士绅化起因和意义的讨论。一般来说，大家都一致认为哈莱姆很难成为士绅化改 144
造的目标；但是士绅化就是在这里发生了，我们应该更倾向于把士绅化看作一个尖刻而长期的普遍过程。如果士绅化是暂时的、小规模的，为什么开发商和搬入的居民要在哈莱姆长期投资，而不是投资到社会和经济风险较小的其他社区呢？最后，哈莱姆的士绅化过程对当地居民可能产生的影响也许比其他许多街区更为明显，而这也将是讨论的主题。

描绘哈莱姆士绅化的起源

曼哈顿中央公园以北绵延两英里的这片区域就是哈莱姆。靠东城方向哈莱姆向南延伸至第96街，而靠西城方向哈莱姆的南界则延伸至第125街。一般来说，哈莱姆包括曼哈顿的第10区、第11区居民社区以及第9区的一部分。70年代末和80年代初，在第96街上东段开始了新建房屋和旧房改造，而在西段，尤其是在汉密尔顿高地和糖山区也开始了旧房改造。哈莱姆西边毗邻哥伦比亚大学（“晨边高地”），这一区域在20世纪大部分时间是受到高度保护的白人飞地。哈莱姆的中心地带是第110街和中央公园正北的核心区域。如果哈莱姆中心区没有进行士绅化改造，那么在周边区域进行的旧房改造和房屋新建也就没什么意义。有关士绅化的早期媒体报道大多集中在哈莱姆东边和西边，很少有关于中心区域改造活动的报道（Lee，1981；Daniels，1982；Hampson，1982）。由第10社区委员会负责的哈莱姆核心区域因此成为关键的战场。这片区域南至第110街，北至第155街，东边是第五大道，西边是晨边高地和圣尼古拉斯公园。

表7.1提供了1980年士绅化改造前哈莱姆中心区的统计数据。通过与曼哈顿的比较，可以看出哈莱姆和曼哈顿的其他部分之间在社会、物质和经济方面的对比。这张统计图清楚地再次肯定了对哈莱姆中心区的流行看法：这里的居民主要是穷人、工人阶级和黑人；不过统计图也表明，在70年代这十年的前士绅化期间，哈莱姆中心区的人口减少了三分之一。哈莱姆中心区确实有中产阶级居住，但人数非常少；大学毕业生的比例非常低，高收入家庭数量极少。租金中位数比曼哈顿的平均水平低25%，有62%的房屋是公共所有、公家经营或者政府补贴

145

表7.1　纽约哈莱姆中心区的人口统计(1980)

	哈莱姆中心区	曼哈顿
黑人人口百分比	96.1	21.7
人均收入(美元)	4308	10992
高收入家庭百分比(超过5万美元)	0.5	8.4
低收入家庭百分比(不足1万美元)	65.5	37.4
大学毕业生百分比 (受过四年及以上大学教育的成年人)	5.2	33.2
合约租金中位数(美元/月)	149	198
专业人士、经理人员和相关职位人员百分比	15.9	41.7
每年私人房产交易率(1980—1983)	3.3	5.0
1970—1980年人口变化(%)	−33.6	−7.2
废弃房屋百分比	24.2	5.3

数据来源：美国商务部，1972，1983；纽约市城市规划局，1981；纽约市房产局，1985。

的。所有房屋中有四分之一是被废弃的，房屋条件极差，从历史上看私人房屋市场一直以来都很疲软。与曼哈顿其他地区形成的对比简直没办法再鲜明一些了。

其他的人口普查数据表明，整个曼哈顿区的人均收入在70年代增长了105.2%(未考虑通货膨胀的修正)，整个纽约市增长了96.5%，而哈莱姆的增幅只有77.8%，比这十年的通胀率低大约20个百分点。家庭收入下降更为明显。在70年代，哈莱姆中心区的居民不仅相对生活水平下降，而且绝对生活水平也在下降。因此，在房屋成本方面，合约租金中位数上涨了113%，超过收入增长35个百分点。相比之下，曼哈 146

顿和纽约市的租金中位数上涨（分别是141%和125%）比哈莱姆要高（美国商务部，1972，1983）。整个70年代，哈莱姆中心区的特点就是社会经济和房产经济持续性地严重衰退。

但是，在这一整体概述里面仍然存在相当大的社会和地理差异，经济衰退的趋势并不具有普遍性。把人口普查区域范围内的数据进行一下分析，可以看到在某些领域明显呈现出相反的趋势。由于士绅化涉及社会阶层和住宅存量的共生变化，据此可以提出一个有力的观点，考虑到美国人口普查数据中可以使用的指标，士绅化最敏感的指标将涉及收入和租金数据的组合。在哈莱姆中心区，尽管总体上看出现了经济衰退，但是在27个人口普查区域中有9个区域的人均收入增长高于全市平均水平。如果我们转向租金指标就会发现，还是在几乎相同的区域，租金升幅也普遍高于当地平均水平，表明了住房市场的变化，以及居民的社会和经济构成的变化。

把这些经济增长的地区标注出来，可以明显看出一个空间格局。在士绅化的情况下，这种格局是可以预料得到的，因为士绅化过程，至少在开始阶段，趋于紧密集中在特定街区。有两个走廊区域的收入上升得更快，一个在哈莱姆中心区的西边，另一个在东边。租金增幅高于平均水平的还是这两个走廊地带。但我们怎么知道这个格局是士绅化造成的，而不是其他过程造成的呢？在仔细检查人口普查区域的情况之后，似乎士绅化可能同时发生在西区和东区走廊这一想法是站不住脚的。从第126街到第139街的东区走廊，主要包括一个为中等偏下和低收入者提供住房的城市重建项目（莱诺克斯台地），以及几条公寓和联排别墅严重失修的街道。很难找出这里收入增长高于平均水平的
147 明显原因。不过有一点至少是可能的原因，那就是从1971年起就有大

照片7.1　1985年曼哈顿大街上修复的哈莱姆褐石公寓

量文职人员集中到新建的哈莱姆州立办公大厦上班(就在第125街南边),由此对哈莱姆这一地带产生了带动作用。在80年代初期,这里没有重大的房屋改造或重建项目开工的迹象,所以怀疑这一区域是否应该出现在哈莱姆士绅化的地图上还是有道理的。不过,东区走廊的其余地块,马库斯·加维公园以南的这片区域,可能正在经历士绅化过程的开始。这里的一些联排别墅翻修改造工程广为人知，而且该地区也成为纽约市公开拍卖市属物业的目标。不过，这里的士绅化过程充其量只是处于婴儿学步阶段。

但是，在西区走廊，我们有更扎实的证据证明士绅化已经开始。收
148 入和租金增长高于平均水平，尤其是在上述的第126街，与之相符的是高收入家庭数量增加，只是专业人士和大学毕业生占比增加不是那么明显。这一点特别令人惊讶，因为西区走廊就挨着纽约城市大学，大家都觉得城大应该为士绅化进程贡献大量的毕业生和“专业人士”。尽管如此，普查数据表明了到1980年士绅化是真有可能发生在这一区域的。不过，要进行更准确的分析，我们需要考察更多的数据，特别是关于住房市场的数据。

仔细检查一下80年代初的住房市场数据，我们能够更详实地了解士绅化的发生情况。1980年至1984年间，哈莱姆中心区的住房市场发展趋势不明，这些在图7.2中有所表示，包括私人住宅的销售量和销售值数据图表（纽约房产局，1985）。虽然销量在1980年时与70年代几乎持平，但是在1981年后随着80年代初的经济衰退销售量出现了明显下降，并且在1983年价格也出现了下降。毫无疑问，这些下降代表了国内国际趋势在本地的表现；就美国全国而言，住宅销售量在1982年比前一年下降了17.5%，而价格也在全国多地出现了十多年来的首次下跌（“房屋销售低迷……”，1983）。但第二个重要的趋势也很明显。虽然，销售量在1983年经济衰退结束后没有明显起色，价格却在1984年大幅上涨，这反映出虽然潜在投资者还存在着观望态度，但房地产经纪人、政府官员和本地居民普遍认为市场已经大幅升温；1984年以后投机性投资增加，但在开始的时候往往是小投资者进入，大投资者还没怎么

涉足。

与人口普查结果一样，这片区域的整体销售数据并不能展示出市场的全貌。如果我们将私人住宅的成交率作为住房市场活动的一个指标，那么80年代初这里每年3.3%的整体成交率（表7.1）表明，与整个曼哈顿5%的成交率相比，这片区域的房产市场发展仍很迟缓。这是不出 149
所料的。然而，成交率的地理分布高度不均衡。私人售房比率最高的出现在西区走廊及其周围，从普查数据上来看，这片区域是可能出现士绅化的。此外，很明显，在最活跃的区域，每年成交率超过7%，明显高于整个曼哈顿的平均水平。这种房地产市场活动增加的迹象与先前的结果一致。哈莱姆城市开发公司（HUDC）早在1982年就在一份报告中总结道：1978年后在圣尼古拉斯大道西南的三角形区域内出现了销售活动大幅增加的情况（HUDC，1982）。随后的报告也得出了类似的

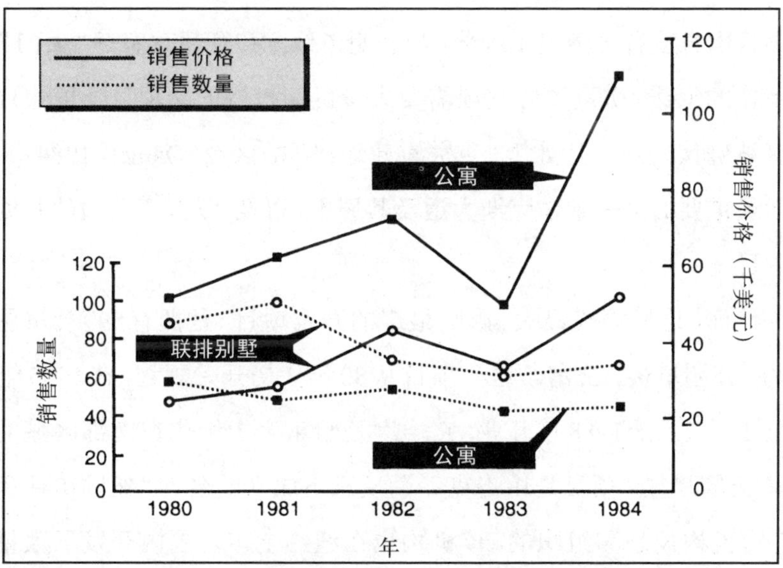

图7.2　1980—1984年哈莱姆私人住宅销售数量与销售价格

结论（AKRF，1982）。1984年的全年数据表明，这一趋势在整个西区走廊长期来看也是加强的。私人住宅市场恰恰表现出与士绅化相关的剧
150 烈活动的迹象。

虽然西区走廊是作为正在经历社会构成和住房市场最显著变化的区域出现，哈莱姆中心区还有另外两处地方也已经开始进行房屋的重建改造。一处是被称为“哈莱姆大门”的区域，在80年代初这一官方命名生动地表明联邦和地方机构对这一区域的愿望和意愿。横跨哈莱姆中心区的南边，在第110街和第112街之间的“大门”区域，其主要财富就在于它南边的中央公园。1979年，这一区域被住房与城市发展部（HUD）指定为街区战略地区，意味着它是住房和城市发展部开发计划的主要目标，而且也是哈莱姆城市开发公司和纽约其他机构的规划目标。到1982年，在这一地区至少活跃着五个按照《住宅法》第八条为中低收入者提供住房的联邦项目，涉及近450套住房的翻修改造。虽然这些项目本身没有刺激出士绅化，却表明了地方和联邦政府对“大门”区域所作的承诺，引进了好几项需要大量民间投资的新项目。很快这片街区被确认为是一片处于“重大重建边缘”的区域（Daniel，1984）。这里面最重要的是在莱诺克斯大道及其周围，以及“大门”西边的几处公寓项目。

然而，这里规模最大、影响最广的开发项目，是拥有599套房屋单元的“公园塔楼”公寓。这一项目从80年代初开始规划，在1985年10月破土动工，于1988年开业，它一度是哈莱姆士绅化在南部区域的标志。“公园塔楼”项目是由洛克菲勒授意下成立的名为“纽约市住房伙伴”的机构规划和组织的，该机构也在纽约全市范围内开发了大量住房项目，既有市场利率住房，也有联邦补贴房屋。项目建设是由美国一

家主要的城市开发公司格里克组织并负责实施的。“公园塔楼”项目意义深远：它极大地改变了哈莱姆中心区的地理、社会和经济景观。从地理上看，这一公寓项目包括两栋20层高的塔楼（和其他几栋较矮一 151
些的楼房），围绕着哈莱姆中心区西南边上的“弗雷德里克·道格拉斯圈”。这些建筑直插天际，除了一英里外的哈莱姆州立办公大楼外，周围没有比它们更高的建筑。在财务方面，它同样不凡。在1985年的夏天，纽约市收到了600万美元的联邦城市开发行动拨款，对该公寓项目进行补贴，化学银行也前所未有地给该项目提供了一笔4700万美元的建设贷款（Oser，1985）。这是迄今为止哈莱姆几十年来收到的最大规模的私人住宅投资；化学银行的贷款数额是1982年进入整个哈莱姆中心区的所有私人房屋抵押贷款总额的八倍左右。在这一开发项目中，既可以看到过去拒绝给哈莱姆提供贷款的严重程度，也能够看到哈莱姆未来士绅化的潜力。“公园塔楼”项目的预计总成本超过7000万美元。

在社会方面，20％的公寓房间被指定提供给中低收入的购房者（1986年收入低于3.4万美元者）；70％给中等收入者（1986年收入在3.4万至4.8万美元之间）；剩余的10％提供给收入超过4.8万美元的高收入业主。最便宜的公寓价格在6.9万美元到11万美元之间，而最昂贵的则达到34万美元（纽约市住房伙伴，1987）。不管以任何标准衡量，这一项目中即使最便宜的公寓也都超出了哈莱姆大多数居民的承受能力，这里的人均收入中位数只是3.4万美元的一个零头。

自20世纪80年代初以来的第二个活动集中区域，是在西区走廊外的马库斯·加维公园周围的区域。收入和租金的人口普查数据喜忧参半，在南边的区域增长高于平均水平，但紧邻公园的地块低于平均增幅。这片区域的房屋改造活动大多数是在1982年后开始的，当时纽约市对12套处于房产税取消赎回权程序的褐石物业进行密封及竞价拍
152 卖，其中的9套就在马库斯·加维公园附近。这被看成纽约市的一次试验，谁赢得了拍卖，谁就负责修复改建房屋。虽然拍卖之后的房屋改造

照片7.2　纽约市哈莱姆的“公园塔楼”公寓

通常完成得很慢[3]，纽约市政府仍然决心继续拍卖程序并扩大规模。马库斯·加维公园周围区域依然是该计划的重点，媒体在宣传哈莱姆即将进行士绅化的可能性时也不断强调这一点（Daniels，1983b；Coombs，1982）。1980年1月至1983年6月间，公园附近地块共有30栋联排别墅被出售给私人买家，数量在哈莱姆中心区排名第三。士绅化的其他体征也变得明显，比如新装上的红木大门以及别墅的喷砂外墙。 153

房地产市场不断升温，社会经济形势不断好转，哈莱姆中心区的西区走廊成为这片地区士绅化的标志。两种转变同时出现在哈莱姆不是偶然的。社会经济的变化表明，房地产市场的升温不只是炒作的结果——尽管炒作肯定是会发生的（Douglas，1986）——最有可能的是随着在80年代初物业价值激增开始的。相反的，房地产市场升温表明，西区走廊的社会经济变化同房屋升值联系在一起。还有重要的一点是，西区走廊在80年代初没有显著的种族变化，没有白人拥入。这一点表明，最早的修复改造活动代表着黑人士绅化的过程，而黑人正是泰勒（1991）强调的哈莱姆士绅化的阶级构成中所重点关注的人群。

然而，即使在西区走廊，士绅化改造在80年代中期也只是零星的，还不是普遍情况。通过强调这一过程还处于初步阶段，能够把哈莱姆中心区的销售数据与曼哈顿其他明显正在进行士绅化的区域的类似数据进行比较。虽然1980年至1984年五年间哈莱姆中心区一共有635处住宅物业交易（共计3000万美元，平均4.75万美元），但曼哈顿其他明确正在进行士绅化改造的区域交易活动水平要高得多。约克维尔位于

3　与罗伊·米勒的访谈，罗伊后来担任哈莱姆社区发展和社区保护办公室主任，1984年4月13日。

东哈莱姆和上东区东边交界处，1980年和1981年有121笔交易，共计1.061亿美元，平均价格是87.7万美元。第42街和第57街之间第八大道以西的克林顿区，同一时期售出142套，销售总额近4600万美元，平均销售价格约32.2万美元（AKRF，1982）。尽管考虑到不同区域不同的住宅存量，这些数据并不具有严格的可比性，但是这些比较表明，在哈莱姆部分地区的房地产市场虽然开始呈现出士绅化的迹象，但这种现象仍然处于一个相对较小的规模。另外，要记住这里使用的指标（如收入、租金）是基于1970年的基础水平，低于全市平均水平，物业的销售价格也低于全市平均水平，所以较大比例的增加——尤其是在西区
154 走廊这样的非常小的人口普查区域——并不一定意味着有大规模的士绅化活动发生。

考虑到哈莱姆中心区的核心地段代表着纽约市质量最为低劣、价值最为低廉的房屋市场，士绅化过程最早从边缘开始是完全可以预料到的。在某些情况下，比如西区走廊的北部是正在士绅化的区域（如汉密尔顿高地）溢出影响的结果——这种看法可能是合理的。然而，在其他地方，情况并非如此：在马库斯·加维公园周围区域没有任何其他正在士绅化的街区，在西区走廊的南部地区，晨边公园的岩层构造成为阻碍下方的哈莱姆和山坡上的哥伦比亚大学晨边高地之间进行社会经济交流的主要障碍。因此，这很难被认为是溢出效应。然而，从市场的角度来讲，抹平边缘区域的租金梯度要比从中心区域开始风险小得多，因为这些边缘区域较高的土地价值起着稳定经济的作用，因此正是边缘区域吸引了士绅化改造的最初注意。正如我们将在下面章节中看到的，这也是纽约市推出的哈莱姆重建战略。

发展势头、动力和约束因素

也许，决定哈莱姆中心区未来的最重要因素是联邦和地方政府的政策。纽约市的政策尤为重要，因为它是这一街区最大的房东，也因为它在80年代初启动了推动士绅化的战略。在哈莱姆中心区，60%以上的住房是政府所有或政府补贴的；在80年代初，纽约市拥有当地住宅存量的35%（其中大部分是因为止赎诉讼获得的），还有26.4%要么是公屋要么是有公共补贴的（表7.2）。在80年代中期，又一波断供停贷进一步降低了私人所有房屋的占比，降低至不足30%了。因此，城市战略对哈莱姆的命运举足轻重，而这种战略实际上是鼓励士绅化的。

1982年夏天，当时的纽约市市长爱德华·科赫发布了由一个特别工作小组准备的《哈莱姆中心区重建战略报告》（纽约市哈莱姆工 155

表7.2　1983年纽约哈莱姆中心区房屋所有者情况

所　有　权	房屋单位	%
公房	8144	14.6
纽约市有房屋*	19588	35.2
公共补贴私有		
无补贴保障房（米歇尔—拉玛住房）	2520	4.5
联邦一级资助	3528	6.4
城市开发公司	501	0.9
私人	21399	38.4
总计	55680	100.0

资料来源：纽约市城市规划局，1983。*纽约市通过对物诉讼获得的建筑。

作小组，1982）。这份报告的发布让人们觉得哈莱姆街区已经被摆上了拍卖桌（Daniels，1982）。哈莱姆工作小组呼吁在哈莱姆中心区选择“较强”的锚区尝试开启“经济一体化”重建（第2页）。重建战略以“大幅削减联邦住房和经济援助”的假设为基础，重点转向私人市场投资和公私合作伙伴机构，“私营机构……将发挥举足轻重的作用”（纽约市哈莱姆工作小组，1982：I—II）。总体战略是申请有限的公共资金，支撑私人市场已经开始活跃的区域（基本上就是西区走廊），并利用南边（大门区）和北边（从汉密尔顿高地延伸至第138街和第139街周围的中产阶级飞地，那里的撤资已不太明显，私人借贷仍在运营）
156 的主力区域，逐步包围哈莱姆的核心区。

80年代纽约市的哈莱姆战略主要涉及拍卖市有物业。在《重建战略》发布几个月前进行的“演练”中，全市拍卖了12套联排别墅，投标人与纽约市签约将对它们进行修缮。尽管哈莱姆的人们普遍表示反对和担心（Daniels，1983a），但纽约市政府仍然准备在1985年全面实现拍卖。另外149套联排别墅被推上了拍卖台，并且一共收到了1257份投标申请；中标者竞价介于2000美元到16.3万美元之间；平均拍卖价接近5万美元，而中标者中有98人是第10居民社区（哈莱姆中心区）或第9居民社区（晨边高地、哈莱姆西部和汉密尔顿高地）的居民（Douglas，1985）。也许最重要的一点是，市政府官员在600万美元拨款的帮助下成功说服了自由国民银行（一家由黑人所有的主要在哈莱姆开展业务的银行），为中标者提供远低于市场利率（7.5%）的买房和房屋改造贷款。

80年代初的按揭数据显示，在此之前哈莱姆在发放贷款方面受到很大的排斥。在1982年投资到哈莱姆中心区的1200万美元抵押贷款中（几乎全部针对大型多户住宅），住房和城市发展部为六栋单体建筑提供的贷款占了47.5%。剩余的大部分投资（另外34.5%）是“购房款抵押贷款”，也就是卖方融资的抵押贷款。在市场上，有超过30家私人贷款机构，大多是小型的当地借贷人，没有哪个的贷款额度超过了总抵押贷款金额的2%。也就是说，在1982年没有一家私人金融机构愿意在整个区域投资超过24万美元（纽约市人权委员会，1983）。难怪纽约市官员认为他们之所以能够成功，很大程度上在于他们吸引了自由国 157
民银行、化学银行以及其他私人资本为旧房改造和房屋新建提供贷款。这些协议在80年代中期广泛标志着，私人资本开始觉得在80年代后半期投资哈莱姆是可行的，甚至是利润丰厚的，特别是在有公共资金支持的情况下。《纽约时报》写道：“士绅化席卷了纽约市的许多地方，投资者和机构都热衷于借钱给房地产买家。”“人们争着给你钱，因为市场实在是太火了。”一位哈莱姆的房屋所有者艾拉·凯尔曼这样说道（Purdy & Kennedy，1995）。

所有这些活动显然起了作用。在80年代，哈莱姆的人口流失大幅放缓，低于6%，而且非黑人人口几乎增加了一倍，到1990年占了总人口的7.5%。不出所料，由于高薪的专业职位数量在80年代急剧扩张，哈莱姆的人均收入增加了一倍多，但是仍没有曼哈顿其他部分增长得那么迅速。不过，哈莱姆的高收入人群（以1989年收入超过7.5万美元计算）增加速度远远超过了整个曼哈顿地区。虽然说这个绝对数量还是很小——在哈莱姆的家庭中只占3%，而整个地区的占比是19.4%——但是，这仍然是一个值得注意的数字（美国商业部，1993）。在80年代，和十年前一样，收入和租金水平升幅最高的都集中在西区走廊、南大门区域，以及马库斯·加维公园附近地段。最惊人的增长现象出现在哈莱姆的西南角，这并不奇怪，那里光是“公园塔楼”项目就贡献了几乎400％的人均收入增长，而这片人口普查区域的增长率是197.02%。在这一地块，1989年人均收入跃升至1.8399万美元，比哈莱姆核心区的其他地块高出近4000美元。

如果说哈莱姆的士绅化在80年代已经足以在1990年的人口普查数据中显露端倪，那么这个故事才刚刚开始。1987年的股市崩盘——哈莱姆南边几站地铁外的华尔街券商感受是最强烈的——到1989年继而引发了一场全球经济萧条。房地产市场严重受挫，士绅化的活动在很多地方曾经在早期衰退中逃过一劫（Badcock，1989；Lev，1992），但在这场迎接90年代的经济衰退中则受到了广泛影响。在哈莱姆，很多物业拍卖要么减缓，要么完全停止，并且在很多情况下（甚至在萧条之前）原中标人在财务上无能为力，无法进行修复。这也迫使纽约住宅保护与开发局跟其他购房者签订合同。其他的私人投资资源也干涸了。自由国民银行于1990年破产，哈莱姆因此失去了最稳定的抵押贷款资金来源，其他已经小心翼翼进入哈莱姆市场的银行也突然把资金从该地区撤离。80年代初作为哈莱姆房地产市场标志的撤资活动再次上演。当地报纸不再乐观地把哈莱姆看作下一个黑人资产阶级前沿，他们开始不断抱怨，市场变糟糕了；房东们充满英雄气概却一败涂地，租金下滑，房屋维修无人问津，建筑破败不堪，以至于被迫废弃（例如见Martin，1993）。

158 1995年3月，第140街的一栋建筑物突然倒塌，造成三名住户死亡、七人受伤，这成为撤资造成的破坏中最为悲剧性的事件。该建筑的业主马库斯·I.莱曼和莫里斯·沃尔夫森，都是年轻的白人职业房东，在80年代中期以300万美元购买了哈莱姆的六栋建筑。虽然他们在1987年和1988年以修葺房屋为名借了62.5万美元，但是这些建筑的破败状态仍在持续。1991年，莱曼和沃尔夫森宣布破产，欠下1270万美元的债务；在建筑物倒塌事故发生后，据透露这栋建筑有326起房屋违规。纽约住宅保护与开发局对业主及其代理人提起了51项诉讼。1991年，当一名租户起诉说该建筑的状况对儿童造成了伤害时，房东自称买不起保险，给这家人免去房租了事（Purdy & Kennedy，1995）。

毫无疑问，开始于80年代早期的士绅化改造在90年代初期严重收缩，但是就此得出结论说士绅化就完全停止了，或者这场萧条标志着士绅化在哈莱姆彻底结束（见第十章），这也可能是错误的。即便是在撤资的高峰时期，也有一些老项目竣工（Oser，1994）和新项目开工。例如，1992年，纽约地标保护协会开始修缮阿斯特排屋，这批小小的缩退式三层高木制门廊排屋位于第130街西侧，最初由威廉·阿斯特于1880年至1883年间修建。虽然一些租户和业主继续留在这批建筑内，新的住户还是搬进了以前空置的房屋——该项目有可能稳定住了哈莱姆中心区的东区走廊第125街以上区域可能存在的士绅化。在莱诺克斯大道第125街上修建国际贸易中心和饭店的计划，即便起初只是模模糊糊地被假定为1982年《重建战略》这一经济发展平台的一部分，还是得到了纽约市的不懈推进，以至于在1994年将项目地址和第125街人行道上的街头小贩和商人强行撵走。大量针对中等偏下和低收入者的房屋开发项目——作为1986年启动的纽约十年住房计划的一部分——已经帮助重构了北边的布拉德赫斯特街区（Bernstein，1994）。

阶级、种族与空间

由于士绅化在哈莱姆中心区还只处于初级阶段，期待它立马能够带来变化可能不太实际。尽管如此，这里的变化已经很明显了。虽然90年代初经济仍然萧条（参见Badcock，1993），但哈莱姆士绅化的各种社会问题还是形成了。在对第一波士绅化给哈莱姆带来怎样影响进行反思的过程中，社会学家莫妮克·泰勒认为，对于中产阶级的哈莱姆人来说尤其出现了一定的“身份危机”（Taylor，1991：113）。一方面，哈莱姆被认为是美国黑人的家园，但另一方面，明显的阶级差别把那些80年代搬入的专业人士和在此居住更长时间的居民分割开来。泰勒举了一些生动
159 的例子来说明士绅化造成种族和阶级身份既矛盾又连通的现象。她所谈论的新中产阶级搬入者，对这一区域曾经怀有各种美好的愿望，有些是怀旧而浪漫的，有些是积极而实用的。有些人认为，捍卫哈莱姆作为黑人免遭外部世界——尤其是“中心城区”的工作世界——种族主义侵扰之地的地位要优先考虑。一些妇女尤其觉得白人中产阶级士绅化者的慢慢流入，将有助于吸引哈莱姆急需的服务到来，而其他的新搬入者则觉得这将保证哈莱姆获得纽约市的更多关注，并帮助支撑房屋价值。

哈莱姆未来的关键在于种族和阶级的这种相互联系。从一开始，就像本章开头引语所说的那样，哈莱姆居民对士绅化将带来什么是有忧虑的。到目前为止，虽然没有确切的数字，但很显然，新闻报道突出的是哈莱姆个别的白人士绅化者（Coombs，1982），而参与改造重建哈莱姆中心区工作的绝大多数却是非洲裔美国人。的确，1990年的人口普查数据表明，白人住户在该地区显著增加，尤其是在“公园塔楼”公寓，但在其他地方白人中产阶级移民人数还是极少。纽约市第一轮密封递价拍卖收到的2 500份申请中，大约80%的人估计都是非洲裔美国人[4]。与此同时，纽约市的《重建战略》以及哈莱姆城市开发公司一直极

4　与唐纳德·考克斯维尔的访谈，唐纳德·考克斯维尔是哈莱姆城市开发公司的总裁，1985年4月20日。

力坚持哈莱姆的“重建”旨在惠及哈莱姆居民自己，即穷人和工人阶级的黑人。有多大可能会出现这种结果呢？

在1982年的拍卖会上，纽约市要求每位竞拍者年收入不得低于2万美元（P. Douglas，1983），但鉴于那次拍卖所经历的波折，1985年的拍卖只向收入更高的家庭（或相关住户结对）开放。在80年代中期，一套中型联排别墅的修缮费用估计将超过13.5万美元，而这需要潜在改造者的最低家庭年收入在5万至8.75万美元之间（“一位密封竞标成功者的简介”，1985）。

1980年的人口普查数据显示，哈莱姆中心区年收入超过5万美元的家庭只有262户。在整个曼哈顿，收入超过5万美元的黑人家庭数量不超过1800户；在整个纽约市这样的家庭不到8000户。这意味着任何非洲裔美国人想翻修改造哈莱姆都不得不大量依赖非纽约本地的人员。因此，无论说得多么漂亮，如果从一开始仅仅是哈莱姆居民自己的“居住升级”，那么士绅化将势必无法继续下去。E. M.格林合伙人公司在1981年的一份关于哈莱姆大门区域合作建房的市场研究中说得非常清楚（AKRF，1982）。该研究确定了，在哈莱姆以外或整个大都市区作为潜在市场的黑人家庭和个人中，有多少可能受到在哈莱姆生活并回归自己文化之根的这种想法所吸引，进而迁入哈莱姆。但是，到了90年代，旧房改造的成本增加了一倍，相应的，进行可行改造所需的收入水平也增加了，这又进一步限制了潜在的人群数量。 160

哈莱姆中心区的经济真空可以由非哈莱姆的黑人填补，这当然是可能的。泰勒（1991）的研究也证明了，有许多家庭在80年代回到了“哈莱姆之家”（借用克劳德·麦凯1928年的文章标题）。然而，如果说这个群体会成为哈莱姆士绅化的中流砥柱，这就是无视现有的实证研究——这些研究压倒性地认为，很少有士绅化者是实际从郊区回归的（见第三章）。假如哈莱姆中心区是按照这个既定趋势，其主要的潜在士绅化者将是纽约市居民。我们不可避免地会得出结论，除非哈莱姆的士绅化无视所有的经验趋势，否则这个过程很可能最开始是黑人的士绅化，但哈莱姆中心区房屋的任何整体修缮改造必然会涉及大量中上层阶级白人的拥入。

虽然这样的选择就算有也很少得到支持哈莱姆重建的公众在话语上的认可，但哈莱姆的居民对此是广泛理解的，从有士绅化迹象以来就很理解（Lee，1981；Daniels，1982）。所以，在招股说明书和“公园塔楼”的公示中，纽约市合作伙伴机构完全没有提到这一建筑是哈莱姆之家，这大概是为了吸引中产阶级白人，因为他们的身份与住在哈莱姆是不相符的——这一点是很重要的。“公园塔楼”公寓“位于中央公园的西北角”，而且由于这一项目让“197.02人口普查区段”成为哈莱姆白人最多的区段，它也引领着哈莱姆黑人士绅化以外的白人士绅化进程。

是否有更多的白人愿意搬进哈莱姆现在仍不清楚，而寻找现成的住房消费者来源这一更大的问题确实构成了士绅化活动的显著约束。但也有其他方面的限制：在90年代联邦和地方预算危机愈加糟糕的背景下，公共财政政策的持续性是不确定的——哈莱姆城市开发公司1995年就被解散了；80年代初的经济萧条后，私人资本什么时候再次大量投资也是不确定的；同样不确定的还有，假如士绅化继续进行，长期居住在哈莱姆的较为穷困的居民们又会如何反应呢？

第二十二条军规

哈莱姆中心区进行士绅化受到的制约相当多，但这些制约不一定是不可逾越的。也有强大的力量推动着这片街区存量住房的重建和修缮。首先，哈莱姆中心区的位置和交通状况是明显的资产。随着曼哈顿的专业技术、管理和行政人员不断增加，家庭数量持续增长，也随着房地产市场变得越来越紧缺，哈莱姆似乎成了一个越来越有吸引力的士绅化候选。但是，尽管它相对于曼哈顿其他区域房屋价格更低，代表着经济发展机会，但是哈莱姆并不会自动转换成士绅化的“避风港”。161
毫无疑问，在区位和经济方面这里有士绅化的潜力；但问题是，这些经济和区位的力量是否强大到足以克服制约因素。

哈莱姆出现士绅化进程迹象这一事实再次说明，士绅化不是什么奇怪的反常现象，而是代表了城市空间在广泛的地理范围内尖锐的重组过程。至于说哈莱姆的案例，有一点是很清晰的：它比其他很多地方更明显，这个过程涉及“集体的社会行动者”，而不是只有英雄气概的个人。在这种情况下，发挥主导作用的并不只是民间资本一方。毕竟直到1985年，才真正实现潜在的私人抵押贷款资本大量流入这片区域。在纽约市机构的领导下，政府——打着各种社会机构的幌子——在促进房地产市场的上升势头方面出力最多。

纽约市的《重建战略》提出要给哈莱姆中心区的居民带来利益，要避免大规模的士绅化，最终形成一个“经济一体化”的社区。它明确规定，这个目标“可以在不迁走哈莱姆现有居民的情况下实现”(纽约市哈莱姆工作小组，1982：1、2)。从非常现实的意义来说，在哈莱姆中心区实现这一点比在哈莱姆其他地方更有可能。纽约市在这里拥有大量的废弃建筑(其中许多是空置的)和未开发的土地，有能力在低收入居民受到无家可归威胁之前就进行实质性的房屋改造和重建。纽约市已经开始对6000套房屋单元进行修缮，打算提供给不同收入职业者（Bernstein，1994）。但是，纽约市以私人资本为基础进行重建的战略要想全部取得成功，有两个先决条件至关重要。首先，哈莱姆中心区将会吸引大批区外居民。起初，大部分新居民可能是黑人，但要形成士绅化势头则必须要有许多白人。其次，该地区将吸引更大量的私人融资。如果这些先决条件得以实现，哈莱姆中心区可以从一个经济萧条撤资不断的孤岛转变成再投资的“热点”，并更充分地融进曼哈顿房地产市场。这意味着最终将有大量的社区居民面临流离失所的境况。因此，对于哈莱姆来说，同许多已经历士绅化的地区一样，“经济一体化”可能是一个不可能达成的希望，而“稍微士绅化”可能状态太不稳定，不能存在太长时间。纽约市的《重建战略》建议：在哈莱姆，“经济一体化”是指引入有钱人；“社会平衡”是指白人搬入。

士绅化可能是从根本上改变哈莱姆与其他街区面貌的更大范围城市转型的一个方面。在此背景下，哈罗德·罗斯描述了黑人工人阶级街区未来的黯淡前景。如罗斯所说，“如果黑人住宅开发不断发展的空间格局没有显著改变”，新一代的“贫民窟中心区将主要集中在特定的位于城市区域的郊区环线社区，这些地方的黑人人口数量已经超过了

162 25万”（1982：139）。我们想补充一点推论，如果士绅化在城市中心区不断发展的空间格局继续下去，那么不仅近郊的贫民区将开始萌芽，而且内城的贫民区也会由于白人中产阶级移民不断拥入而收缩范围。

当然，我们不能就此预测说哈莱姆中心区将不可避免地成为白人占多数的街区。即使有这种迹象，我们也还没有走上这样的道路。除了纽约市对哈莱姆的政策外，决定哈莱姆中心区未来的还有两个主要因素：美国和纽约市的住房市场状况，以及政治上的反对是否有效。

如果住房市场在90年代末反弹，那么士绅化就会有增加气势的更好机会。进一步的经济衰退或者住房市场崩溃，很显然是不利的。但决定士绅化未来的第二个因素，可能是社区内部反对声音的大小，这就是种族和阶级的聚集体变得重要的原因。不同家庭在士绅化过程中受益不同，因而形成重要的阶级划分。只要士绅化过程再次拉高房价，甚至造成有人无家可归，贫穷的租户和富裕的业主之间的利益划分就变得更加清晰。反对为外人改造哈莱姆的声音，很可能重塑或阻碍正在发生的士绅化进程。另外，纽约市对混合用途的空置建筑进行大规模改造翻修，这可能阻碍私人修缮领域进一步增加投资；如果没有就业和服务的全面加强，后一种情况可能会导致新一轮撤资和哈莱姆的持续贫民窟化。

然而，哈莱姆自80年代以来也经历了温和的“文化复兴”，这只会助推士绅化进程。阿波罗剧院重新开张，在复兴舞厅的原址上修建起新的多媒体艺术中心（“1450万美元的艺术项目……”，1984）。一小部分白人中产阶级已经“发现”好几个位于哈莱姆的餐厅和俱乐部，每年8月都有大批白人拥来参加“哈莱姆周”的艺术节活动。哈莱姆观光巴士吸引了成千上万来自欧洲和日本的游客；纳尔逊·曼德拉获释后不久就朝圣哈莱姆，几十万人拥上街头，兴高采烈地庆祝哈莱姆失散多年的儿子凯旋。所有这一切都以不同的方式不知不觉地润滑了士绅化进程，大量的白人和中产阶级黑人对哈莱姆变得更有兴趣、更加好奇。《哈莱姆企业家投资组合》捕捉到了这种精神，恰如其名，这份杂志标榜自身为“哈莱姆最新的高级通讯”：“生活在哈莱姆的乐趣是无穷无尽的。最主要的一点是社区感”（“褐石豪宅中富裕生活档案”，1985）。

我们由此难免会得出这样的结论：对于哈莱姆中心区的居民来

说，士绅化是“第二十二条军规”，让他们左右为难。没有私人修缮及重建的话，这片街区的住宅将继续破败；但是有了它，一大批哈莱姆中心区的居民最终会无家可归，他们并不能从更好更贵的房屋中获利。
163 他们将是士绅化的受害者，而不是受益者。目前，无论是纽约市的《重建战略》还是其他规划，对于这种可能性都还没有计划；甚至没有人会在开发哈莱姆中心区的战略中承认有这种无家可归的可能性。

“团结起来共同防卫”

在哈莱姆城市开发公司解散之前的十多年里，丹尼斯·科克斯维尼一直是这家公司的总裁。哈莱姆城市开发公司是已经不存在的国家城市开发集团的分支，也是哈莱姆士绅化的主要媒介。它的办事处设在哈莱姆政府办公大楼第十八层，俯瞰哈莱姆向南延伸至中央公园的壮丽远景，能够看到中城那些耸入云霄的摩天大楼尖顶。科克斯维尼乘坐通勤列车从新泽西过来上班。他是80年代中期发动中央公园北边“哈莱姆大门”区域改造项目的主要参与者。“这是一个艰难的项目，”望着下面的公寓房间，他说道，

> 但问题是我们要如何做到这一点。从第110街开始，我们将在第112街建起第一个滩头阵地。你瞧，以公寓转换压阵。然后，第116街往上是第二个滩头阵地。都是很麻烦的事情。那里有毒品、犯罪，什么都有。但是，我们还是打算要做。基本上，这一计划就像把大篷车围成圈，从郊区朝着哈莱姆中心区前进。[5]

5　与唐纳德·考克斯维尔的访谈，1985年4月20日。

十六个月之后，在第110街的“公园塔楼”破土动工的时候，丹尼斯·科克斯维尼出现在那里，但是参议员阿方索·达马托才是庆祝仪式的焦点。达马托是位强势的政治家，将很快因为与自己弟弟的房产交易腐败案有关而招致巨大怀疑。他提出了自己如何让哈莱姆“不再是哈莱姆”的愿景。但是，他遭到了有组织的社区抗议，人们齐声喊着反对哈莱姆士绅化的口号。达马托称公寓项目是“美丽的”和“纽约最好的”，他怒视示威者（《纽约时报》是这样描述的），然后吼道：“我也会喊。”他“突然开始了一个简短的、有点走音的咏唱：‘士——绅——化，为——工人——阶级——提供住——房，阿——门！’”（“不和谐与住房”，1985）。 164

第八章
普遍性与例外情况：三座欧洲城市

有人提出，尽管士绅化最初出现在欧洲，尤其是伦敦（Glass，1964），但是士绅化理论却大多是根据美国的经验，欧洲的士绅化经验可能不那么适合理论讨论。美国本身可能是一个例外。也有人推论认为，考虑到不同城市、不同街区的士绅化经验不同，要想非常有效地概括士绅化本身几乎是不可能的。本地的特殊性会推翻任何可能的概括。在前面的章节我们主要介绍了美国的士绅化经验，在本章中，我们将讨论一下三座欧洲城市的士绅化经验。最中心的问题是，在多大程度上这种跨大陆的概括是贴切的，说得更准确一些，在多大程度上我们可以概括出士绅化的共性。

虽然里斯和邦迪（1995）猛烈地抨击了超越本地经验对士绅化进行概括的行为，认为理论不适合做这样的事情，可能马斯特德和范·维瑟普（Musterd & van Weesep，1991）才是最清楚地考虑过纯粹的欧洲士绅化经验是否合理，是否与美国的士绅化经验全然不同这样的问题。虽然根据马斯特德和范·维瑟普的观点，这个问题不能简单地一分为二，但是他们认为欧美之间还是存在足够大的“大西洋差距”（套用里斯的术语，1994）。也有其他学者指出：“在美国的士绅化过程似乎与发生在西欧大城市的士绅化过程非常不同，尤其是与那些社会民主党政府控制房价政策的城市（如阿姆斯特丹和斯德哥尔摩）。”（Hegedüs & Tosics，1991；另见 Dangschat，1988，1991）

在这样的背景下有许多问题被提了出来：相对来说，欧洲的建筑环境中货币化的生产关系历史更长；欧洲城市的资金撤离相对没那么剧烈；在美国，政府在城市土地和住房市场方面更加自由放任（许多讨论士绅化的文献都是基于此点）；欧美之间完全不同的种族分化与同质化历史；不同的消费文化经济。这些问题经常被一起提出，用以支持欧洲的士绅化与美国或加拿大和澳大利亚的士绅化全然不同的观点。

考虑到这种观点，本章将主要讨论阿姆斯特丹、布达佩斯和巴黎的士绅化经验。之所以选择这些城市是基于如下考虑：士绅化的充分程 165
度；信息的有效性；不同的士绅化经历；不同的政府参与类型与水平；以及士绅化与全球资本和经济转型的特殊关系，尤其是在布达佩斯的例子中。

阿姆斯特丹：寮屋与政府

现在回想起来，1981年的“滑铁卢广场之战”以及寮屋居民的占屋运动达到顶点，可能是20世纪末阿姆斯特丹城市历史与社会发展两个不同时期的分水岭。滑铁卢广场位于建于16世纪和17世纪的老城东南边缘，几个世纪以来它一直都是公共空间的象征：这个长宽不大规则的广场，在之前的几百年间一直是犹太工人阶级的生活中心，到19世纪后期则成为早期的贫民窟和寮屋拆除运动的改造目标。这里有一个大集市，在纳粹占领时期是贫民窟的中心地段。到第二次世界大战结束前的这段时间，人们通常到滑铁卢广场周围的区域捡拾柴火；随后的几年里大量资金从这里撤离，房屋变得更加破败。战后，广场上出现了一个大型跳蚤市场。战后也曾有计划重建广场，准备在这里竖起一块纪念碑以纪念遭受杀戮的犹太人，可是这一计划无疾而终；而到了70年代后期，市政府宣布计划清理广场及其周边地区，用以建设市政厅和歌剧院——叫作“市政歌剧院”。之前，市政府对另一街区（新市场广场）进行了重建改造，准备拿一部分区域来修建阿姆斯特丹地铁，结果招致激烈反对。现在他们提出的滑铁卢广场改建计划，再一次激起了包括当地居民、住房和去士绅化活动家、寮屋居民、女权主义者和穷人在内的广泛反对。对这些人来说，跳蚤市场既是一种经济需要，也是一种生活方式。人们非常抵制市政歌剧院这一全市最大的重建项目和高度现代化的设计。到1980年和1981年，这些反对演变成了一系列与警察对抗的暴力事件，示威者决心阻止对广场及其周围区域的清除行动（Kraaivanger, 1981）。让反对这一项目的示威者更加愤怒的是，这一计划准备打造的是一座为精英人士而设的歌剧院，而不是建设某种公共表演空间，翻修改建人民生活所需的市场或急需的住房。市政歌剧院项目推迟了建设，但最终还是于1986年建成开业。

阿姆斯特丹的士绅化经历，既早于也晚于这次广为人知的冲突事件，并且与滑铁卢广场的命运一样，以政府大量涉足城市的土地和住房市场为中心。虽然阿姆斯特丹首次出现士绅化是在20世纪70年代，而80年代初市政府住房政策的重大转变进一步推动了这一进程。住房、士绅化、占屋问题和重建问题，这些其实一直是阿姆斯特丹市政治的核心——也许其核心位置比起大多数城市都更明显，而这些问题在“荷兰城市的转型重建”(Jobse，1987) 中都起到了核心作用。

像许多发达资本主义国家的城市一样，阿姆斯特丹的现代市区去中心化计划是在70年代初确立的。这一政策非常成功，加上同时出现 166
的就业和服务业的空间转化，城市人口在1964年达到顶峰后就一直走低，在此后的二十年间减少了近20万人；1980年，阿姆斯特丹的人口估计只有67.6万人（Cortie et al.，1989：218）。在此期间，阿姆斯特丹的城市开发受到市政府的严格控制，房屋建设有一个统一规划的指导，而荷兰政府的补贴则管制着私人市场的建设。房屋供应受到控制，相应的房屋需求也受到管制：当局通过一个强大的分配程序和目标系统，集中管理着房租管制、租户租期保护以及房主税收减免等事项。迪勒曼和维瑟普指出：“很少有国家政府，即使是那些西欧社会民主国家，会像荷兰那样对住房市场进行如此广泛的干预”，政府的参与“几乎是全方位的”(Dieleman & van Weesep，1986：310）。

这段时期的城市政策主要是针对破旧街区的改造，同时作为对70年代出现的政治反对声音的回应，也针对保障性住房的建设。但是，人口减少，办公和其他中心城区功能的大量郊区化，加上城区的去工业化，集中在市区的工业产业人口减少或者分散，这些情况都让荷兰的城市中心城区面临着成为空城的威胁，这也导致70年代末荷兰和阿姆斯特丹政府在住房政策上发生明显转变。80年代制定的全国城市政策重视“紧凑型城市”，强调住宅、职业、旅游等服务设施和活动的再度集中，尤其是在阿姆斯特丹。为此，市政府对空置的建筑物、土地和需要改造的房屋结构进行鉴定；鼓励私人开发商进行房屋改造，并大部分用于在私人市场上提供住房。新的城市政策很明显地试图扭转70年代主导的去中心化和城市中心的衰落行情（van Weesep，1988；Musterd，1989），而到了20世纪80年代后期，市中心人口的确已经增加，超过了70万。

80年代初，政府开始对住房市场谨慎地放松管制，到了1989年随着《住房政策》的出台，这个速度一下子加快了。《住房政策》一方面保持了提供保障性住房的承诺，一方面有效地瓦解了补贴和调控的普遍系统（van Kempen & van Weesep，1993）。这种新的"政府指导及补贴的调整方案中对私人部门的偏向是很明显的"（van Weesep & Wiegersma，1991）。对房屋行业放松管制和私有化背后虽有意识形态的推动，但更多是高企的预算限制带来的压力。这不像在英国，撒切尔夫人推行的房屋私有化很明显是由意识形态推动的。还应该注意到，荷兰的保障性住房私有化主要出现在新建房屋，并没有造成巨大的保障性住房抛售潮，而这恰恰是在80年代英国士绅化过程中经历过的特点。虽然不可否认的是90年代私人住房市场的强势复兴，但是私人部门在这个过程中不可能像以前那样在其他许多城市，尤其是像在美国城市里那样占有统治地位了。

167 我们必须把过去二十年或更长时间内阿姆斯特丹的士绅化放在下面的背景里来理解。虽然尚未开展确凿的实证研究，我们还是不难得出这样的结论，即在20世纪70年代初当士绅化的迹象首次出现时，阿姆斯特丹存在着一个明显的租金差距（Cortie & van de Ven，1981）。与其他地方一样，我们对这个租金差距的根源并不完全明了。首先，政府对土地和住房市场的高度管制意味着，阿姆斯特丹从来没有经历过与美国城市相同水平的私人市场资金撤离的情况。空置率肯定会上升，老旧楼房（以及修建时间更近的公寓和房屋）失修也会发生，但由于维修经常是由政府资助的，所以失修的水平并不严重。废弃建筑物就算有，也是极为少见和奇怪的。商业建筑如果从现在的用途来看很可能是被废弃的，但房屋所有权却一直没有放弃。其次，政府以房租管制的形式进行的调控在抑制租金差距发展的同时，也因为全面压低了租金进而导致内城地区的房屋销售价格也被压低——这其实是鼓励了租金差距的发展。

鉴于这些控制，阿姆斯特丹市中心的士绅化大多涉及土地使用权或居住权的转换——从非居民住宅用地转换成住宅用地，从部分补贴转换成完全私有，从租用转换为拥有，或者进入一个迅速扩大的独立产权公寓市场（van Weesep，1984，1986）。[1]许多社区也经历了哈姆尼特和兰多夫（1986）所谓的“价值差距”（见Clark，1991a）。但是正如维瑟普和维格斯玛注意到的那样，无论是租金还是价值差距都明显受到政府调控的严厉打压。“虽然这个系统还是很到位的”，但是80年代以来的放松管制意味着“租金差距和价值差距在允许重建改造的地方出现了”（van Weesep & Wiegersma，1991）。

在他们对楼宇翻修许可证的分析中，科尔蒂等人（1989）提出，私人再投资通常是非常集中在传统的城市中心地段的，而同时郊区并没

1　虽然美国的公寓改造以及英国的从私人租赁到私人持有的房屋占有权变化大范围地同士绅化相联系，但在荷兰对这一联系则需要更谨慎地考虑。由于前几年对租赁市场的严格监管，20世纪80年代初的公寓改造像士绅化策略那样演变成了一种逃离的手段——其实是作为一种撤资的手段（van Weesep & Maas，1984：1153）。这不是因为公寓改造在美国或英国没有成为撤资者的工具——毕竟1987年后的经历已经呈现了许多这样的案例——而是因为荷兰表现出一种矛盾的极端。事实上，自从公寓和住房价格在1987年到1989年的纽约和伦敦持续猛涨之后（温和一些的上涨在阿姆斯特丹也有发生），因公寓改造和房屋占有权转换而产生的收益及士绅化在很大程度上超过了撤资幅度，但在20世纪90年代前半段撤资确实是明显的。

有收到相应的再投资。另有证据表明，高收入和专业技能人士家庭集中到城市中心的模式也较类似，只是较为温和一些（Cortie et al.，1989；Musterd & van de Ven，1991）。事实上，士绅化已经扎根在三个主要区域：老城区；兴盛于17世纪和18世纪的从南到西围绕着老城的运河
168 区；以及西边的约尔丹区（图8.1）。

与周围一圈建于19世纪的房屋（包括各种政府或私人建造的非营利性、保障性和政府补贴类住房）不同的是，中心老城和内城区域历来

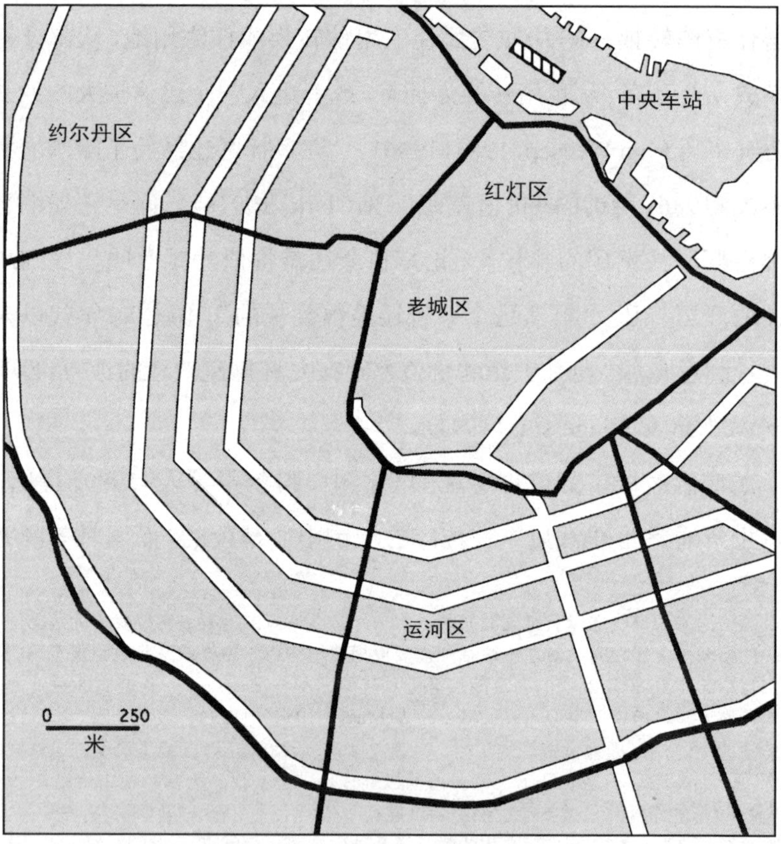

图8.1　阿姆斯特丹市中心区域

都是私人拥有物业自用。因此，在70年代空置的越来越多的办公室、仓库，甚至一些住宅物业都可以——通常是通过政府补贴——成为再投资和士绅化的目标。70年代末之后，政府对功能和居住权转换放宽了标准也推动了这一进程。老城区肯定遇到过这种士绅化，但是，和其他许多城市一样，一些过程和事件结合起来则限制了阿姆斯特丹核心区的士绅化。首先，非常典型的是，中心城区的功能非常多样且非常集中，包括运输、金融服务、政府、旅游、商业、零售、办公及居住等；然而，住宅建筑比例较低，许多非住宅用途建筑（但从国际上看，不包括办公楼）租金水平上涨，限制了城市中心区的士绅化。第二，在老城区，尤其是在老城东侧围绕新市场广场一带（主要是于70年代末和80年代重建的[2]）和更东边靠近港口的地区，不断建成的保障性住房也限制了发生士绅化的可能性。第三，红灯区占了老城区住宅的很大一部分比例，虽然红灯区和士绅化并不天生对立，但是不断扩张的色情业以及附近街头的毒品交易，无疑挫伤了那里的士绅化进程。事实上，马斯特德和范·德芬都认为，“士绅化最明显的标志出现在内城的外环”（Musterd & van de Ven，1991：92），也就是说，是在运河区和约尔丹区。在这个环形区域，四条运河环绕着老城，房屋产权私有，人员分散居住，虽然有 169
资金撤离的情况，但还是可以提供住房和商业房产——这些都为最激烈的士绅化改造提供了原料。因此，在收入方面，1986年至1990年间，“八个内城街区中有四个相对于整个阿姆斯特丹都有所增加”（同上）。这个地区是在17世纪围绕着四条同心圆的运河开始兴建的，遍布着商人的住宅和运河边上的仓库，底楼则往往是零售及商业店铺。这些建

2　在旧城东部区域约有三分之一的存量住房是在1980年后建成的（van Weesep & Wiegersma，1991：102）。

筑物由于第二次世界大战后的去工业化和郊区化遭到废弃，价值降低，也为70年代开始、80年代加强的士绅化提供了资源。这里的士绅化"集中在特定的街道和运河边上，这些地方已经完全改变了……运河边上改造一新的高档公寓或转化用途的仓库的价格超过了40万荷兰盾（约合27.5万美元）"（van Weesep & Wiegersma，1991：102）。

如果说士绅化在老城区以外的运河区成就更加显著的话，那么它在西边的约尔丹区就更具象征意义。约尔丹区主要建于17世纪，位于运河区西边的阿姆斯特丹老城边缘。这里曾经是中产阶级聚居的地方，后来变成工人阶级的街区，和北边不断扩张的码头区相连，从19世纪末就开始经历长期的资金撤离和房屋失修；到了20世纪60年代，尽管在地理上挨近老城，但相比老城来说约尔丹区几乎就是一块社会和

照片8.1 阿姆斯特丹运河区再投资的景象

文化上的飞地。科尔蒂等人（1981）发现，迟至1971年，约尔丹区80％物业的租金不到每年1200荷兰盾（按现行汇率计算约220美元）。这里的平均土地价格几乎只有相邻的运河区和东边城市中心区域的20%。然而到了80年代，尽管这一地区的公寓面积较小，但随着大量的专业人士、艺术家、学生和其他中产阶级居民搬入，街头门店逐渐被餐厅、高档咖啡馆、咖啡屋、艺术画廊、书店和酒吧取代。到了80年代末、90年代初的时候，约尔丹区已完全变样，士绅化活动已经向西蔓延到一些较新的建于19世纪的小区，那里的私人改造与新建的保障住房并行不悖。

与英国和美国的城市相比，阿姆斯特丹在80年代的士绅化似乎保留了城市的各个社会阶层，至少在中期来看是这样的。新建成的保障性住房或者改造好的工人阶级宿舍旁边，是经过士绅化改造的高大昂贵的建筑，而且这种景观并不少见；士绅化经常“零星地集中在特定的地段”。约尔丹区的情况尤其如此，这里在士绅化过程中保留了大量的工人阶级人口。正如维瑟普和维格斯玛所说的那样，这种“价格上的不同在阿姆斯特丹相当普遍……富人与穷人相互挨着住在一起”（1991：110，102）。虽然这种挨着住在一起的情况显然在任何一个士绅化的街区都会出现，但是在美国，私人市场的力量让这只是一种暂时情况。但在阿姆斯特丹，士绅化街区的中期稳定性肯定是来自强大的政府调控以及热心的私有化。重要的问题是：这种混杂的士绅化能与内城的传统工人阶级居所共存多长时间呢？

在过去的二十年间，社会上对阿姆斯特丹士绅化和住房政策的反对一直是全市政治的主题。随着70年代在城市中心及周围区域空置房屋的逐渐增加，因为阿姆斯特丹的住房短缺和高度监管的住房制度而很难获得房屋的年轻人开始非法占据这些空置物业。事实上，“滑铁卢广场之战”是与阿姆斯特丹前所未有的占屋运动同时发生的，它引起了国际媒体的广泛关注。由于阿姆斯特丹市议会在1980年的年初就已开始进行私有化试点，并开始削减保障性住房资金的投入，当局决定派警察对这座城市已经形成的一系列寮屋进行清理。1980年3月，500名防暴警察使用水炮和坦克，像推土机一样把寮屋居民从运河区西南边的万德尔斯特拉特临时迁离，但这只是下个月一场更大对抗的前奏。4月30日，在比阿特丽克斯女王的加冕仪式举行期间，一场全国性的占屋、侵房和示威游行运动招致了警察的激烈反应，尤其是在滑铁卢广场。没过多久，阿姆斯特丹的庆祝活动演变成一系列街头巷战，其他的反加冕示威者也被警察在行动中抓了起来。催泪瓦斯弥漫着整座城市，加冕庆典草草收场。

171 接下来的几年里，阿姆斯特丹的占屋运动达到顶峰，拥有的政治影响力就算说不上让人嫉妒，但至少也是不可忽视。这场运动在高峰时期也许有1万人参与，但到80年代末时它显然失去了影响力。1992年10月名为“幸运下水道”的占屋活动，也发生在老城区的西南边缘，但在占屋者和市议会即将达成协议之前遭到了警察特别行动队的突袭。这再次激起了人们对寮屋居民的广泛同情和支持，并引发了蔓延到中心城区的持续三天的最激烈对抗。示威者设置路障、砸坏汽车、点燃电车，结果遭到警方催泪瓦斯和高压水枪的痛击；市长宣布城市进入紧急状态，赋予警方可以逮捕任何可疑人员的广泛权力。随着当局把寮屋居民从中心城区赶出去，并准备在原地修建一座新的假日酒店，占屋运动遭到了进一步的打击。今天，仍有数千名寮屋居民居住在城市周围，但是警察的联合围堵、城市的住房政策和扩大的士绅化改造所产生的合力，已经削弱了这场运动的政治影响力。

所以，阿姆斯特丹的士绅化故事含有各种元素，例如政府涉足土地和住房市场，政府管制放松导致私人投资猛增，政治上广泛的甚至是暴力的对政府的反对，私营行业对住房市场的设计，等等。虽然1989年《住房政策》的诉求包括更公平的住房分配，但是随着高收入居民的进一步流动（尤其是那些直到最近还住在价格低廉的保障住房或廉租房的居民），甚至那些谨慎支持放松管制和私有化的人士也对结果有着不祥的预感。"当前荷兰住房政策的转变无疑将刺激士绅化"，虽然从短期来看，这很可能在特定街区带来社会群体更大的多样性（van Weesep & Wiegersma，1991：110）[3]，但是这些政策"可能已经导致了收入群体的空间隔离"，阿姆斯特丹城市系统面临"隔离增加的危险"。在此之前，相比其他发达资本主义国家，这座城市的隔离水平相对较低（van Kempen & van Weesep，1993：5，15）。我们对隔离的模式并不陌生：更加富裕的居民越来越多地集中在城市中心正在进行士绅化改造的地区，以及西南部的传统富人社区，而为低收入者提供的保障房则越来越多地集中在城市的边缘。

在类似社会山（见第六章）这样的美国经验中，士绅化经常从一开始就得到政府积极的补贴；相比美国经验，阿姆斯特丹的士绅化过程大多出现在市场和官方住房政策的空隙。直到后来，士绅化才成为事实上的公共政策。马斯特德和范·德芬指出："从70年代开始，内城很多地方自发的士绅化过程成为了政策目标。人们把士绅化作为大城市的救生圈而接受了它。"（1991：92）他们接着说，这项政策成功得有点过

3　《关于纽约下东区的一个相似辩论》，参见里斯（1989）。

头，结果是大量的办公室及其工作岗位被豪华公寓所替代。

但阿姆斯特丹并不只把办公室迁移了出去，和其他经历士绅化的
172 城市一样，贫困的居民也面临流离失所的危险。虽然考虑到《承租保护法》的效力，主动或被动的拆迁相对很少；但是80年代开始的士绅化热潮和调控松绑让住房成本大幅增加，阿姆斯特丹居民流离失所的水平也有所上升。虽然在大多数的荷兰城市“尚未发生大规模的流离失所”，但是范·肯彭和范·维瑟普认为，在乌特勒支“不断发展的士绅化……将导致越来越多的人流离失所”（1993：15）。

士绅化、流离失所和空间隔离，共同指向了城市地理的重大转型。在一部很类似哈莱姆情况的电影脚本中（哈莱姆是纽约市的一个街区，而纽约市本身曾经是以一座荷兰城市命名的），哈罗德·罗斯拟出了提纲（1982），科尔蒂和范·恩格斯多普·加斯特拉斯则很早就展现出了以下场景：

> 如果未来重建改造带来的结果继续下去，那么与内城接壤的建于19世纪末的地区对于少数族群来说也会变得无法接近，而这些人大多数都是拖家带口。这将让少数族群移民和经济收入相对较低的公民集中居住在城市边缘和更外面的区域。其结果可能是，以后社会等级较低的人群就注定只能居住在阿姆斯特丹郊区那些战后建成的供出租的公寓宿舍里了。（Cortie & van Engelsdorp Gastelaars, 1985：141）

布达佩斯：士绅化与新资本主义

布达佩斯土地和住房市场最显著的变化，显然是在1989年的政治

和经济变革之后出现的，所以讨论布达佩斯士绅化的更大的理论意义就在于此。因为布达佩斯的士绅化涉及一个巨大的甚至是前所未有的转变，即在一个新的不断发展的土地和住房市场中从最小投资到最大投资的转变，所以它为研究供求的相互关系，生产端的动力和消费端的力量在士绅化起源中所起的作用提供了一个试验室。要记住，布达佩斯与北美、西欧、北欧和澳大利亚的城市相比在20世纪的历史有很大不同——不管是经济、政治还是文化上——而且在一定程度上布达佩斯的士绅化是与土地和住房市场资本化携手出现的。尽管布达佩斯的住房和制度的历史完全不同，但对士绅化进行这样的概括，即认为士绅化过程是晚期资本主义城市发展到一定阶段的普遍现象，还是有道理的。

不过，提出这种说法必须小心。匈牙利的经济包括了相当大的私营部门，甚至早在80年代末的“自由化”之前就已经出现了。例如，1975年布达佩斯的所有住房中有67%是公房（Pickvance，1994：437），在这方面它实际上还落后于邓迪市和格拉斯哥市。布达佩斯的住房
私有化实际上早在1969年就纳入了正式的房屋政策。但是，这些法 173
律的实际效果微乎其微，政府对住房建设和分配保持着强大的集中控制权，这也使得80年代初之前房屋的私有化水平极低。在那时，社会两极分化也开始有所加剧，结果是中产阶级扩大、郊区飞地扩张和价格上涨（尤其是在布达山地区）。这种两极分化以及可以追溯到20世纪70年代末的国家重建改造和分配政策带来的阶级隔离效果，为赫耶迪斯和托西奇（1991）称之为“社会主义士绅化”的本地实践开了一个口子。

无论1989年之前的早期士绅化本身是如何发生的，应该明确的一点是，之前布达佩斯城市发展的经验已经被快速和剧烈的再投资（尤其

是在城市核心区域的再投资）给淹没了。20世纪90年代的布达佩斯，正如科瓦奇所说，是一座“处在十字路口的城市”（Kovács，1994）。基于后福特主义的经济发展在20世纪80年代初现端倪，现在已经明显加快了步伐。布达佩斯发现自己成了一个熔炉，承载着“新的国家现代化过程，而且当新的功能（即新的资本积累形式）不断涌现时，这个过程以非常集中的方式进行”（Kovács，1994：1089）。随着土地和房地产市场的稳定私有化，布达佩斯吸引了前所未有的外资，新的公司总部和分支机构、合资企业、企业服务公司、酒店和旅游设施以及爆发的商业，林林总总，纷至沓来。米兰服装商和德国银行争相把自己塞进紧俏的中央大街，或是沿布达佩斯林荫大道扩张，旁边则是希尔顿酒店和宝洁公司。欧洲各大开发商都聚集在这座城市（斯堪雅建筑公司、穆勒公司、仲量行、环球等），一系列盯着内城的雄心勃勃的重建计划正在制定（Kovács，1993）。1989年以后的四年时间内，外商在匈牙利投入了50亿美元，布达佩斯则占据了绝大部分（Perlez，1993）。

此外，布达佩斯的内城改造吸引了许多价格昂贵的餐厅、俱乐部和夜总会进入，这些事物通常是正在士绅化街区的标志，而在十年前的布达佩斯十分罕见。整个内城街区，整栋整栋的建筑被改造，空置下来的稀有地块也被重建为写字楼，这一过程将整座城市和匈牙利经济日益整合进全球资本主义中。虽然政府对修建大型摩天大楼下达了禁令——这一禁令已经让一些项目停工了，例如最臭名昭著的也许是法国开发商计划修建的一栋四十层高的写字楼；但是不断升级的投资水平还是创造出对土地和空间前所未有的高度集中的需求。到1993年，在中心城区的写字楼月租金已增长至每平方米30到38美元，虽然还没达到纽约或伦敦的水平，但已能媲美维也纳，是阿姆斯特丹和布鲁塞尔

照片8.2　布达佩斯第七区尼亚乌特的写字楼和住宅重建项目（维奥莱塔·曾陶伊）

租金水平的两倍（Kovács，1993：8）。

发生在全球一体化的背景下，士绅化是布达佩斯这种不断变化的社会、经济和政治地理不可分割的一部分。不像70年代之前伦敦或纽约的士绅化过程，布达佩斯的士绅化并不是作为住房市场的孤立过程开始的，而是在1989年后全球资本的流动中完全成熟。

布达佩斯士绅化的机会在于持久的撤资历史。但是在布达佩斯，撤资的起源与把社会山或哈莱姆或阿姆斯特丹老城带入士绅化进程的撤资起源完全不同。这里的关键是其公共政策。与美国和西欧发生的士绅化形成鲜明对比的是，在美国和西欧，即使是在阿姆斯特丹，最强力的政府调控也从来没有取代私人住房建设；而在布达佩斯，战后的郊区扩张是由政府主导的，主要建设的是保障性住房。这并不是说布达佩斯的私人市场是不存在的；而是要说明，相当多的私人郊区化更多的是发生在政府调控和政策的空隙，而不是出于其他原因。布达佩斯战后的住房政策主要侧重于解决最贫困的那一部分人口的住房问题，这就意味着在现有城市的郊区建设大量面积较小、功能简单的保障性住房单元。科瓦奇指出，“整个60年代和70年代公共支出的很大一部分是花在城市边缘地区”，因此“整个城市的中心城区在很长时间内都被忽视了”（1994：1086）。如果究其原因更多是因为政府主导而不是市场主导的话，那么在空间方面，至少在投资和撤资的地域方面，布达佩斯同美国的情况很类似：在郊区投资，从市区中心撤资。到1989年，城市中心大部分的地区至少在半个世纪内都没有什么明显的再投资发生，而且即使是更加时尚的街区，依然能看到许多建筑密布弹孔，从
175 1956年匈牙利革命以来就再也没有修缮过，这种情况也绝不少见。

如果政府对土地和房地产市场的整体调控在20世纪80年代已经放宽，那么对私人土地和住房交易的限制在很大程度上是到1989年后才由议会废除的——这让私有化变得迅速起来。长期的住房短缺问题和住房过渡拥挤的问题更加严重。到了1993年夏天，约35％的公房已被私有化，公共部门现在只占32％的住房（Hegedüs & Tosics，1993；Pickvance，1994）。私有化主要集中在高端市场（Kovács，1993），这在布达区出现得最早，也是最有力的；但是到了90年代初期，私有化也已经开始主导佩斯区内城的房产市场交易。若干布达佩斯街区的阶级构成因此发生了明显转变，大量的新兴中产阶级被吸引而来。这种士绅化是集中在几个中心城区的，但正如大多数城市的士绅化一样，它涉及大量新资本的投资，而且已经有势头成为新城市景观的主要决定因素。

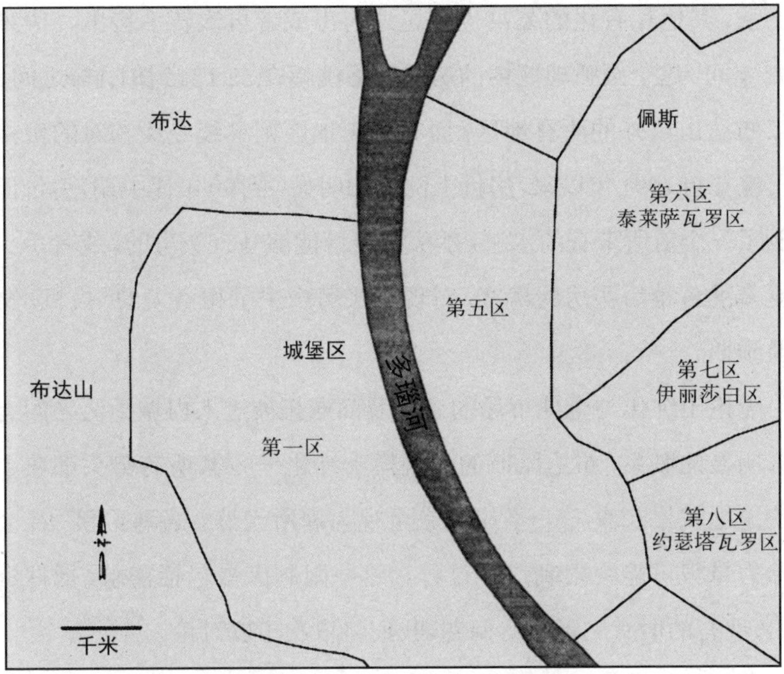

图 8.2　布达佩斯正在士绅化的地区 176

最明显的变化发生在多瑙河畔佩斯区一侧，在围绕着政府和商业中心形成的圆弧区域（图8.2）。在佩斯的伊丽莎白区（第七区）、泰莱萨瓦罗区（第六区的犹太人老居住区）、第五区的中心区域，还有布达的老城区（程度较轻），从传统的城市中心传导而来的再投资水平爆发性增长。在这些街区，因为几十年没有进行维护翻修和极低的再投资水平而导致的大量资金撤离效应，由于匈牙利完全切入了全球市场，并突然与全球其他中心城市的土地和住房价格交锋而进一步加剧了。之前国有公寓和公寓楼已被私有化；而新近私有化的公寓和大楼则改建一新——在很多情况下这是第二次世界大战以来第一次显著的再投资。因为突然引入了一个相对自由的市场，布达佩斯的土地和房屋价格迅速上涨，其他私有化的公寓也被迅速售出或者再次转手售出。1989至1991年间，这个圆弧地区内的房屋价格涨幅在52.1%到81.1%之间，超过了布达山以外的所有地区，而布达山地区则继续经历相对的价格水平上涨。自1991年以来，房价上涨更加明显；到90年代中期，房价已经达到了一个前所未有的水平，手头有资源能够马上买房的，或者手头资源更多准备稍后买房的房客，对现在买房产生了相当大的（投机）财务收益预期。

无论士绅化与全球市场的企业及商业拓展进入内城街区之间有着怎样明显的联系，布达佩斯的大规模士绅化——其所有势头都在十年内快速地积累起来——不应被完全视为理所当然。各种经济、社会和政治力量很可能会限制这一过程。这些限制因素包括需求、抵押资金供给、现有的所有制形式等问题，我们将依次予以讨论。

首先是需求的问题。在西欧、北美和澳大利亚的情况中，尽管新古典经济学家一再强调，但需求作为士绅化的限制因素相对并不重要。正如我们在哈莱姆所看到的，如果房产可以进入市场，是有可能为低迷的市场带来需求的；至少与匈牙利相比，这些需求是自发出现的，只是在资金积累的时间方面（例如在严重的经济萧条时期），或在城市地理边缘（例如在小城市）才会成为一个问题。但是在匈牙利，“传统需求”水平到现在才成为一种社会态势，不可能自动表现为一个士绅化的公寓、街道和街区的市场。私有化和投资的不断升级让大批新居民搬入成为可能，士绅化的延续也是依赖于一个比1989年前存在的阶级结构更加差异化的阶级结构同样快速出现的情况，尤其是收入更高的中产和中上阶层的扩张，因此他们也成了士绅化者的潜在来源。由于围绕着传统核心区域的公司总部办公室及零售业务的快速扩张，派生出紧跟全球市场薪酬水平的富裕的专业人士和管理人员阶层，这种阶级分化的确在发生。而且随着企业扩张，内城地区的建筑转化为写字楼，这也将同时吸纳住宅楼作为办公室的功能，从而减少可用于住宅士绅化的物业供应量。所有这一切导致的地理结果仍有待观察。企业总部办公室开发侵入居民区可 177
能会限制士绅化，但没有理由认为它不会像很多其他城市一样把士绅化的前沿向外推进。在这两种情况下，需求的问题暂时是与国际资本投资布达佩斯的节奏紧密结合起来的。

其次，与之相关（甚至可能更重要）的制度约束可能会限制士绅化的经济和地域扩张。这种约束更广泛地影响着住房私有化。尽管在1989年以前布达佩斯存在值得注意的私人住房市场，但是没有什么重要的贷款机构在那时开发出了按揭贷款业务。抵押贷款可以被看作资金供应商提供的胶水，用来确保需求跟得上供给。到了90年代中期，由于没有大量抵押贷款到位，士绅化的消费方只有通过三种主要方式中的某一种获得资金：第一种，为了改建自己的公寓，或者购买或租用之前翻新的宿舍，一些人只得存钱；第二种，在90年代中期，个人还可以从正规放贷人那里以30%至35%的利息获得贷款来扩大资金积累；或者第三种方法，国有和跨国公司明确会为员工在布达佩斯市中心建设、翻修、租赁或购买豪华公寓提供资金支持。此外，士绅化改造后的公寓可能只是卖给（或者更可能的是租给）来布达佩斯工作的外国专业人士，因为他们拥有所需要的资金或收入。无论抵押融资有多缺乏，资金的其他来源到目前为止已经证明足够丰富，能够促进布达佩斯市区中心的士绅化在90年代初爆发式增长。私人市场和议会之间进行了许多积极尝试，例如成立按揭贷款机构，这对士绅化也会起着明显的润滑作用。

最后，现有的所有权和控制模式，可能会限制士绅化发展的程度及其性质。一方面，自80年代末以来的保障性住房私有化意味着，就任何特定的公寓大楼而言，想要来开发大楼的开发商常常要面对众多的公寓业主，这往往让改造的可行性大打折扣；公寓的业主可能没有足够的资金来翻新，却又不愿意在一个价格螺旋向上的市场中把房屋卖出去。另一方面，布达佩斯土地市场上也有一些小块地区仍然继续着社会所有制，尤其是在城堡区，这片区域和其中的旧式石头房子已经吸引了一些士绅化改造项目。同时，这片区域完整的士绅化大概要取决于住宅存量的私有化程度。

这些限制足够现实，但它们并不是阻碍布达佩斯内城士绅化的决定性因素，如今布达佩斯内城区域的士绅化改造如火如荼。“大多数西式士绅化的基本前提条件同样适用于布达佩斯的情况”（Kovács，1994：1096）。然而在80年代初之前，政府对地价和房价的调控防止了明显的租金差距出现，尽管有大规模的撤资，但资本化和潜在的地租受到严格监管，一直保持低位。自80年代末以来，布达佩斯市场的
178 再度资本化使得相对新市场的既有撤资流动起来，并拉升了价格及由此形成的潜在地租，从而产生了明显的租金差距（Hegedüs & Tosics，1991：135）。事实上，不只是在布达佩斯，在匈牙利的其他二线城市都可以得出类似的结论。例如在1992年对贝斯萨巴内城的研究中，贝卢斯基和蒂玛尔指出：

> 私有化与租金差距和价值差距的增长，让在老旧的内城住宅区原址上修建新的公寓并且出现西式的士绅化成为可能。……1991年，在贝斯萨巴内城的一个有30套公寓的街区，一半的买

家都是知识分子、企业家和白领职工，这个比例是前所未有的。（Beluszky & Timár，1992：388）

布达佩斯士绅化的未来也将受到政府住房政策的影响。整个布达佩斯地区中最引人注目的是布达老城，这是士绅化的理想对象，房屋大多数仍然是公有的，因此在这里进行士绅化的可能性，虽然不是完全由公共政策决定的，但在很大程度上还是依赖于公共政策。虽然房地产行业现在向私有化开放，但全市各区陆续推进私有化方案的速度还是不同的。住房私有化背后的动力，以及政府在多大程度上仍然致力于提供工人阶级负担得起的住房都至关重要。贝卢斯基和蒂玛尔（1992：388）认为，如果对目前住房政策的广泛社会理念还没有消散，那么布达佩斯“就有可能避免纽约式的……士绅化”，即由私人投资主导的士绅化。相反，他们认为阿姆斯特丹那种在零碎地域内进行士绅化改造的模式更加合适，而事实上，最初几年在布达佩斯和匈牙利其他地方进行的士绅化的确是以零碎改造和填充重建为主。相比之下，科瓦奇就没有这么乐观（1993：8）：

摩天大楼私有化最明显的例子就是在中央商务区的心脏地带，即第五区。虽然当地政府领导多次强调该区不打算清除保障性住房，但有迹象表明该进程已经无法停止下来，整个地区将在短时间内被私有化。1989年，该区的保障性住房中大约有55％被放到了一个禁止名单上，这意味着这些公寓应该以政府（即地方政府）所有的形式被保留下来。然而，这个名单经过重新审查和修订，到了1992年中期，这些公寓单元已有65％被卖出。

与其他地方一样，布达佩斯的士绅化也会对那些负担不起经过翻修改造的公寓楼和街区的人产生不利的影响。“毫无疑问”，当地许多留下的居民“过一段时间后都将要离开城市中心，因为不断上涨的租金和物业价值将会把贫困家庭排挤出去”（Kovács，1994：1096）。事实
179 上，外迁已经开始了。过去“无家可归”这个词在匈牙利几乎无人知晓，现今一下子成了大问题，例如在1989年的深秋少数无家可归者开始聚集在布达佩斯火车站。在很大程度上，他们是在同年夏末匈牙利议会通过第一轮私有化和解除管制决议后被从原有的房屋中赶出去的。到1994年，据官方估计全国无家可归者大约有2万人，但在非官方统计中大家一致认为这个数字要高得多。一位政府官员推测，这个数字甚至可能是12万，但是确切了解的渠道不多。失业率的上升（1994年估计超过13%）显然也推动了无家可归现象。在其他地方，尤其是在第八区，公共部门拿出来改造的房屋数量要少得多，那里是贫民窟化而不是士绅化占据了主导地位。

布达佩斯有可能出现更大规模的无家可归现象。仅举一个例子，第六区投资12亿美元的“美达赫—塞塔尼商务区”开发项目，计划开发写字楼、商店、购物中心和豪华公寓等。这个项目将拆除大片贫民窟建筑，在该街区建设一条宽阔的步行街（Kovács，1993：9）。该区的区长支持该项目，认为这将“提升物业价值”和“重估区域价值”，其他人则反对该项目。有人估计可能有522套公寓要被拆除，上千人流离失所；还有人估计可能是这个数字的三倍都不止（Perlez，1993）。这个项目从规模到风格都很类似西方的重建项目，无论是社会山塔楼还是阿姆斯特丹的滑铁卢广场。但是，真正让20世纪90年代的布达佩斯与众不同的是，尽管再次投资到穷人和工人阶级聚居街区的热潮不断，拆迁大量

出现，价格和租金水平前所未有，无家可归的人口增长迅速，但是很少有抵制或者有组织的反对士绅化的现象发生。20世纪70年代后期围绕着几个政府资助的重建项目出现过比较明显的抵制情况，但在90年代初举行的有关引进大量商业开发的公开听证会上，当地居民虽然大声嚷嚷，但有组织的反对声音微乎其微。无论对“过渡时期”的住房危机有多么不满，除了市场描述的前景，有关未来政治发展走向的声音被彻底封死在官方的政治话语中。直至90年代中期，对市场引发的社会效应进行反对的力量也还没有聚集起来。曾经在阿姆斯特丹，或者我们将看到的在巴黎或纽约发生过的事件，在布达佩斯尚未看到。到目前为止，主要的政治斗争都是围绕着应该在何种程度上放宽住房和其他社会管制来展开的。

巴黎：延缓而分散的士绅化

如果说在一些城市——布达佩斯和阿姆斯特丹都是很好的例子——士绅化往往是围绕着城市核心区域展开的话，那么巴黎的士绅
化则对城市的各个街区都产生了影响。然而，就像阿姆斯特丹一样，巴 180
黎士绅化所影响的大部分街区的既有建筑可以追溯到几个世纪之前，并且经历了比美国城市更长的撤资历史（有时也有再次投资），或者，在这个方面比一些欧洲城市（比如伦敦）的历史都要更长。伦敦具有悠久的城市历史，这是肯定的，但伦敦最内层区域的那些经历士绅化的街区，其大部分建筑也不过是建于18世纪晚期，甚至更可能是建于19世纪的。在巴黎的几个街区内，目前正在进行士绅化改造的房屋最初都是作为公寓在16世纪末到18世纪初期间兴建的。就其住宅存量而言，巴黎更类似于爱丁堡而不是伦敦。这些存留下来的房屋建筑经历了各

种形式的有创意的破坏（例如巴黎19世纪的“资产阶级化”），或者没那么有创意的破坏（例如战争）。

在巴黎的每个已经出现士绅化的街区中，士绅化都是以一种特殊形式出现的。也许最经典的士绅化确实是出现在最接近城市中心的街区。例如，塞纳河中间的西岱岛和圣路易岛，建于16世纪和17世纪的老旧公寓楼在1870—1871年巴黎公社之前就已经年久失修，到了20世纪60年代开始有持续的资金再次投资进来，如今这些岛上的住房已经是巴黎最抢手、最昂贵的房产之一（图8.3）。

在塞纳河左岸，知识分子和艺术家的聚集让这片地区成了大众旅游胜地，这大大推动了这个可能具有四百年历史的拉丁区进入国际资

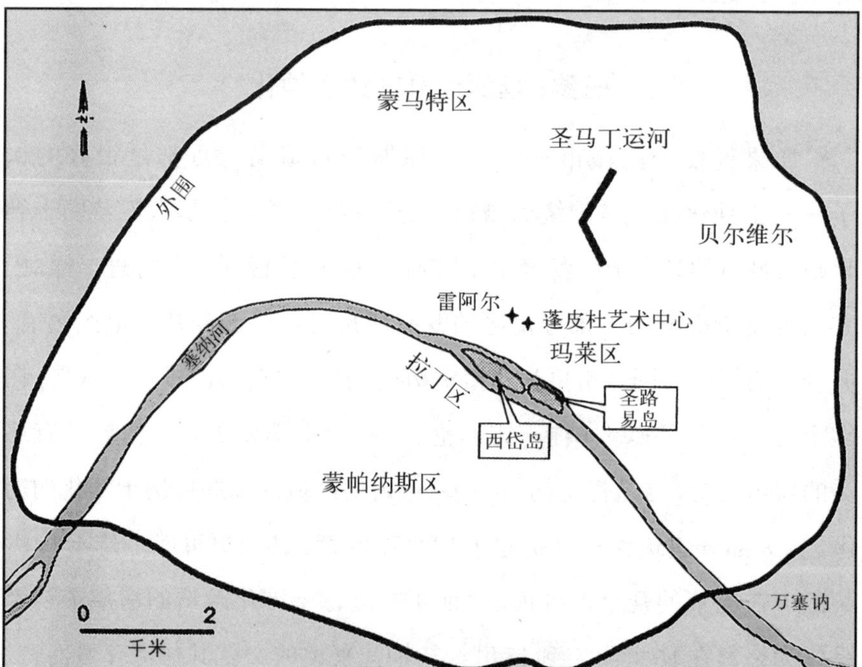

181 图8.3　巴黎的士绅化

本循环。曾经昏暗的街道，三三两两点缀着一些被烟熏黑的咖啡馆、书店和传统餐馆，现在则被抹上了一层光鲜亮丽的颜色，到处都是精品店、明信片小贩、美食商店和高档咖啡厅、全球快餐食品汇聚的美食街，以及主打旅游的"法国"和希腊餐馆。如果说拉丁区——尤其是在圣米歇尔周围的街道——现在挤满了非巴黎人，那么在房屋密集的第五、第六和第七区的公寓里，现在主要居住着正在或者已经成为巴黎人的专业人士、艺术家、学生以及一些老住户。一间小小的两房阁楼在70年代初的市场价格是2万或3万法郎，可到了90年代中期，价格可能变成那个数字的10到15倍；圣日耳曼林荫大道周边的较大公寓，其价格可以轻松地达到300万到500万法郎（约合80万到100万美元）。这些房产交易信息可能由苏富比或21世纪国际公司广而告之，也可能是由巴黎的精英经纪人公布。

照片8.3　巴黎玛莱区的一条街道

182 同样经历了士绅化，距离主流旅游区远一点的是塞纳河右岸的玛莱区。从19世纪起这里就是一个工人阶级聚居的街区，拥有某种波西米亚的名声，也是一个古老的犹太人街区，最近又有众多的移民选择在此安家。但是在1789年法国大革命之前，玛莱区曾经是一个充满活力而又时尚的街区，众多贵族和新兴资产阶级定居于此。在大革命期间，这里街垒林立，很快就被废弃，逐渐沦为巴黎的工人阶级和日后犹太人的聚居区，四五层高的住宅楼也被分为一个个的小房间。因此，这里经历了近两个世纪的撤资，虽说不上灾难性但也不可谓不漫长。在20世纪70年代，蓬皮杜艺术中心建成，玛莱区西侧古老的雷阿尔菜市场又被迁走，取而代之的是现代化的文化和消费场所，这刺激了资金再度投入到玛莱区。现在这里“新旧并蓄，高级时装店取代了以前的食肆，往往同时又保留着昔日的‘面包屋’或‘糕点’招牌”(Carpenter & Lees, 1995：298)，改造一新的房屋吸引了大批年轻的和不那么年轻的城市专业人士。但是，玛莱区的士绅化和拉丁区相比，既没有那么完整，也没有那么热闹。在玛莱区的犹太人聚居的街道，面对士绅化带来的财务压力，仍然保留了一些传统的外观和生活方式。

至少在1870—1871年的巴黎公社革命以后，蒙马特区也经历了大量撤资，即便该区具有的政治象征性意义一直延续下来，很明显地限制了撤资规模。在这里，旅游业密布，相对周围地区海拔也高出一截，以及某种艺术怀旧情绪，这些元素都铭刻在蒙马特高地的风景内，也推动了士绅化的进行。在巴黎其他地方，例如左岸的蒙帕纳斯周围，或在右岸圣马丁运河向南延伸的那一带，更新一些的19世纪建筑也出现了零星的士绅化。蒙马特区一直是个波西米亚风格的街区，吸引了大批知识分子和艺术家，而圣马丁运河士绅化的原因则主要是限制了工业化，同时许多沿河两侧的小手工作坊和商铺被围了起来，运河边的物业价值随之增加。即使在巴黎东北郊区稳定的工人阶级社区贝尔维尔，现在也是阿拉伯、非洲、中国和东欧移民的主要居住区，同时也是无产阶级反对派的传统据点，巴黎市当局也已对其启动了一系列以士绅化为目的的“改善方案”。

参考克拉瓦尔（1981）的观点，卡彭特和里斯（1995：292）提出，除了一些例外情况（如玛莱区），巴黎市中心“一直是上层阶级占主导地位”，而考虑到事实上巴黎郊区主要是工人和中下层阶级聚居，巴黎呈现出“和芝加哥学派提出的传统的盎格鲁—撒克逊同心环社会结构模型完全相反的模式”。虽然这可能是在盎格鲁—撒克逊式城市研究和其他理论之间进行的匆忙区分——同心环模式基本不适用于纽约，更不要说伦敦了，甚至是在这种模式描述的工业时代，这两座城市也在城市中心区域保留了大批非常富裕的地区，以及大批工人阶级聚居的郊区——但它指向了巴黎一个历史地理学的重要特征。事实上，1789年和1848年的大革命，以及1870—1871年的巴黎公社革命，让法国统治阶级确信有必要收回城市中心区域，同时把工人阶级分散到城市边缘（Pinkney，1957；Harvey，1985a）。这有助于解释今天巴黎的士绅化街区相对分散的情况。很多但不是所有受到影响的区域，在1851年豪斯曼男爵改造巴黎城的冲击中，以及在巴黎公社带来的破坏和类似情况中都没有受到影响。

对于巴黎市中心的激烈的阶级地理来说，“士绅化”一词出现在 183
海峡对岸的英国并不是偶然的。快速而高度可见的士绅化，是在20世纪80年代初才真正来到巴黎的，多少滞后于能够与之比肩的其他西欧城市。这个问题与其说是由于再投资水平，不如说是由于撤资水平。士绅化和撤资及再投资之间的核心联系在法国背景下是很好理解的："老城区环境恶化及改善的现象，就是在贬值和升值的进化运动中具体化的社会过程。"（Vervaeke & Lefebvre，1986：17）或者不如说，士绅化的延缓是由于财务、制度和土地保有情况结合起来造成的。

首先，颇具讽刺意味的是，与今天的布达佩斯类似，战后的巴黎没有一个发达的抵押贷款基础架构。这主要是由于政府严格限制了法国强势而高度集中的银行资金。其次，巴黎历来就有巨大的私人住房市场，业主自住几乎只占四分之一。属于小资产阶级的几代人都投资到了租房市场，害怕对城市的传统公寓租赁市场带来侵蚀（比如像伦敦）；另外，尽管经过努力争取通过了一些旨在逐步放宽政府限制的房屋法令，但市场直到20世纪70年代末才真正开放。第三，近四分之一的巴黎住房直到1978年都是受到房租控制的，这也造成了"士绅化现象的推迟"（Carpenter & Lees，1995：294）。在70年代末之前，谨慎放松的管制几乎完全是让郊区发展受益的，但是1977年随着给未来房屋和公寓业主提供低息抵押贷款的《住宅法》出台，巴黎若干街区的士绅化进程加快了。

反对巴黎士绅化的势力，和阿姆斯特丹与纽约下东区的反对派一样，已经松散地集结成为一个更大的住房和反无家可归运动的一部分。1986年推行戴高乐主义的政府经选举上台后，在意识形态上热情支持私人市场政策，而这些政策其实在之前推行社会主义的政府就已经勉强实施过，后来上台的社会主义和戴高乐主义政府也延续了这些政策。价格、投机行为和无家可归的人数都大幅飙升，巴黎的住宅市场受到剧烈的通货膨胀影响，比纽约受到的影响还大。人们立刻走上街头进行抗议。自80年代后期以来，成千上万的抗议者在巴黎的不同地段设立了各种营地。他们要求——估计有6.5万名住房条件很差的巴黎人以及这个城市的无家可归者（至少有2万人）——能够搬入空置的公寓，而这些公寓的数量估计多达11.7万间（“无家可归者……”，1991）。回到70年代初的雷阿尔市场，已经出现了联系不那么紧密的针对一系列政府赞助的开发项目的抗议，这些项目导致了住房清除和士绅化。到了80年代，当士绅化激起了大量的投机行为时，租金水平在某些地区增加了5到10倍；房东为了获得更高的租金，赶走了租户（大多是移民），局势随之变得严峻起来。

其中最广为人知、最坚定的抗议活动是1991年7月开始的，37个无
家可归的家庭在德奥斯特里茨附近的新的大图书馆规划场址上建起了 184
帐篷区（Nundy，1991）。这个活动主要由移民来的非洲妇女领导，超过400名的帐篷区居民拒绝散去。他们要求体面的住房，理由是据官方数据显示因为房东押注租金会上涨，在巴黎范围内空置有11万套公寓。抗议者最终被强行从那里驱逐。后来在巴黎东郊的文森区又出现了一个安置300户人家的寮屋。和之前一样，政府给文森的寮屋居民在巴黎以外的各区安排了劣质住房；示威者拒绝接受这种安排，各地市长也都发誓要阻止他们搬入（“无家可归者……”，1992年；“非洲人……”，1992）。在后来一次典型的扎营行动中，数百名无家可归者在社会事务部外搭起来一座帐篷城；1993年12月13日，在十名“一贫如洗”的人在巴黎11月的“一场寒流中”冻死之后，防暴警察于凌晨展开了“突袭”。根据《纽约时报》的报道，无家可归者被巴黎警察“追捕，粗暴地对待，戴上手铐，大肆侮辱”（“无家可归之后……”，1993）。

结　论

我在其他文章中曾指出，把欧洲和北美的士绅化经验一分为二的做法可能是错误的（N. Smith，1991），而且我认为这些讨论与先前的案例研究也能证明这样的结论，欧洲和北美内部的士绅化经验之间的差异，同欧洲与北美之间的士绅化经验差异一样大，因此，划上一个大陆“鸿沟”是没有用的（另见Carpenter & Lees，1995）。阿姆斯特丹政府和寮屋反对派在士绅化中的重要性，士绅化作为布达佩斯新资本主义的一个组成部分，延缓而又地域分散的巴黎士绅化，这些都是完全不同的士绅化经历。这并不是说大西洋两岸士绅化经验的差别没有清晰的轮廓，诚然两者确实存在一些差别。在美国，士绅化进程代表了相对于欧洲而言的某些极端情况；在受到影响的街区士绅化速度明显更快，范围更广，也更完整；其前提是撤资更为猛烈，并可能导致投资模式和城市文化更加剧烈的变化。人们想强调美国是个例外这种论调背后有明显的政治原因。然而，这些普遍的差别并不真的能够凝结成一个可持续的观点，即欧美之间的士绅化是完全不同的经验。很难说士绅化语境壮阔的纽约与阿姆斯特丹的共性就比同休斯顿和洛杉矶的共性要少；凤凰城市中心撤资的情况就比格拉斯哥或里尔更严重；布达佩斯的新资本主义就更类似于巴黎或奥斯陆的谨慎士绅化，而不是更类似于费城；或者说美国的任何地方都比1989年后的布达佩斯在士绅化方面进展得更快。这些都很难断言。就士绅化而言，我猜想，巴黎和阿姆斯特丹之间虽然有各种差异，但同巴尔的摩和西雅图的相同之处，可能比同鹿特丹和罗马的相同之处会更多一些。

185 基于同样的道理，存在差异同否定合理的概括是两回事。我不认为把所有这些经验转化为完全不同的经验现象有什么意义。在我看来，一方面，在特定城市、街区甚至社区士绅化的个体性之间保持着一定程度的张力；另一方面，在导致士绅化在几个大洲大约相同时间出现的一组共同条件和原因（并不是每一个都总是呈现出来）之间保持一定程度的张力，这是最重要的。对本地经验细节保持敏感能够增强更普遍的理论立场的力量，反之亦然。

我是在近期一个星期六的下午明白这一点的，当时我坐在玛莱区一家士绅化改造完毕的酒吧里。这是一家澳大利亚人开的酒吧，我喝着产自荷兰的啤酒，用法郎付账。为数不多的酒吧顾客中，除了法国人，还有英裔巴黎人，或者德国和日本游客。电视上正在播放美式橄榄球（欧洲联赛）的比赛，巴塞罗那队痛击苏格兰队。实际上，所有的运动员似乎都来自美国。两位赛事解说员，一个是爱尔兰人，一个是美国人。玛莱区的这种士绅化，我们似乎都非常熟悉。 186

第三部分

恢复失地运动者之城

第九章
描绘士绅化前沿

> 主要的一点是，你想走到士绅化的前沿。所以你不能利用成熟的金融机构，例如银行。所以你需要经纪人……你在前沿尝试得足够远，这样可以杀价；但是又不能太远，不然不好转手；但是又要足够远，才能用足够低的价格买到房子，还能挣钱，而不是被人倒卖。（史蒂夫·巴斯，布鲁克林开发商，1986）

媒体与公众对把士绅化描述为新的前沿有着不可抑制的偏好，这种不可抗拒的吸引力有许多来源。它是一个能产生高度共鸣的意象，同经济进步和历史命运、粗粝的个人主义和浪漫的危险、民族乐观主义、种族和阶级优越感这些紧密联系在一起。但它也来自前沿的地域特殊性。美国西部的前沿是一个真实的所在，你可以到达那里并且真正看到弗雷德里克·杰克逊·特纳所说的“野蛮与文明”之间的界线。

前沿地理被浇铸打造成为一个容器，包含各种积累起来的意义；地理前沿的清晰度很好地表达出“我们”和“他们”之间的社会差异，过去和未来之间的历史差异，以及现有市场和盈利机会之间的经济差异。这种密集的含义层次在前沿线本身的转变中得到清晰的表达。

与之类似的是新的城市前沿。不管是什么样的文化热情和乐观精神都让城市被视为前沿，这个意象之所以有用，是因为它设法在一个地方表现出了所有这些含义。那个地方就是士绅化的前沿。士绅化的前沿吸收并重新传播了一座新城市经过蒸馏之后的乐观精神、对经济机会的希望，以及浪漫和贪婪的双重刺激——这是塑造未来的地方。这种文化上的共鸣开始塑造这个地方，但这个地方最终成为像前沿一样的所在，是因为在城市景观中存在一条非常清晰的经济界线。这条界线之后，文明和牟利正在造成不良影响；这条界线之前，野蛮、希望和机遇仍然潜伏在景观之中。

这种“盈利前沿”，充盈着如此丰富的文化期望，是铭刻在士绅化街区的城市景观中一个真实的地方。事实上，它可以被描绘出来。通过描绘前沿，我希望能够使“新城市前沿”背后的意识形态显露出来，
189 这种意识形态已经被如此有效地调动起来，由此证明士绅化及更广范围内的城市转型都是合理的。因为在“新城市前沿”的深远蕴意和浓烈的文化诉求背后，隐藏着一个了无诗意的让前沿意象披上合法外衣的经济真相。

撤资的利益

作为一条经济界线，活跃在街区的开发商能够清楚地感知到士绅化的前沿。从一个街区到下一个街区，开发商们发现自己身处于完全

不同的经济世界之中，具有完全不同的经济前景。“士绅化的前沿”实际上代表着一条在城市景观中把撤资地区同再投资地区划分开来的界线。撤资涉及资本从建筑环境绝对或相对的撤出，可以经由多种多样的形式；而再投资涉及资本重新回到以前经历撤资的城市环境和建筑中。前沿界线之前，由于撤资或物理破坏、自住业主、金融机构、租户和政府等因素，各式房屋仍然正在经历撤资和贬值。前沿界线之后，某些形式的再投资已经开始取代撤资。再投资所采取的形式也可以各式各样，例如私人修缮存量住房，公共再投资基础设施建设，企业或其他私人投资建设新房，或仅仅是很少或没有改变建成环境的投机性投资。这样看来，前沿界线代表着城市转型和士绅化主要的历史和地理前沿。

探索前沿的界线——建立起它的变化位置——不仅提供了一种绘制士绅化蔓延的手段，而且还提供了一个工具，当地的街区组织、居民和住房活动家可以使用它预见士绅化，从而能够在自己的社区转化为一个新城市前沿的过程和活动中捍卫自己的权益。我将详细讨论士绅化前沿界线在纽约的下东区，尤其是在东村地区的形成和扩散。在东村，经典的士绅化式的住宅修缮是在20世纪70年代出现的。我们有意识地选择这一街区，因为这里具有不可估量的社会和文化多样性，也因为它在政治方面强烈地反对士绅化。就人们可能检测到的下东区士绅化的经济地理规律性而言，描绘士绅化前沿将突出呈现让前沿的文化意识变得似乎合理的经济过程。

从城市房地产市场中撤资发展出了一种看似自己造成的势头。某一街区房地产市场的历史性衰落会引发进一步的衰落，因为就给定场所而言可以拨付的地租不仅取决于该场所本身的投资水平，也取决于周围建筑的物理和经济状况，以及更广范围内的本地投资趋势状况。190

对任何房地产投资者来说——从只拥有一套房屋的房主到跨国开发商——在街区恶化和贬值的时候投入大量资金维护建筑的举动显然是不合理的。与此相反，维持街区再投资的过程也似乎同样是自己造成的，因为对房产企业家来说，在街区大范围改造和资本重组的过程中维修残旧的建筑物同样也是不合理的。在第一种情况下，投资一栋孤立的建筑确实可能提高其内在价值，但对于提高场所的地租没多大用处，并且由于街区地租或者转售水平无法支持这栋翻修后建筑所需要的租

照片9.1　争夺前沿——纽约下东区第十三街废弃的和被占据的
191 建筑（劳里·曼多）

金或价格上涨，最终多半无法收回成本。在这一情况下，建筑本身积累的利益在整个街区衰落的情况下都消散了。在第二种情况下，即便可以通过惜售（在建筑价格上涨时将其退市）、炒卖（购买建筑只是为了以更高的价格转售）和其他不涉及大量再投资资金的投机行为获得短期投机收益，但整个街区范围内从广泛的资本重组中积累而来的地租增加，其中也有部分是由没有翻修改建自己物业的建筑所有者实现的。

然而，无论街区衰落过程中形成了怎样自成一体的经济发展势头，这种衰落都不是由于房地产投资者普遍的非理性心理而造成的。相反，持续的撤资很大程度上是因为业主、房东、地方和国家政府以及各种金融机构的理性决策而开始的（Bradford & Rubinowitz，1975）。这些群体代表了建筑环境的主要资本投资者，他们在投资策略和决策过程中会遇到各种选择以及不同的投资理由，最明显的是在私人市场、国家机构和个人之间。对于房地产市场的任何参与者来说，投资水平、建筑类型、结构年龄、地段位置和市场定位都是视情况而定的因素，金融机构和房东相对业主来说尤其如此，毕竟业主进行经济投资同时也是完成对家庭的实际承诺。是否要放弃房地产而完全转向其他投资，比如股票、债券、货币市场、外汇、商品期货和贵重金属等，资本投资者作出这样的选择同样依赖于预期利润率或利息。政府政策带来的经济效果，也会根据建筑和街区的特点以及地段位置有所区别。然而，不管这些个人决定可能有多么不相干（Galster，1987），它们都代表了对街区现状的回应，这些回应不能说总是相同，但至少有很明显的理由，或者是可以预测的。

无论因为撤资挑起或加剧了多少不正常的社会后果——比如房屋状况进一步恶化，越来越危害到居民健康，社区被破坏，犯罪贫民窟化，住宅存量减少，无家可归者增加——但是，经济上的撤资也在住房市场中起着作用，可以看成城市区域发展不均衡的一个组成部分（见第三章）。安东尼·唐斯（1982：35）对住房需求和政府政策之间的关系进行了大量研究；当他观察到“一定量的街区恶化是城市发展的重要组成部分”时，他指出这是一种普遍现象。除了政府政策的影响，其他人都强调金融机构撤资和拒绝放贷的红线政策在撤资过程中（Harvey & Chaterjee，1974；Boddy，1980；Bartelt，1979；Wolfe et al.，1980），以及在最终导致房屋废弃的过程中（Sternlieb & Burchell，1973：xvi）所起的作用。对银行、储蓄和贷款机构以及其他金融机构来说，选择撤资地域的最大理由是控制贬值、经济衰退和资产损失给界线清晰的街区所造成的影响，从而保护自己在其他地区按揭贷款的完整性。所以，试图划定撤资的地理界线，目的是控制其造成经济影响的社会和地理范围。

撤资对房东以及金融机构都有一定的功能性。斯特恩利布和伯切尔（Sternlieb & Burchell，1973：XVI）认为，在不断衰落的街区里，房东
192 受到租金减少和成本增加的双重挤压，既是撤资的受害者，也是撤资的肇事者（也有许多房东自愿参与到物业贬值和街区价值下降的过程中去）。按照彼得·萨兰的说法，“大多数现在和将来的这类物业的业主都是自己选择到那里去的，因为有利可图”，市场理性与政府政策“使得房产企业家用破坏住宅存量的方式赚钱”（Salins，1981，5—6）。在纽约市的背景下，萨兰提到，建筑业主在“累进撤资”的过程中“不断对房产进行利用”。房东通过房屋建筑“榨取”租户租金，同时又逐渐减少甚至可能终止支付债务、保险和房产税、维修保养以及如供水、供热和电梯等重要服务所需的资金。在这个衰落的阶段中，建筑也很有可能频繁易手，交易者往往没有正式的抵押贷款来源，直到最后由某位善于

“终结”的房东接手。这位“终结者”会对建筑的经济价值做出最后的利用，将其开膛破肚，例如拆除灯具、铜锅炉、管道以及家具等，统统清理打包用于其他地方或者转卖出去（Stevenson，1980：79）。虽然有些房东专长于在这个撤资阶段雇用“执法人员”来收取租金，租户当然是不愿支付这笔租金的，但也有其他人可能更感兴趣于在短期内把建筑清理一遍而不是收取租金。从建筑本身状况和经济上废弃房屋，或者房东策划一起纵火案来换得保险，这些成了许多建筑的最终命运。从20世纪60年代末到70年代末，这样的撤资接连发生在纽约市，与纽约市的财政危机，以及一系列全国和全球范围内广泛的经济衰退和萧条保持同步。

莱克（1979）用匹兹堡一个房东欠税的实际例子证实了这一观点。他归纳出了各种撤资策略，使用哪个策略取决于所有者（房东或自住房主）的类型、拥有者的持股比例、投资者对街区物业价值的了解程度等。莱克提出了一种“拖欠循环”，即物业维修、物业价值和空置率彼此密切关联，形成恶性循环。

在更大的整体水平上，可以把撤资看作士绅化发生的必要非充分条件。正如我们在第三章讨论的那样，正是房东和金融机构不断撤资造成“租金差距”，这个“租金差距”存在于当前土地用途下的资本化地租和通过士绅化的再投资让街区房屋得到更好和更高档次使用产生的潜在地租之间（Clark，1987；Badcock，1989）。

因此，无论街区撤资现象有多么尖锐，或多么明显地是由自己造成的，这种撤资都是可逆的。关于撤资也没有什么是自然而然的或者不可避免的。这种“自己造成”的观点的谬误与错误地“认为所有者的期望并不代表从经济上对房屋破坏……的准确回应”（Salins，1981：7）一 193

同产生。正如撤资和再投资是多少有些理性的投资者针对住房市场现在的条件和变化而积极采取的投资活动，撤资的逆转同样是经过深思熟虑的。投资者个人或房屋开发商作出开始再投资而不是撤资的决策时，这可能是源自无数的信息和各种观念，比如房产局的数据，或者哪怕是占星家的话语。不过，假设个人投资者没有控制整个街区的房地产市场，成功的再投资也还是有赖于一系列的个人投资者并肩展开行动。无论特定房东、开发商或者金融机构的个人看法和偏好是什么，成功地再投资某一街区反映了一种理性的集体判断，这一判断认为撤资和租金差距的出现可能创造出有利可图的机会。更有见识、更为敏锐或仅仅只是更加幸运的投资者，因为对以租金差距为代表的商机响应得更迅速、更准确或更富有想象力，会因此获得最大的回报；而懂得更少、没那么幸运或想象力不那么适当的投资者可能误判机会，从而使利润降低，甚至持续亏损。但在扭转下滑的市场逻辑过程中，这些行动者要应对的所有情况，已经被无数的投资者在数年甚至几十年的结构化行动中构建出来了。

拖欠带来的意外收获：欠税与拐点

在街区的历史上，从投资周期到撤资周期并不总是会出现拐点或者急转直下的情况，反之亦然。许多街区都能或多或少地稳定地获得维修、保养和建筑转让所需的资金供应，因此不会遇到持续的撤资和品质下降。不过，在这里让我们感兴趣的是那些没有发生稳定再投资的情况，那些社区中的建筑存量由此贬值的情况，以及那些士绅化相关的再投资启动的情况——归纳起来就是，那些在一个街区的投资和撤资模式中实际已经发生大幅变化的时刻。因此，这也代表了某些街区经济历史的一个非常具体的方面，我们可以称之为“拐点”，即再投资取代撤资的那个点。测定在某一街区再投资取代撤资的拐点出现的时刻，能够提供一个相当犀利的时间指标来判定士绅化的相关活动什么时候开始。

为了绘制士绅化前沿，找到再投资和撤资的适当指标是非常必要的，我们为此要有一些方法上的考虑。与士绅化相关的经济拐点的最明显指标，可能是专门用于楼宇修缮、重建和其他形式街区再投资的抵押贷款资本显著而持续增长。通过研究如何在地域上将城市空间划分 194
为可识别的商圈和在某地特有的撤资现象，我们知道了抵押贷款资金所起的重要作用（Harvey，1974；Wolfe et al.，1980；Bartelt，1979）。在还没有出现按揭资金充分流动的地区，士绅化当然可以开始，但不太可能取得太大进展。士绅化研究人员在研究中大量而有效地使用抵押贷款数据（P. Williams，1976，1978；DeGiovanni，1983；另见第六章和第七章），虽然它也代表着丰富的数据来源，但是抵押贷款数据并不一定就是和拐点有关的初次再投资的关键指标。

这样做的原因可以从前文所引述的布鲁克林开发商的话语中找到。最早期的大部分士绅化活动都是由开发商展开的，他们在传统贷款人一般都不愿投资的经济最前沿展开行动。在传统渠道进入之前，实际的融资机制是多种多样的，而且往往涉及多种资源以某种形式展开的合作，并且极难追查。这种情况常见的组织安排包括几个合作伙伴：建筑师、开发商、建筑经理、律师和经纪人。前三者主要负责建筑的转化问题，而律师则负责处理所涉及的法律事务，如契税转让、贷款安排、政府补贴和减税等，以及任何因为驱逐现有租户而产生的法律上的“问题”。建筑经理的工作也包括将现有租户驱赶出去。在项目开始时，所有的合作伙伴共同出资，然后由在出资中占比较大的经纪人确保在这个种子资金的基础上能够获得更多的私人市场贷款。凡是以这种方式组织起来的房屋修缮项目，传统的抵押贷款数据都无法真正揭示初次再投资的时机或规模。

其他一些研究人员则把政府资助的项目，如伦敦的中央政府补助修缮项目（Hamnett，1973）或纽约市的J–51计划（Marcuse，1986；Wilson，1985），作为手段去追溯首次再投资出现的时间。虽然这些数据在分析较小规模的时候具有明显效用，但是作为指标来说，它们甚至比抵押贷款的资金流向数据还要粗糙，在街区层面监测拐点也很粗略。对建筑条件进行详细的调查，或者评估建筑的恶化程度，也可能揭示关于再投资发生的重要信息，但是很重要的一点是，再投资开始的时间可能大幅早于对建筑进行物理性升级改造的时间。事实上，德乔瓦尼在对下东区拆迁压力的详细调查中（1987：32，35）所找到的强有力证据表明，建筑质量下降且逐渐衰败的情况实际上可能是“再投资过程的一个组成部分”，因为一些房东故意放任房屋条件变得糟糕，这样在进行大规模翻新或转售之前可以“把当前租户从建筑中清除出去”。建筑物的物理状况变化，其实更应被看作对经济战略的回应而不是原因，因此最多为再投资提供了一个粗略的监测点。最后，虽然有关建筑许可证的数据对于研究非常理想，并且在阿姆斯特丹的案例中得到了有效使用（Cortie et al.，1989），但在纽约市的特别情况下，这类数据是极不
195 可靠的。人们普遍认为，内城修缮改造可能有多达三分之一是在没有许可证的情况下进行的，而那些通过官僚程序获得许可证的项目，可用数据本身的质量就很不均衡，难以应用。

完全有理由相信，欠税数据为和士绅化相关的初次再投资研究提

供了最为敏感的指标：对于研究人员来说，房东欠税成为福音。房东和业主拒付房产税，是萧条街区最常见的撤资方式之一。欠税实际上是一种投资策略，因为它为业主提供了获得资金的保障渠道，如果不这样，这些资金就会“丢失”在各项缴纳的税款中。严重拖欠会使得房屋所有者面临城市止赎诉讼的威胁，因此我们可能会预料到在一个街区欠税的程度将对投资环境反转高度敏感。凡是房东和业主确信将有可能出现大量的再投资时，他们将寻求保持占有建筑物，因为售价预计将上涨。若有建筑处于严重拖欠的状态，这意味着至少会有一些税款补缴，以防止房屋被市政府取消赎回权的情况。因此，补缴欠税可以起到标示再投资初始形态的作用。莱克在匹兹堡的实证研究为这一观点提供了支持：物业评估价值中等或较低的建筑业主中，如果他们认为物业价值会增加，他们就会打算补缴拖欠的税款，改变这种欠税的状态，这两者之间有着紧密的联系（Lake，1979：192；Sternlieb & Lake，1976）。

萨兰也有类似的判断。他发现欠税“无疑是活跃的和初期房屋破坏的敏感指标，尤其是从拖欠的时间长度考虑，以及从拖欠止赎渠道的不同阶段中物业数量的角度考虑的话”（1981：17）。由此可见，拖欠水平系统性的逆转代表着再投资的敏感指标。但是，还没有学者在城市或（纽约市）行政区更精细的地理分解水平上对这些数据进行过分析。此外，正如莱克（1979：207）指出的那样，“拖欠房地产税就是根深蒂固的对立表现”，是更广泛的城市发展过程所固有的。他想到了其与正在变化的城市发展地理格局之间的关系，以及城市衰落和城市财政危机之间的关系。其实，欠税占据着增长与衰落之间、扩张和收缩之间，以及随着这种平衡而来的一切情况的支点位置，20世纪70年代和80年代城市在士绅化背景中的急速转型，进一步增加了欠税趋势的重要性。彼得·马尔库塞（1984）首次提出使用欠税数据来显示面临士绅化危险的街区的投资模式转变，找到了在纽约市的“地狱厨房街区”几个人口普查区出现拐点的明显证据。本研究正是基于他在这方面的工作。

不同的城市可能都有各自的具体程序来确定税款拖欠，以及将建筑物的所有权在欠款超过某一阈值时收归公有。事实上，每座城市都有各自的税款拖欠的政治文化。例如，斯堪的纳维亚半岛上的大多数
196 城市，由于有着强大的政府控制和强力的惩罚措施，住宅市场欠税是非常少有的事情。程度上或有轻有重，但是在大多数欧洲城市这种情况都很少见，因为国家立法总体上管制着房产税制度。在一些地方，欠税甚至属于重罪；而在美国，税收权高度分散，并且不同的城市可能有完全不同的程序。

在纽约市，直到1978年才开始对欠税达十二个季度（即三年）及以上的建筑实行止赎诉讼。如果成功进行了止赎诉讼，最终该建筑将被收归公有，处于“对物权”的地位。随着1973年至1975年的经济衰退和纽约市的财政危机出现了一次住宅资金撤离的巨大浪潮，拖欠率迅速上升。为了阻止猖獗的房屋废弃和撤资，当时的纽约市市长比姆提出，只要房屋欠税达四个季度就应该进入对物权诉讼（单双户建筑和公寓均免于这种转变）。在1978年这项提议成了法律：在欠税四个季度以后，业主将有一个季度的宽限期，可以在开始对物权诉讼之前补缴税款。接下来的两年中，业主仍然可以赎回建筑，但是裁量权在市政府手中。

尽管拥有这种法律权力，纽约市的财政部门及住房维护和发展局，还没有对欠税不到十二个季度的建筑提起过诉讼。业主纷纷抱怨这个

程序既官僚又繁琐（W. Williams，1987），但在80年代，市政当局显然是不愿意增加其已经够大的没收建筑存量（这些建筑大多空置着）。政府推出了多种还款计划，鼓励建筑业主保留对建筑的所有权。许多建筑在欠税早就超过十二个季度这个门槛后也没有被没收，而是被赎回去了，其他一些建筑则按照个人分期付款计划赎回，还有一些是以购买价格加上补缴未偿还欠税的形式从一个业主转手到另外一个业主手中。事实上，纽约市几乎马上就后悔推出了1978年的这条法律，也从来没有认真执行过这种欠款一年就取消抵押品赎回权的规定（Salins，1981：18）。到了20世纪90年代初，随着经济大萧条还在肆虐，尽管纽约市所有的住宅存量因为大规模的房屋修缮项目而有所减少，但不管是丁金斯政府还是朱利安尼政府，都完全放弃了采取激进措施将欠税建筑置入对物权程序的做法。在20世纪80年代，尽管对于房东欠税是处于“安全”还是“不安全”水平并没有完全固定的分界点，但在实践中，政府主要还是坚持之前的十二个季度的门槛。

在战后时期的纽约全市范围内，拖欠房产税在1976年达到最高水平，超过7%的住宅建筑都有拖欠——这个数字非常惊人。但是，在此之后的拖欠水平稳步下降，到1986年下降到七十年来的最低点，只有2%（W. Williams，1987），到80年代末期的新一轮经济萧条到来时才再
次上升。从最直接的意义上说，80年代总体拖欠水平的迅速下降，是因 197
为上次经济衰退和70年代的财政危机（也可能是人们对在1978年出台的更严格法律的预期）逐渐释放，形势变得宽松起来。但大多数情况下，这是由于70年代后期的房地产价格快速上涨导致的。更广泛地说，拖欠水平下降表明撤资水平明显下降，同时对先前衰落的房产市场再次投资的趋势加强。与20世纪60年代和70年代相比，在80年代很少

有业主放弃物业。这又反过来直接关系到更大范围的城市转型进程，尤其是士绅化进程。

在住房市场，相比业主自住型房屋来说，撤资分布不均对租房市场的影响要大得多。这也反映出对于许多房东来说撤资只是一种策略。迟至1980年，全市住宅物业中有3.5%在欠税。这个数字的构成以大约33万套出租公寓为主，占全市出租房屋总量的26%（Salins，1981：17）。在整个80年代总体撤资率有所下降，但是在地理上和经济上，房产税拖欠现象日益集中在大型公寓和多套出租单元为主的旧城区。这些街区代表了纽约最贫穷的街区，在过去的三十到七十年间毁于大规模的、系统的、持续的撤资，例如哈莱姆、下东区、贝德福德·施托伊弗桑特、布朗斯维尔、纽约东城及南布朗克斯。

下　东　区

“我们必须认识到，”一位本地的艺术批评家在下东区的艺术和士绅化刚刚进入蜜月期的时候就评论道，“东村和下东区不仅仅是一个地理位置，它也是一种心理状态。”（Moufarrege，1982：73）事实上，在20世纪80年代，该地区被积极推动成为纽约市最新的艺术波西米亚区，让人情不自禁地拿来和巴黎的左岸或伦敦的SOHO区进行比较。在下东区的士绅化过程中，艺术画廊、舞蹈俱乐部和工作室成为这一街区再投资的突击部队，即便艺术场景与士绅化带来的社会破坏之间的那种有时模糊但又非同寻常的共谋关系很少得到承认（参见Deutsche & Ryan，1984）。艺术界与士绅化从容布局，打造出的意象就像魔力药剂一样迅速地把该地区吹捧为“新前沿”（Levin，1983：4），超过了位于麦迪逊大道和第57街的那些古板的住宅区画廊，甚至也超过了邻近那些完全企业化的、曾经充满进步气息但现在已经完全士绅化的SOHO区艺术圈。下东区的热情喷薄而出，艺术媒体将其吸引力归结于“贫穷、朋克摇滚、毒品、纵火、地狱天使、酒鬼、妓女、破旧房屋的高度混合，独一无二，共同形成了充满冒险精神的前卫环境，也由此得到极大认同”(Robinson & McCormick，1984：135)。

下东区的艺术潮始于70年代后期，在1981年后日益制度化，众多画廊的相继揭幕也得到了广泛的宣扬(Goldstein，1983；Unger， 198
1984)——到80年代末发展到多达七十家画廊。下东区距华尔街只有几英里远，在紧跟1987年华尔街股市崩盘而来的金融洗牌发生之前，下东区的画廊似乎注定是体面的，这一体面也使画廊更加风格前卫，声名远扬。该地区还成为80年代十多部小说和多部电影的背景和主题，其中包括一部士绅化的调侃之作，例如斯皮尔伯格的《鬼使神差》(这部故事片让外星人来拯救下东区那些因为士绅化导致的无家可归者)。但是，贫穷和匮乏——该地区“独一无二的混合”——的浪漫化总是有限的，霓虹灯和超时尚审美的东拼西凑和闪闪发光，只是部分掩盖了这个被“士绅化美术”转化成新前沿街区过程中的那些拆迁、无家可归、失业、贫困的残酷现实(Deutsche & Ryan，1984)。

北边以第14街为界，西边是鲍厄里街，南边和东边是东河大道，下东区位于格林尼治村和SOHO区以东，唐人街和金融区以北(图1.1)。该区域包括在曼哈顿的第三社区委员会范围内。除了最东边的几处公共住宅群以外，下东区住房以建于19世纪末的四到六层“铁路型”和“哑铃型”(依据旧法规的)公寓为主，经过几十年的撤资后，它们现在要么严重破败，要么最近因为士绅化改造而大致翻新。这些公寓楼里面，偶尔点缀着几栋战后建造的十多层高的公房，20世纪上半叶修建的一些公寓楼群，或者几幢时间可以追溯到19世纪下半叶的老式公寓和联排别墅。从社会结构而不是房屋建设来看，20世纪80年代的下东区就像一床被子，下面躺着雅皮士和朋克文化者、波兰和波多黎各裔居民、乌克兰和非洲裔的工人阶级、乳蛋饼和绿叶餐馆、无家可归者的收容所、幸存的族群教堂和其他烧毁的建筑。从19世纪和20世纪之交直到第二次世界大战结束后，这里不仅是欧洲移民到美国的前台社区，也是社会主义者、共产主义者、托洛茨基主义者和无政府主义者激烈争辩的地区；这里是纽约知识分子的主要发源地，也是小本创业者和公司的非凡温床。这种色彩斑驳的历史和地理会让我们相信，如果能够在这里发现再度可以识别的地域模式，这些模式会让我们找到士绅化进程更深层次的规律。

和纽约大多数最贫困的地区一样，下东区的人口在20世纪70年代急剧下降，随后在80年代趋于稳定。到1980年的时候，人口在过去十年间下降了超过30%，但是租金在该地区的普查范围内仍然增长了128%到172%，普遍高于全市同期125%的增长率。1980年有四分之一的家庭都生活在贫困线以下，但各人口普查小区的情况并不相同（从14.9%到64.9%）（美国商务部，1972，1983）。70年代的人口下降在80
199 年代并没有再次发生。联合爱迪生电力公司是当地的天然气和电力供应公司，拥有准确记录数据监测谁在使用天然气和电力；它们的数据表明，家用电表数量在该地区急剧下降，直到1982年才开始回升——这可能是因为士绅化的结果。到了1990年的人口普查统计，该区有161 617名居民，比80年代增长了4.3%。

我们再把目光转向撤资。下东区总体欠税的高峰出现在1976年和1977年，而到了1986年拖欠的水平已经下降了50%，并持续下降到

1988年。图9.1对比了1974年至1986年间该区域每年的撤资历史（即私人住宅市场的总欠税）和人口水平（联合爱迪生电力公司数据）。[1]数据表明，尽管1976年后就开始有一些欠税赎回，但直到1982年以后，这种再投资才在人口统计学上表现出家庭数量的增加。表9.1提供了东村地区北部的住房空置率的平行数据。该地区所有人口普查小区在1976年至1978年间都经历了空置率高峰，到1984年几乎每个地段的空置率都达到一半以上。这表明，在最早的再投资和人口重新增长之间可能存在多达六年的滞后，并实证性地支持了经济变化导致士绅化进程中的人口变化这一观点。

绘制士绅化图景

正如图9.1表明的那样，随着财政危机和经济衰退的改善，1976年以后撤资水平的下降让下东区出现了持续的再投资，而且即使在80年代初期的经济衰退中都很坚挺，只在80年代末的经济萧条中才稍微褪色。不过这些数据也表明，在撤资和再投资的过程中，在地理和历史上都存在很大的内部差异，由此得以使我们可以开始编制与士绅化相连的“盈利前沿”的图景。

欠税数据是由财务部收集的，可以在纽约MISLAND数据库中查到。每个人口普查小区都有一个摘要来显示各自区内的税款拖欠程度。根据拖欠的严重程度可以把欠税分为三种：低度（拖欠三至五个

1　对纽约城市规划部门编制了一个名为MISLAND的集中式计算机数据库，涵盖与城市相关的广泛信息。该信息以一系列单独文件的形式提供。待完成的数据是从房地产交易和房地产档案文件中提取的，空置数据则从康·艾迪森文件中提取。后者的数据包括三类：当前账户、待开启账户、在空置建筑物中的账户。后者的数据也包括在活跃账户中；康·艾迪森文件将空置率超过40%的多单元建筑物定义为空置。

表9.1 （纽约）东村北区空置率水平和高峰年份

排　名	人口普查地段	最高空置率(%)	年　份	1984年空置率(%)
1	26.01	25.06	1978	11.87
2	26.02	24.87	1978	10.53
3	22.02	21.11	1976	11.48
4	28.0	20.78	1976	5.59
5	34.0	16.24	1978	6.40
6	30.02	11.77	1976	5.20
7	36.02	11.77	1976	5.20
8	26.01	25.06	1978	11.87
9	26.02	24.87	1978	10.53
10	22.02	21.11	1976	11.48
11	28.0	20.78	1976	5.59

200 资料来源：MISLAND，联合爱迪生电力公司文件。

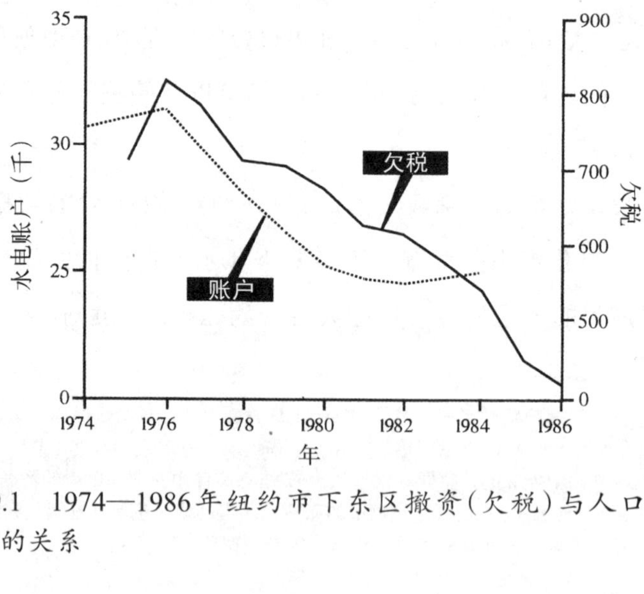

图9.1　1974—1986年纽约市下东区撤资（欠税）与人口变化（水电账户）的关系

季度)，中度(拖欠六至十一个季度)和重度(拖欠超过十二个季度)。表9.2提供了1975年到1984年间东村区域(休斯顿街以北)严重拖欠房产税的相关数据。鉴于启动对物诉讼的实际门槛是十二个季度，低度拖欠的数据(三至五个季度)往往无法反映出有关拖欠和赎回的急剧而又明显的变化。中度(六至十二个季度)和重度(十二个季度以上)的拖欠则能够揭示出一个有趣的历史趋势(图9.2)。直到1980年，属于中度和重度拖欠的建筑物数量之间存在明显的反比关系。建筑物所有者似乎都遵循一个明显的策略：在1978年至1979年间赎回部分建筑物(让这些建筑物从重度降为中度拖欠级别)——这可能是为了抵御被取消抵押品赎回权的威胁，这一威胁在1978年因为全市范围内的特别保护权和欠税相关的新法律出台而愈发明显。1980年，一轮新的拖欠浪潮开始，大约170栋房屋从中度拖欠又滑落回重度拖欠程度。但是，1980年以后，重度和中度拖欠之间的反比关系因为两者都明显下降而

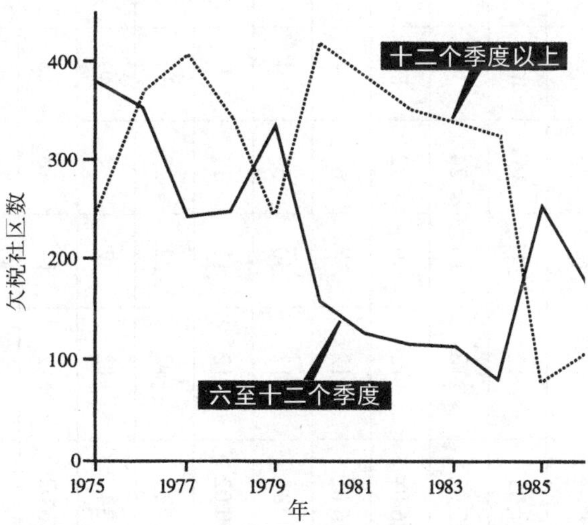

图9.2　1975—1986年下东区重度欠税与中度欠税的周期　201

202　表 9.2　纽约东村住宅欠税趋势

人口普查小区	欠税季度数	欠税社区数											
		1975 年	1976 年	1977 年	1978 年	1979 年	1980 年	1981 年	1982 年	1983 年	1984 年	1985 年	1986 年
全部	+12	241	369	402	344	244	417	385	352	338	324	79	107
22.02	+12	16	24	34	27	12	33	34	30	28	28	8	9
26.01	+12	39	72	87	66	53	88	76	71	73	73	10	11
26.02	+12	37	67	74	80	50	96	77	72	71	72	15	17
28	+12	40	57	64	49	34	50	44	43	42	38	5	14
30.02	+12	11	12	19	15	9	16	21	22	20	16	3	4
32	+12	22	27	30	26	24	44	44	37	35	39	19	23
34	+12	32	54	49	46	31	54	52	42	42	39	8	17
36.02	+12	14	18	16	15	11	14	14	12	10	8	5	3
38	+12	20	26	22	18	16	17	15	14	10	6	5	6
40	+12	9	12	7	2	4	5	8	9	7	5	1	3
42	+12	1	0	0	0	0	0	0	0	0	0	0	0

资料来源：曼哈顿 MISLAND 报告；纽约市政规划局；纽约房产交易文件；房产文件。

202

暂时没有出现。尽管1980年至1982年间因为全国性经济衰退的出现而导致了住宅建设受到严重限制，但撤资的下降继续有增无减，而且一直延续到80年代末。只有在1985年面临很有可能被取消抵押品赎回权的特别保护权诉讼威胁时，重度和中度拖欠之间的反比关系才又再次上演，但这只是在整体投资跌幅较大背景下的小小波澜。这也表明，1980年后该地区整体上的再投资水平上升——这一年也是重度拖欠达到峰值的一年。

确凿的证据来自销售价格的数据。虽然1968年到1979年间（此期间的通胀率超过100％）整个下东区每单位售价的中位数涨幅只有43.8％，但是在1979年到1984年间这一价格上涨了146.4％（速度是通胀率的3.7倍）（DeGiovanni，1987：27）。

为了从地域上分列欠税数据并确定士绅化的前沿，有必要先确定每个人口普查小区的“拐点”。拐点代表了每个小区重度税款拖欠达到高峰的那一年。图9.3提供了这一定义的四个例子。在图9.3a，9.3b和9.3d中，拐点分别出现在1980年、1982年和1976年。凡是小区呈现双峰分布的，比如34区（图9.3c），后来出现的峰值均被确定为拐点，注意我们这里关注的是从撤资到持续性再投资的反转日期。

在此期间，虽然由于空间的原因在这里没有绘制出中度拖欠的数据，但是中度及重度拖欠之间的反比关系似乎也在继续。在每个案例中，除了第42人口普查小区由于区内中度欠款的数目太低而无法进行合理的统计对比之外，中度欠款水平的峰值均出现在重度拖欠的拐点之前；中度欠款的高峰总是先于重度拖欠的拐点出现。八个小区的中 203
度拖欠峰值出现在1975年至1976年间，剩下的两个（它们都位于下东区地区的东南部）达到顶峰的时间稍后，出现在1979年。这似乎再次

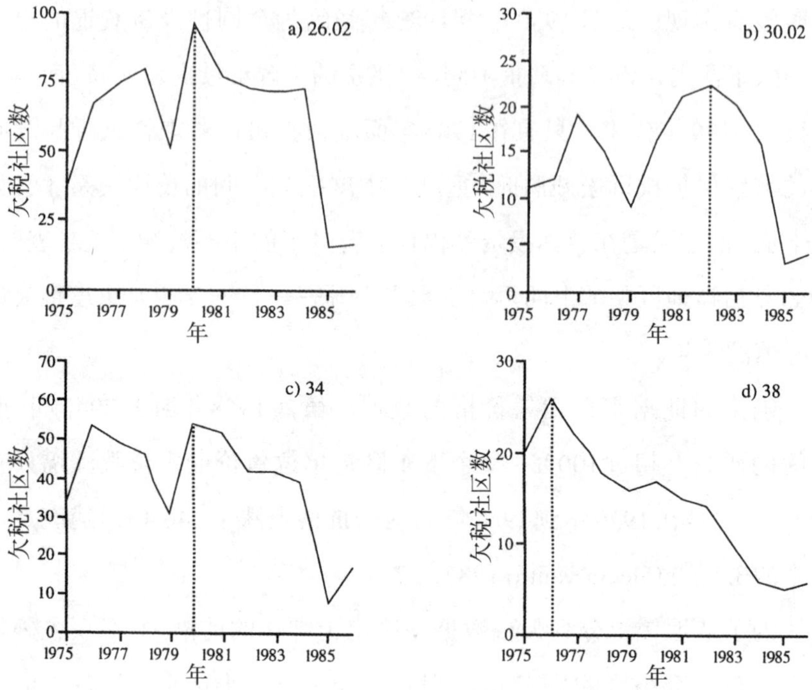

图9.3　四个人口普查区段的拐点

确认了早前给出的解释，即在20世纪70年代，许多物业的税款拖欠情况都徘徊在十二个季度以上这一门槛周围。事实上，它们都经历了相同的一个循环：中度拖欠，之后是重度拖欠，再然后是赎回，再回落到中度拖欠状态。这个周期的变化时机和纽约市止赎诉讼的时机保持一致。

为了绘制出士绅化的前沿，我们对私有房屋在整个下东区27个普查小区的数据进行了分析。最早的拐点通常在1975年至1976年间出现在该地区的西边；最近的拐点则大多在1983年至1985年间出现在东部，每个小区到1985年时都经历了一个拐点。由此产生的拐点的地理
204 格局显示出极端的统计自相关性。于是，拐点得以绘制出来，并且这些

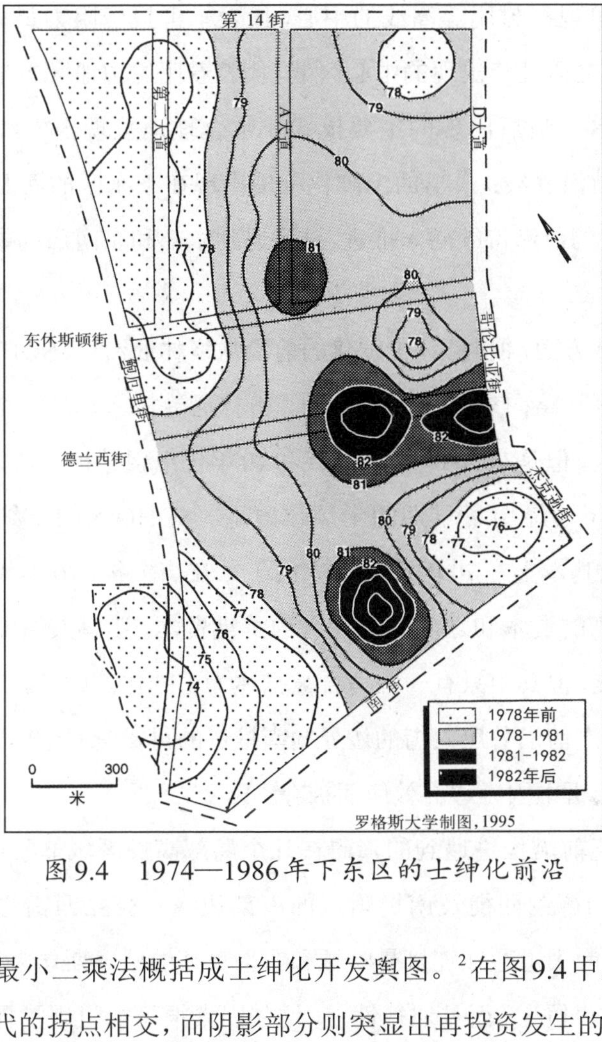

图9.4　1974—1986年下东区的士绅化前沿

数据通过最小二乘法概括成士绅化开发舆图。[2]在图9.4中，年度等高线与同年代的拐点相交，而阴影部分则突显出再投资发生的不同阶段。这里要作一下解释：在年代等高线之间插入明显空间的地方，再投资扩散迅速；陡峭的等高线斜坡则表示再投资的显著障碍。在没有封闭的等高线（即没有尖顶或陷穴）的地方，士绅化前沿是最明显的。尖顶，即

2　这一地图统计是使用Golden软件开发的Surfer趋势面分析软件包完成的。

以后几年出现在封闭等高线的中心，代表了再投资阻力最大的地区；而陷穴，即之前几年出现的中心区域，代表着比周边地区更早向再投资开放的地区。最后出现的主要模式非常合理地呈现出界线清晰的从
205 西到东的前沿界线：最早的士绅化入侵出现在下东区的西北和西南地段；再投资的前沿持续向东推进，直到遇到东部和东南部的本地阻碍才放缓。

在地域方面，很明显，士绅化的前沿从格林尼治村、SOHO区、唐人街和金融区一路向东推进到下东区。格林尼治村一直是一个波西米亚风格的街区，但是在20世纪30年代和40年代出现某种衰落之后，在50年代和60年代经历了早期的士绅化改造。SOHO区的士绅化比之晚了几年，但基本上在70年代末就完成了。在唐人街，70年代中期涌入的来自台湾的资本和之后大量涌入的香港资本，让唐人街能够快速向北向东扩展，但其中只有一些适合被描述为士绅化。此外，值得指出的是，1975年之前沿着唐人街的边界向南推进的再投资（图9.4）程度可能会在统计分析中因为边界效应而被夸大。

士绅化前沿推进遇到的障碍在几个局部高峰区域非常明显，特别是在东边的德兰西街及南街附近的南部边缘。德兰西街主要是商业街，一条宽敞大道通往连接曼哈顿和布鲁克林的威廉斯堡大桥，这里交通拥堵，噪声巨大，而且通行性差，这些因素很可能阻碍了再投资。更为普遍的是，这些高峰可以被解释为士绅化的限制：下东区地区的东部和南部边缘围绕着一圈大型公共房屋项目，这些项目不出所料地会成为士绅化的巨大障碍。此外，对再投资形成阻碍的这些节点刚好位于传统的下东区核心地带，那里的撤资现象持续到1985年，一直到80年代经济复苏。这里也是最贫穷的地区，是拉丁裔人群的最后据点，也是

“压力点行动”的焦点地区。由于士绅化改造的开展，从1985年开始警方对街头毒品进行了大规模打击——而这一年，也正是最后的拐点出现的一年。图9.5就像整个街区前沿路径的蚀刻画一样，从另一个方面显示了“士绅化表面”的立体图案：最低的地区最早经历再投资，最高的地区最后经历。这里的士绅化向上流动，似乎与撤资相反。

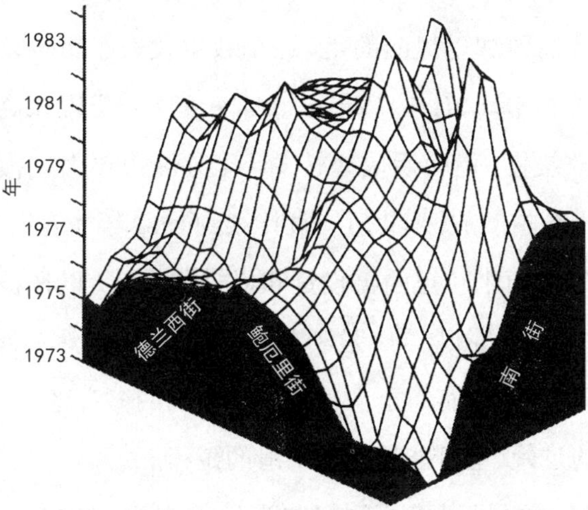

图9.5　作为士绅化表面的下东区 206

再投资下东区的房屋市场似乎有两个不同时期。第一个时期发生在1977年至1979年间以及1980年之后，特别集中在西部和北部街区；再投资的第二阶段则涵盖除了那些在前一阶段资本结构已经调整的地区外的南部和东部街区。要认识到，以欠税赎回形成进行的再投资，并不一定标志着士绅化和城市转型的建筑整修和重建的生产性再投资——这很可能只是一个投机市场的标志。虽然认识到这一点，但是在70年代末于西部和北部街区的再投资似乎确实防止了1980年到1982年经济衰退期间再度复发的撤资现象。事实上，这一地区的第一大道以西区域的再投资持续时间更长，基础也更广泛，而东边和东南区域的人口普查小区则整个70年代都是人口损失最大的区域（58%—74%），直到80年代以后这里的经济才开始好转。

正如艺术批评家瓦尔特·罗宾逊和卡罗·麦考密克（1984）所说的，士绅化不是“无精打采地朝着D大道前进”，而是稳定地向东蔓延至整个街区。从1975年到1981年，盈利前沿以每年100至200米的平均速度前进。需要加以提醒的是，这个数字代表了市场表现极不稳定的整个时期内的平均值：1976年至1977年间，撤资现象高发预示着盈利前沿的扩散缓慢，但随后快速转变，直到1980年大规模的撤资再次使再投资前沿的扩散放缓，此后一直持续到1982年才有所好转。此外，这些数据只包括两个较短的再投资和撤资周期，所以在概括结论时要多加小心。在士绅化社区的“盈利前沿”的扩散，当然对外部经济和政治力量非常敏感，并拥有属于自己的逐区不同的微观地理；它可能是一个且停且走的过程，也可能是持续平滑的延续。

下东区这种再投资模式刚好与当地的观察一致。《纽约时报》周日版的地产板块热心鼓吹道：“士绅化继续在‘字母城’不可阻挡地大步前进——从A大道至B大道，然后是C大道和D大道。”（Foderaro，1987）对许多观察家来说，士绅化似乎是从东村的西部边界开始入侵下东区的，而更成熟的格林尼治村作为毗邻街区则为其提供了动力。第14街以北的地区，包括葛兰姆西公园以及更西边的联合广场，一直是早期重建活动的目标，1987年建成的泽肯多夫公寓塔楼为下东区的士绅化改造在西北角奠定了基础。虽然史蒂文森镇（位于更东边第14街北侧的中低和中等收入者的高层建筑）最初可能阻碍了更高土地价值的
207 向南扩散，但是一旦士绅化过程开始，它同样也起着东村士绅化在北部

照片9.2　在新城市保护区里的“看不到无家可归者”标牌 208

区域的稳定器作用。相比之下，南边和东边的街道则经历了更严重的撤资，这一点可以从异常的空置率高峰看出来（表9.1）。休斯顿街的南边是曼哈顿除哈莱姆以外住房条件最糟糕的地方，再投资一般比较缓慢。因此，在下东区进行的再投资并不是从撤资和房屋废弃最严重的区域开始的，而是在边界区域（Marcuse，1986：166）。可以这么说，还得在这些边界地区才能进行杀价，而基本不用冒被倒手的风险。

结　论

分析再投资的拐点和绘制盈利前沿地图能够带来很多提示。再投资模式的本地复杂程度，以及偏离直线扩散的过程，这些应该都不会令人感到惊讶；事实上，19世纪的弗雷德里克·杰克逊·特纳提出了“前沿终结”的论点（而他正是在这一点上受人质疑），即虽然较大的前沿界线可能已经席卷而过，但还是会留下一些极具韧性的带有前沿性质的小块区域。同原本的前沿一样，士绅化界线与其说是一堵平等的不断发展的“墙”，不如说是一个极不平衡且极度差异化的过程。然而，描绘士绅化前沿可以帮助我们破除大众媒体对许多士绅化现象进行解释时所采用的神秘的前沿语言，并且帮助我们洞悉赋予这种语言以现实假象的城市变迁过程中的经济地理学。如果说这种描绘监测出了士
209 绅化的经济前沿，那么前沿的政治和文化则呈现出非常不同的画面。

第十章
从士绅化到恢复失地运动者之城

20世纪80年代的乐观精神，就像加长型轿车般先是被1987年的金融危机追尾，两年后又被经济衰退彻底撞毁。房地产经纪人和城市评论家迅速地开始使用“去士绅化”的语言来表示90年代城市变化的明显逆转。“随着房地产繁荣在曾经士绅化的街区相继破裂，”一家报纸的记者写道，

> 曾经在这些街道呼风唤雨的合作公寓的开发者们和投机者们……都陷入了困境。反过来，这让一些居民抱怨安全性差，房屋维修保养以次充好。有些居民则抱怨因为银行对他们的建筑取消赎回权，曾经价格昂贵的公寓卖不出去了。

“去士绅化，”一位纽约经纪人解释说，“是士绅化进程的一种逆

转。”20世纪90年代和80年代不同，“没有对拓荒性的、过渡性的和新近发现地段的需求”。他认为，很少的几宗房地产交易也都集中在“黄金区域”（引自Bagli，1991）。“在70年代，理论上来说，少数士绅化了的地区将有辐射作用，提振邻近地区”，但是“那并没有发生”——另一个评论员说道。人口普查局人口学家拉里·朗说得最直接，“士绅化已经成为过去”（引自Uzelac，1991）。

媒体宣告士绅化已经终结的论调，也开始在学术文献中得到更多的支持，评论家们在任何说到士绅化的情况时通常都比媒体记者说得更平凡无趣。在一篇有关加拿大个案研究的立论清晰的论文中，拉里·伯恩预见到了在那几个城市里“士绅化的灭亡”，他认为，即使是在80年代这些城市中的士绅化也只有很轻微的意义。士绅化“相比于过去，在90年代作为社会变化的空间表达将是不太重要的”（Bourne，1993：103）。他认为，过去的十五年间是

> 北美地区战后城市发展的一个独一无二的时期。这个时期有婴儿潮、教育水平上升、服务业就业和真实收入快速增长、大量的新建
> 210 家庭、现房增值、公共部门异常慷慨、建筑环境中的大量（投机性的）私人投资，以及高层次的外国移民。除了最后一种情形，这种环境已经没有了。（Bourne，1993：105—106）

在一座发展更加不均衡、更加两极分化且更加隔离的城市中，“后士绅化时代”将经历“士绅化的比例和影响”大幅下降的现实。

“去士绅化”这个词的出现和士绅化将消亡的预测，是更广泛的“城市衰落话语”中的一部分（Beauregard，1993），这种话语已经重新成

为90年代（尤其是在美国）城市生活中公众表达的主流。从历史上看，根据博勒加德的看法，这种有关衰落的话语已经“不是对于无可争辩的现实的客观报道”，相反，这种话语“从思想上塑造我们的注意力，为我们应该如何反应找到了理由，也讲述了一个20世纪美国城市命运的故事——清晰易懂、引人入胜、让人放心”（1993：xi）。这种话语在90年代的复兴充满戏剧色彩。在70年代，特别是80年代期间，白人中上层阶级对士绅化持乐观态度，他们认为士绅化能够以“开拓者”（主要是白人）的名义收回“新城市前沿”，这种乐观态度在那时候明显调节了有关衰落的话语。而如今这一切都一去不复返了，代替它的是恢复失地运动者之城。

恢复失地运动者之城

在90年代，有增无减的犯罪、暴力、毒品、失业、移民、腐朽堕落——全都带有恐怖色彩——已经成为不折不扣的城市复仇主义的脚本。19世纪末的法国复仇主义者针对法国人民发起报复和反动攻势（Rutkoff, 1981），为目前美国的城市主义提供了最恰当的历史借口。这种复仇式的反城市主义，代表了隐匿在公民道德、家庭美德和街区安全的民粹语言中的对所谓“盗窃”城市的反应，以及在面对一系列特权受到挑战时的拼命防守。最重要的是，恢复失地运动者之城表达了中产和统治阶级白人感受到的种族、阶级和性别恐怖。遭到蹂躏的房产市场、失业的现实威胁、社会服务大量抽离、少数族裔和移民群体的突然出现，以及妇女作为强大的城市行为者出现，所有这些都令白人突然被卡在原位不能动弹。这也预示着他们对少数民族、工人阶级、无家可归者、失业者、妇女、同性恋者以及移民的恶意反应。电视节目声嘶力竭地不断宣扬着恢复失地运动者之城。80年代的“黄金时代的士绅化”(B.Williams，1988：107) 已经被对日常生活中明显的危险和暴力的痴迷描述所取代。当地新闻节目(如“警察”、“硬拷贝”、“911”等)，整个有线频道倾力打造的“法庭电视”、谈话类节目、民兵广播和像拉什·林博这样的新进毒舌，都将欲望与复仇融化成为不安全身份的解
211 药。连续十六个月每天报道 O. J. 辛普森案的审判以及他最终的无罪释放，这只是进一步巩固了报复性反应的种族拓扑结构，而真正要传递的信息是，阶级和金钱强大到足以取代种族，以及妇女是全方位的失败者。显然，报复欲望是如此极端，以至于在加州的一群律师和投资者集合起来在付费电视频道上明确提出要“本月执行”。(“生产组……”，1994)

恢复失地运动者之城代表着对一种城市生活的反应，唯利是图且不受控制的激情助长了危险和残酷，一波又一波地不间断复发，这也定义了这种城市生活。其实，恢复失地运动者之城的社会关系再生产已经犯下了令人惊愕的错误(Katz，1991c)，然而对此的反应却是恶意地重申此前导致这种问题的相同的压迫和规定。“在美国，”吉尔摩尔引用阿米里·巴拉卡的话说道，“真实的和想象的社会关系在最严格的种族/性别等级制度中表达出来，‘再生产’实际上是生产及其副产品，恐惧和愤怒服务于‘改变相同的’，即美国民族主义的本地种族隔离”(Gilmore，1993：26)。

第三世界的城市有很长一段时间在西方被看作恢复失地运动者之城的相似类型，自然和人性对堕落和放荡的民众习惯性地采取恶性报复行为。“群众分组”或人口炸弹这类生态反动派和优生学的语言——今天再次死灰复燃——同正义沙漠的潜台词交织在一起：西方媒体上

定义这些城市的瘟疫、地震和人类屠杀时都呈现为自然（人类或相反）对人类某些致命缺陷的报复。在里约热内卢的有组织谋杀街童，在孟买的印度教徒大肆屠杀穆斯林，在南非德班的选举前屠杀（冒充是部落战争，但南非安全部队火上浇油），在巴格达因为美国于1991年和1993年的野蛮轰炸后产生的混乱，以及在卢旺达的令人瞠目结舌的暴力事件——这些事件和其他许多戏剧性事件让第三世界城市在西方观众心中留下了固有的观点，认为这些地方即便不是经常莫名其妙地发生不同寻常的暴力事件，至少也是天生充满了报复性的、可悲的但往往又有正当理由的暴力。但是，90年代的恢复失地运动者之城，更多的是关于如何重新发现城市中的敌人。

现在回想起来，在1987年出版的《夜都迷情》中，汤姆·沃尔夫对纽约进行的深入剖析和描绘，已经引人瞩目地宣告了恢复失地运动者之城的出现。这本书以及后来被搬上银幕的同名好莱坞电影，讲述了一个昔日的“宇宙之主”衰亡的故事——一个华尔街交易员的世界由内部崩溃的故事。在这个对80年代纽约急剧转型过程的重大事件和人物多加揶揄的故事中，虚构的主人公谢尔曼·麦考伊是上流社会体面的盎格鲁—撒克逊裔白人清教徒后代，住在花园大道，似乎无意之间成为一个从麦考伊和他的阶级那里偷走的世界的受害者。在遥远的布朗克斯发生了一起黑人少年死亡的车祸之后，麦考伊开始面对一个由移民、新上位的强势少数族裔政客和牧师、布朗克斯法院的卡夫卡式法律官僚所组成的世界。尽管他所在的阶级强而有力，尽管他有着广泛的社会关系，尽管他有数以百万计的金钱——沃尔夫猜想，也许正是因为 212
有了它们——他却无法从一桩他甚至都没有犯下的罪恶的负面影响中摆脱出来。沃尔夫保留了主人公对哈莱姆教堂中的非洲裔黑人教士的厌恶之情，很容易辨认出来这是以一个真实人物为蓝本的。然而，不管他对麦考伊的阶级自大的起诉书抱有多大的讽刺意味，《夜都迷情》仍然是一个上流社会白人男性在一个不再由他完全控制的世界中毫无道理地成为受害者的故事。

过去的几年里，已经出现了恢复失地运动者之城的许多变种。一家斯堪的纳维亚航空公司的杂志转载了迈阿密作家卡尔·哈森的作品，他的犯罪小说描绘了耸人听闻的“迈阿密罪恶”。哈森自己是第二代挪威移民，在他看来，迈阿密的罪恶直接源自人口过剩：

> 直到我们得到一些喘息的空间，直到这里的人口规模变得足够容易管理，否则我们永远不会打算拯救这个地方。这里的生态无法支持400万生灵。没有足够的水，没有足够的土地。我们已经如此紧密地被捆扎在一起，所以现在这种可怕的暴力犯罪一下子爆发了出来。它可能是以某个夏天的种族暴乱的形式出现；它可能只是随机杀人。我怀疑很多人十年或十五年前搬到这里时不会想到自己有一天得给窗户钉上防护栏，去趟杂货店得随身带上钉锤，要担心被车劫持或者从机场回家的路上被人抢劫。这都是因为人太他妈的多了。（引自Rudbeck，1994：55）

虽然说主要的少数族裔移民（来自海地、古巴、哥伦比亚、加勒比及拉丁美洲其他地方的移民）是哈森的首要打击目标，但他并不是坚定的种族主义者。“就我而言，”他在提到马可这个吸引了大量欧洲、加拿大和美国中西部游客以及加勒比和拉丁美洲人的度假胜地时说道，“这将是一个战术核打击的好地方。”（第54页）

将犯罪、移民和“人口过剩”歇斯底里地扯在一起，这种方式也许可以写出一篇不错的小报文章，但从科学的角度来看肯定不好。犯罪已成为恢复失地运动者之城的核心标志，更何况对犯罪的恐惧和现实是不同步的。“犯罪已经超越医保和‘经济’成为当前公众的最大焦虑，”露丝·威尔逊·吉尔摩尔这样认为，

> 即使有很多报告都提到近年来平均犯罪率已经在下降，然而在当代美国，犯罪起到了双重转移作用。首先，在工资越来越难挣的时候，犯罪是人们生活混乱的症候……其次，通过识别出敌人，只要将其镇压下去就会恢复安全，转移因为经济上的不安全感造成的眩晕而给人们带来的恐惧。（Gilmore，1994：3；另见 Ekland-Olson et al.，1992）

发生在东西海岸的两桩事件——都带有阶级和性别缠绕的种族和民族主义特征——象征着在90年代初期美国恢复失地运动者之城 213
的出现。洛杉矶在80年代被广泛宣扬为代表了下个世纪全新而本真的太平洋城市生活，然而在1991年，四名警察在残忍殴打罗德尼·金却被判无罪后发生的暴乱，让媒体长期以来习惯性地将“骚乱”简单地解释为黑人攻击白人的努力化为乌有。媒体对暴乱的解释陷入种族偏见的套路，连篇累牍，震耳欲聋，但最终并不成功，因为用迈克·戴维斯的话来说，它是“一次极度混杂的暴乱，可能是美国现代骚乱历史中的第一个多种族暴乱”（Davis in Katz & Smith，1992：19；另见Gooding-Williams，1993）。同样，在洛杉矶暴乱之后不到一年的时间，纽约世贸中心——作为70年代市区重建（和由此涉及的大规模流离失所）以及

80年代全球城市化的标志——爆炸案让《火烧摩天楼》电影中的图像变为现实，并引发了媒体追捕“阿拉伯恐怖分子”的排外狂潮（Ross，1994）。虽然大楼的安全系统彻底失败致使其被描述为“病态城市”的“病态建筑”，但世贸中心爆炸案在国际舞台上巩固了美国城市生活与野蛮暴力（恐怖）之间的联系。就连平时精明的批评家保罗·维利里奥也认为世贸中心爆炸案“开创了恐怖主义的新时代”—— 一个超越过去的想必更好的“恐怖均衡”的“非均衡时代”（Virilio，1994：62）。（这里忍不住要偏一下题，我们过去曾批评新古典经济学，即均衡与不均衡之间的差异很大程度上取决于你站在哪一边。）不管怎样，连《纽约时报》都加入了歇斯底里的排外队伍。在报道对外国同谋者的搜寻时，《纽约时报》漫不经心的夸大之词被误以为是无可辩驳的事实——“被控阴谋炸毁纽约市的铃声”（Blumenthal，1994）。这可不仅仅是“曼哈顿工程”那么简单。

两起后来发生的事件不仅进一步巩固了恢复失地运动者之城在美国城市的出现，而且巩固了这种复仇主义不可避免地大行其道的国际环境。当巴鲁克·戈尔茨坦博士——一个来自加沙西岸定居点的美国犹太人——在1994年2月25日用机枪扫射希伯伦清真寺并且杀死29名参加斋月祈祷的巴勒斯坦人时，《纽约时报》的回应是探讨许多以色列人对大屠杀感受到的情绪骚动和尴尬（Blumenthal，1994）。很少有对这起事件的性质进行系统性的诊断，大多数人将之归罪于戈尔茨坦的“情绪不稳定”——一种不幸的心理状态。相比之下，对于《纽约时报》和它的大部分美国读者来说，被杀害的巴勒斯坦人在媒体报道中连名字都没有——想必也是不重要的；只是作为一种迟来的事后补救，美国新闻界的某些媒体在报道中终于说出了他们的名字。他们的遇难人数也没有统计（好几天来，人员伤亡报告有人估计是22人，有人估计是43人，好几周之后美国新闻界才杂乱无章地确定29人的官方数字）。

不到一个星期之后，在光天化日之下，一名枪手对着布鲁克林大桥上一辆坐满正统仪式派犹太人的面包车开枪射击，造成一人死亡。尽管这是一起与之前事件截然相反的暴力事件，但这一事件引起的媒体和公众反应从模式上看与之前的惊人相似。市长朱利安尼和纽约媒体再次把注 214
意力放在生活在纽约的正统犹太人的“愤怒和痛苦”上。他们推测——或者拒绝推测——认为：“攻击可能只是针对几十个穆斯林在希伯伦被杀害而匆匆展开的报复行为。”当纽约市警察局拘捕拉沙德·巴兹后，这样的猜测进一步增加，《纽约时报》确认了巴兹“外国人”的身份——实际上他是签证已经过期的黎巴嫩公民——并指控他谋杀。事实上，这样的指控并没有找到事实联系，但是旁敲侧击地提醒人们注意巴兹外国人的身份，又让人们觉得这样的联系无处不在：“他的财产包括一串伊斯兰念珠和其他宗教用品，以及一张关于黎巴嫩爆炸案的新闻剪报。”《纽约时报》如是报道说。黎巴嫩，希伯伦：有什么区别吗？

这起案件立刻被宣扬为民族暴行。这个词是很重要的。假如它是夜间发生在布鲁克林区的贝德福德·施托伊弗桑特，这桩案子最多不过是被记录在警方的电脑中，当成一起当地的“飞车枪击”案子。如果涉案双方是非洲裔美国黑人，《纽约时报》甚至都懒得问津，更别提什么上升到全国关注的“暴行”——这不过是又一起贫民区的谋杀案罢了。如果涉案双方可能是同化的美国白人，特别是如果受害人（或枪手）是从某个受人尊敬的上层中产阶级郊区来到纽约市的话，那有可能会引起多一点的媒体报道和焦虑。那么，是什么让布鲁克林大桥杀人案如此具有象征意义呢？除了表明国际政治斗争既在贝鲁特上演也可能发生在纽约街头以外，枪击案证实了一直普遍存在的把内部“敌人”——阿拉伯裔移民——宣布为来自外部的做法。其次，对仪式派犹太人的攻击立刻让大多数犹太人的受害者身份得到恢复，抵消了因为希伯伦大屠杀导致的不和谐影响。

人们迅速而广泛地把这起案子和两年前的皇冠高地案展开了比较。两年前，一名黑人小孩被闯红灯的仪式派犹太年轻人碾死；在随后的骚乱中，一名年轻的澳大利亚仪式派犹太人被打死。在该案中，当地黑人广泛指责警方更加关注保障司机，而不是送孩子去医院，而仪式派成员则指控防暴警察故意不平息随后的暴动。后者的指控针对时任纽约市市长戴维·丁金斯和他的警察局长，这也成为1993年市长竞选的中心议题。新获选的市长鲁迪·朱利安尼——恰好是白人——也是60年代末期罗伯特·林赛以来的第一位共和党市长，在90年代中期牵头推出了特别的恢复失地运动者的城市政治。

第二个例子是1995年4月19日俄克拉荷马城联邦大楼的爆炸案，它代表了另一类型的对立面。巨大的爆炸声中有168人遇害，这起案件很快就被美国有线电视新闻网（CNN）宣传为“在美国心脏地带进行的恐怖袭击”，好像在暗示不仅是纽约和洛杉矶的美国人容易受到国际恐怖主义袭击。在爆炸发生之后的几小时里，联邦调查局对据说被目击从现场跑出的“两名中东男子”展开了大规模搜捕。媒体找到各种乐于助人
215 的“专家”，宣称这起爆炸案具有“中东恐怖主义”的所有特征，并以此为证据展开了一系列令人眼花缭乱的阴谋场景。美国穆斯林遭到骚扰，伊斯兰世界内部也有人谴责宗教极端主义者可能是肇事者。有两人凑巧开车去俄克拉荷马希望更快地拿到移民归化局的移民文件，结果被警察抓了，因为其中一个刚从伦敦飞来的年轻人有“中东血统”——两人因

为在错误的时间出现在错误的地点而被关押了数天。

过了几天之后，这种反犹主义和种族主义的反应则被一种令人惊愕的反应所超越。蒂莫西·麦克维——一个从欧洲移民的右翼极端分子，同反政府武装有联系的前陆军军校学员——作为犯罪嫌疑人被拘留了；随后第二个犯罪嫌疑人也被逮捕。尽管有媒体拼命地猜测他们是被人利用了，“中东恐怖分子”才是罪魁祸首，但是越来越明显，应对俄克拉荷马城爆炸事件责任的人是白人男孩，来自美国中西部而不是中东。“心脏地带的恐怖袭击”因此立刻呈现出更险恶的含义。实际上，这种含义是无法让人在瞬间就接受的。从俄克拉荷马州到华盛顿特区，对许多人来说，一个“土生土长的美国孩子”应该对被广泛宣传为美国历史上最严重的恐怖主义负责——这种想法实在是糟糕透顶。他们似乎在说（某一时刻不经意的自我流露），“国外的阿拉伯人”可能因为仇恨美国而犯下爆炸案，这是可以理解的，而如果是很多官员、记者和受访者脱口而出的“我们自己中的一员”干的，这是无法理解的。话语在一夜之间转变到关注民兵组织成员的心理状态和反政府袭击的非理性上，甚至在共和党主导的国会也对此保持沉默——即便国会借助肮脏的反政府言辞主导了对穷人和工人阶级的美国人、妇女、少数民族和移民的恶毒攻击。其结果是，直到政府在对韦科（针对戴维派）采取的致命暴力行为和在红宝石岭反对白人至上主义者采取的暴力行为举行听证会时，他们才开始挽回形象。

我们对于俄克拉荷马城爆炸事件的这种普遍立场明显有许多疑问。什么才算是“恐怖主义”？哪些被我们故意遗忘了？在美国历史上，奴役和私刑算不算更残酷、更持久的恐怖主义？哪些人可以算作“我们自己”？假如犯罪嫌疑人是黑人而不是白人的话，“我们”和“他们”的解读会不会有所不同？但除了这些，即使是最愤世嫉俗的评论员也可能无法预测国会会突然启动立法程序打击恐怖主义。作为针对俄克拉荷马城事件的回应，克林顿政府提出的反恐立法（由国会积极推动）当然包括一刀切地恢复70年代以前联邦调查局广泛使用的监视监听权力。但是，对于政府和立法者们来说，更宝贵的是大量打击“外国恐怖分子”的规定；除了其他规定以外，美国政府有权（几乎是随意的）将某些“外国”组织划为恐怖组织，美国公民成为这些组织成员或者从
216 财政上支持这些组织都是犯罪行为。这些立法传递出来的信息是明确的：的确，国内恐怖主义可能是实际上为俄克拉荷马城事件负责的，但那是一个异常情况；外国恐怖分子才是真正的威胁，因此他们才是新的反恐立法的适当目标。

其实，我们很可能会想起梅内赫姆·贝京。在1983年贝鲁特的美国海军陆战队基地爆炸事件后，美国国内因此出现一些反犹太人言论时，他说道：“异族人杀死异族人，但他们仍然指责犹太人！”他也因而一举成名。在俄克拉荷马城的事件中，美国人杀死美国人，但他们仍然指责“外国人”。

在90年代城市出现的报复反应，代表了80年代末城市乐观主义的破灭。对于许多过去十年中功成名就的雅皮士来说，90年代是经济收缩且许多不切实际的愿望惨淡受挫的时代。对于将雅皮士生活视作力所不能及但心向往之的大多数人来说，真正感到绝望的是1988年至1992年间的经济衰退。这场经济萧条不仅影响就业和工资收入，也让房地产行业遭受重创——房地产行业不仅引领经济繁荣，也是经济螺旋式上升的核心象征。就像战后经济繁荣的标志是郊区家庭生活一样，士绅化和城市快节奏生活就是80年代的雅皮士愿望的标志。

当然，这些都不是新鲜的主题。反城市化在美国公众文化中根深蒂固（White & White，1977），第二次世界大战后把美国城市描述为丛林和原野——如卡斯特（1976）所言的“狂野之城”——的这类修辞在80年代并没有完全消失，而且常常伴随着与之格格不入的救赎性的士绅化叙述。真正新鲜的是，这一整套的“恐惧和愤怒”（Gilmore，1993：26）言辞在多大程度上再次垄断了城市生活的公共媒体视野，复仇的美国城市在多大程度上被认为是一种固有的国际产品。从《北美自由贸易协定》到世界贸易中心大厦，美国不管是真实还是虚拟的边境安全性都已消散。历史上欧洲社会党移民曾被确定为在攻击美国城市民主的组织结构，从而在20世纪10年代和20年代初出现了城市的反派化，自那以来，美国的反城市化从未像现在这样如此清晰地受到国际关注。无论是看似巨大突破的核攻击，还是冷战时期的麦卡锡主义，这些都没有让人们产生美国城市化容易受到内部攻击这样的认识；而对于他们来说，60年代的民权运动暴动尽管对城市结构产生了深远影响，挑起了“白人逃亡”这样充满种族主义色彩的表述，但它也只是代表了一个主要同反越战有关的国内问题。

也许令人惊讶的倒不是一种新的反城市主义表现出不大愿意承认过去二十年来当地经济社会的国际化，真正令人意外的是，媒体对美国城市——至少从资金、文化、商品和信息流动来说表面上是世界上最国际化的城市——的自我呈现是如此系统化，系统到能够将美国城市生活的成就和危机同国际事件隔离开来，尤其是同因为美国对外 217
军事、政治和经济政策造成的国际事件隔离开来，并且做到了真正的隔离。毫不夸张地说，美国城市的国际性在很大程度上限制在，一方面认识到资本和市场的联系，另一方面认识到那些真实而怀旧的点缀着城市景观的“小意大利”、“小台湾”、“小牙买加”、“小圣胡安”等社区——仿佛在街区（工人阶级）层面装点门面似的体现出“国际主义”，同时又在整个城市范围内坚持“美国主义”。不过，对美国恢复失地运动者之城的解读，现在是本能地既是本地的，也是全球的；而且如果说过去是孤立和隔绝的话，现在也已经不再孤立或隔离。

汤普金斯广场公园之后：纽约无家可归者的战争

在20世纪80年代，纽约上西区的房地产市场和下东区一样火爆异常，但是到1989年的时候还是经历了士绅化的显著紧缩。其实，“去士绅化”这样的说法好像就是从这个街区发源的。士绅化速度放缓，也让无家可归者比例下降，租金上涨频率放缓。虽然对于实际数字还有分歧，大多数评论家认为，纽约市整体上的无家可归人口从90年代初以来已趋于稳定。但是同样的，对于无家可归者的人文关注——最初是因为80年代无家可归现象的不断扩展而激起，并经由上西城这样的街区培育——现在开始消散了。

“我们不是自取灭亡的自由主义者了”，一位社区活动家在《纽约》杂志关于“上西城的衰落”的封面报道中如是劝诫。从传统上看，《纽约》是沉闷的《纽约客》的更加自由主义化的副本。这本杂志一直倡导各种自由事业，所以自60年代起就在经历了一波又一波士绅化的上西城拥有大量拥趸。但是，《纽约》显然厌倦了无家可归现象。作家杰弗里·戈德伯格哀叹士绅化的冷却和小企业的不断破产，也提出过去几年间大量无家可归者因为受到各种可使用的社会服务的吸引而拥入这一街区：“小企业不再是上西城的主导产业，无家可归者才是。”（Goldberg，1994：38）他心急火燎地害怕被说成是种族主义者，迅速地引用了城市政策的“环境种族主义”——这些城市政策将无家可归者和其他社会服务设施大量集中在贫民区，同时有力地争辩说完全不应该提供这些设施。并且，他得到了一位共和党“社区提倡者”的支持，而最引人瞩目的是这位支持者竟然是黑人：

> 不动脑子的自由主义态度总是盯着无家可归者，然后说：“我们必须在这里容纳他们。”然后第二天早上你醒来，大街上的无家可归者更多了——因为我们容纳越多，城市就给我们送来更多。不久，这片街区将完全被社会服务站所占据，价格昂贵的合作公寓里也到处是人。（Goldberg，1994：39）

但是，如果纽约的“无家可归者的战争”在地理上有个重点的话，那肯定是在下东区，说得更具体一点，是在汤普金斯广场公园。并且必须说明的一点是，汤普金斯广场公园的清场行动，不是由纽约近期历史上最反动的几任市长主持的，而是由戴维·丁金斯主持的。丁金斯 218
是一位开明的民主党人，甚至可以视作美国民主社会主义者中的一员。他当选时得到了纽约市住房和反无家可归运动组织的大力支持，但很快他就批准在1989年12月将公园里的无家可归者首先驱逐出去一批——这仅仅是在当选几周之后，甚至都还未举行就职典礼。这导致此后四年内丁金斯与曾经支持他的群众力量之间的关系每况愈下。就像《村声》杂志对1991年驱逐事件的记录中提到的那样，对于“无家可归的居民来说，现在许多人分散在公园周围被遗弃的地段，公园的关闭是政府的再一次背叛，因为他们曾经以为这个政府会站出来维护穷人的权利”（Ferguson，1991a：16）。在最终关闭公园的行动中，

219 照片10.1　公园之后（《阴影》）

丁金斯没有从住房或无家可归支持者那里借用剧本，而是从《纽约时报》的社论中借用的。他引用了《韦氏字典》对“公园”的定义，然后据此判断出汤普金斯广场不是什么公园：“公园不是寮屋，不是露营地，不是无家可归者收容所，不是吸毒者的射击场，也不是什么政治问题。除非它是曼哈顿东村的汤普金斯广场公园”。住在公园里的无家可归者，根据《纽约时报》的报道，“把公园从公众手中偷走了”，而公园必须要“收回”。就在公园关闭前三天，这家报纸还在猛烈抨击进一步的部分解决方案，认为“一网打尽”是“更明智的选择，即便政治上风险较高”。看起来，有“一些无家可归的人合法地住在公园里”，因此“泛滥着错位的同情”（“让汤普金斯广场……”，1991）。在接受美国国家公共广播电台采访时，公园处长贝特西・戈特鲍姆借用了同样的台词，还加上了自己对新城市前沿的种族主义表达：“公园里到处都是帐篷，甚至还有印第安人那种圆锥帐篷……这真是恶心。”

汤普金斯广场公园于1991年6月3日被关闭，300多名无家可归的居民被从公园里赶了出去。这件事激起了整个下东区对无家可归现象的关注，类似政治行动的轨迹也从公园向外展开——因为整个街区都已成了争议区，而邻近的街道则变成了“移动的非军事区”。在1991年夏天，被围栏围起来的公园附近跟着发生了“遛猪”这种夜间仪式。这里值得全文引用一份事件目击者报告，该报告提供了恢复失地运动者之城背后代理人的内心活动记录：

> 从警方6月3日接管公园开始，已经有人夜间在B大道圣布里吉德教堂［在公园的东南边］门口的台阶上集会——这里是社区抵抗的焦点场所。到周五时，十几个家长带着孩子同其他年轻人

> 和无政府主义者聚集在一起，他们高喊着“打开公园!”，试图突破防暴警察为了阻止他们前进而划定的界线。当他们被迫回到人行道上后，约800名居民走上街头，打着鼓，敲着垃圾桶盖，警方［保
> 220 护公园］的警戒线尽职尽责地跟着他们从下东区走过西村，又回到D大道——这被当地人称之为夜间“遛猪”套路。
>
> 示威者在圣布里吉德教堂的台阶上面对着至少100名警察，这些警察拿着大功率高强光手电朝着人群照射。示威者一直保持克制，但当两名便衣警察推开人群闯入教堂大门，并且声称要检查谁在屋顶投掷瓶子时，这一情况发生了变化。一位叫玛丽亚·托宁的教友被一名警察击中脸部撞向楼梯，拉扎勒斯社区的帕特·马洛尼神父被猛地撞到了墙上。在教区居民的支持下，圣布里吉德教堂的库恩神父把便衣警察推出了大门
>
> “法律结束，暴政开始，而这些人就是暴君”，马洛尼神父高喊着，带着一群愤怒的民众向便衣警察逃向的警车追去……
>
> 上周六，推土机轰隆隆地开过去，扯烂的长椅和破碎的棋桌散布［在警戒线围着的公园］。超过1000名下东区居民手拉着手围着公园展开了第二次抗议。圣布里吉德教堂的钟声响起，梳着发辫、穿着鼻环、脚蹬战斗靴的无政府主义者，与穿着印花裙子、戴着塑料珍珠的犹太老祖母手牵着手，和平而统一地展开抗议。这是1988年警察暴动以来从未有过的。(Ferguson，1991b：25)

汤普金斯广场公园在1991年6月关闭，标志着整个城市开始严厉地执行反无家可归和反寮屋的政策，非常清楚地表达出恢复失地运动者之城的精神气质。以下东区的“恢复行动”牵头，市政当局于1991年

启动了新的反无家可归政策，打算把公园、街道和社区从那些所谓的把它们从公众手中“偷”走的人们手中再次“夺回”。在1989年，对上东区寮屋居民的打击第一次升级，但两年后，虽然在这一街区以及在布朗克斯的一些寮屋居民已经被从几栋建筑物中清除出去，但是在1992年初也许还有大约500到700名的寮屋居民居住在下东区的三四十栋建筑中。它实际上证明了，对纽约市来说几乎是不可能将寮屋居民驱逐出去的。在此背景下，注意力开始集中在《纽约时报》描述为“打击无家可归者”的主要行动上（Roberts，1991a）。

无家可归者对公园关闭采取的回应就是迅速地在街区的几处空地，尤其是在公园以东的波多黎各裔聚居的较为穷困区域，再一次建起棚屋和帐篷城，而且规模不断扩大。这种有人戏称为“丁金斯村”的寮屋开始受到监视并最终被推平——从1991年10月开始三块土地被“横扫而空”，200人被再次驱离（Morgan，1991）。同公园的命运一样，这些地方很快就被围了起来，防止无家可归者再次占据。再一次的，这些被驱离者被赶往更东边的地方，在布鲁克林大桥、曼哈顿大桥和威廉斯堡桥下面，在罗斯福快速通道下面，或在任何公众看不到的地方，在 221
能够避免警察冲击或者抵御恶劣天气的地方，他们再次搭起或者连起了营地。一场大火烧毁了东河大桥下的一座营地，一名居民被烧死；一年后的1993年8月，纽约市用推土机把“山丘”给推平了——“山丘”是一个由来已久的有50到70名居民的寮屋，被称为“无家可归者在曼哈顿最明显的标识”（Fisher，1993）。被驱离者被迫再次向东迁移，许多人错落地散居于东河河畔或者萨拉·德拉诺·罗斯福公园。不料，随着1994年开始的对河畔一部分地方进行的重建，他们又得再次搬离。这场行动到1994年时，基本把无家可归者从下东区赶到散布于整个曼

照片10.2　推土机推平纽约C大道和D大道之间第3街和第4街的丁金斯村寮屋(约翰·彭尼)

哈顿和以外区域。

在纽约的其他地区，对无家可归者的攻击也正蓄势待发。1991年秋，在西边高速公路下面、在哥伦布环形路和宾州车站的寮屋被同时夷为平地。同时还有一些“鼹鼠人”被发现。警方的扫荡和火灾导致先前人们“一无所知”的无家可归者的生活全景在当地媒体上暴露无遗。这些包括在桥梁下、交通隧道和公用设施隧道里的几个营地，这在以前都是无人知道的。虽然在某些情况下这些都是长期的营地，然后在新闻报道中营地居民都被当成外国人或者非人对待。他们在“地下”住的时间越长，对记者的吸引力也就越大，尤其是如果他们还有稳定工作的话。这些无家可归者给自己贴了个讽刺性的标签——“鼹鼠人”——而这一标签则被媒体野蛮地再次用于各类描述中(见Toth，
222 1993)。

为了配合户外公共空间的强硬政策，交通运输部门对主要交通枢纽制定了新的反无家可归者政策，旨在拒绝无家可归者进入室内公共空间。当局在中央车站甚至尝试了更新颖的方法。例如美孚石油公司从曼哈顿搬走后，一部讲述它们离别的电影形成了“中央车站伙伴”的概念。这部电影讲的是一个住在郊区的白人经理试图躲过无家可归者让人厌烦的骚扰而乘坐通勤火车上下班的故事，他们再次结成“中央车站伙伴”来解决这个“问题”。通过向当地企业摊派获得资金，这个“伙伴”组织雇用私人保安巡逻，并以在附近的一家教堂提供食物和住所来诱骗无家可归者离开车站地区。这种“商业改善地区”的模式在整个纽约大城市区都得到了复制。同时，“中央车站伙伴”也加入了把无家可归者和寮屋从第一大道赶出去的“扫荡”行动，也因为涉嫌雇用一些驱离者强行驱逐他人而正在接受调查。

实际上，驱逐就是1990年到1993年间丁金斯政府唯一真正采取的无家可归者政策；更恰当地说，这是一个反无家可归者政策。随着1991年底对无家可归者的“打击”开始，市长下设的无家可归者办公室主任变得越来越沮丧。最开始出任该职时，这个办公室主任一片好意，却发现自己越来越多地陷进政府唯一真正采取的策略麻烦中——因为无家可归者无处安身而对他们横加指责——于是她辞职了。到1993年，由于有数百名无家可归者在纽约市的各个办公室过夜，城市管理部门和一些政府官员被判藐视法庭，因为他们根本没有无家可归者政策，也未能按照法庭裁定提供无家可归者的栖身之所。

在80年代期间的国家层面，自由主义的无家可归者政策的破产，在对里根主义没有什么有效回应的时候就已经变得很明显了。到这十年结束的时候，自由主义城市政策在地方一级也已经招致失败。这种失败不是用简单的财务或技术术语就可以解释的。由于里根/布什政府对社会支出的攻击，只能容纳约2.4万人的社会庇护制度面对实际多达四倍的人群而无能为力，或者实际上是因为城市官僚的纯粹无能，没法让庇护所成为安全的地方。无论有多现实的经济制约因素强加于上，自由主义的失败主要是政治意愿的失败，就像传染病一样，处理大量无家可归者的社区和城市管理机构一样变得不愿意再做类似的事情。自由主义城市政策的失败还系统性地扰乱了社会再生产的制度(Susser，1993)。

在下东区，随着宿营地日益扎根当地而纽约市又不提供任何解决方案，每个社区对于那些汤普金斯广场公园居住者们的支持明显减少。对于好几百人来说，汤普金斯广场公园既是每天的工作场所和游乐场所，也是客厅和浴室，但是这样的结果在紧急的住房和其他社会需求面前很难说是一个让人身心俱爽的解决办法。即使是颇具同情的观察家在公园关闭时也不得不认为：

> 这种情况已经到了危急关头，即使是氛围宽容的下东区也无法承受……大部分居民都难以忍受无家可归者和公园再起纠纷
> 223 了，而且公园周围的社区氛围已经改变。(Ferguson，1991a)

丁金斯政府同灰心丧气的上西区和下东区居民——居民们的自我利益因为不断出现的无家可归者而快速受损——在一点上是观点一致的，他们都认为无家可归是不幸事件，虽然有系统性，但是代表了道德的失常，可以通过特别的无家可归政策来解决。只要无家可归政策对有家有室的人不会或者仅仅造成一点点成本损失，这种假设的透明度

就是可以保持的；但是，只要无家可归者开始以任何方式明显地伤害到有房者的利益，让每个人有房住的政治意愿就必须建立在更强大的政治和分析的基础上，而不是基于道德同情。

对无家可归者的同情性支持和行动——在一场影响重大的经济衰退开始威胁到许多人的生计和身份时，无论受到威胁的人是有房还是无房，无论是在城市政府还是在城市居民之间——都开始减退了。同情“无家可归者”——一个客体化、疏远化、习惯化尽在其中的词语——成了一种奢侈，越来越少的人会允许自己同情心泛滥。正是在处理无家可归者的自由主义城市政策黯然失败的背景下，新当选的市长朱利安尼1994年着手巩固新兴的恢复失地运动者之城。作为二十五年来纽约的第一位共和党人市长，朱利安尼用对无家可归者的协同攻击开始了自己的市长任期。根据一个广为流传的故事，在上任几天之后，一位记者质问朱利安尼对已经降临纽约的寒潮有何准备，记者给出了街头上无家可归者的数字，然后问市长打算做什么——“我们正在改变天气”，据说市长如此回应道。

但是在现实中，朱利安尼政府影响的不只是天气。他立即宣布，无家可归者用橡胶刷清洗挡风玻璃挣钱和在城市里乞讨是违法行为，并启动了刻薄的地铁海报宣传活动，旨在羞辱无家可归的乞丐并恐吓其他乘客——“不要给他们钱”。这些海报吼道：“无家可归者要么贼眉鼠眼要么满脸横肉。”朱利安尼的第一个预算提案规定，向晚上在市政管理的庇护所睡觉的无家可归者收取“租金”，以及如果他们拒绝接受推荐的医学、毒品、酒精康复及其他社会服务的话就禁止他们进入庇护所。

朱利安尼当选几个星期后，在警察对公共空间“扫荡”行动升级的过程中，非营利组织“无家可归者联合会”的工作人员开始注意到无家可归者中受伤者不断增加，并成立了一个所谓的“街头观察”组织，既监督警方如何处理无家可归者，也从无家可归者那里搜集证据。几个月后，“街头观察”组织记录了大约五十项罪行，提起了几百万美元赔偿的诉讼，指控朱利安尼政府部门的警察在宾州车站愈演愈烈的骚扰、虐待和残暴行为。《村声》杂志写道：“投诉读起来像是从《发条橙》中撕下来的几页。”(Kaplan，1994a)“街头观察”组织搜集的其中一份投诉
224 包括以下证词：

> 我当时坐在[宾州车站的]等候区……两个男性白人警官……走近我。他们说：“马上起身离开，不然我们就帮你离开……”我弯腰去捡[我的包]。他们抓住我的胳膊肘，把我一把按在椅子旁边的混凝土柱子上。他们把我的门牙磕掉了，我的右眉也开了一个大口子，血流不止。我的鼻子被弄脱臼了，眼镜也破了……他们说不希望在那里看到我，如果他们再看到我的话，我就会“爬上好一阵子”。然后，他们……猛地把我推出门，我倒在人行道上，撞到了后脑勺，缝了八针……自从那个秋天以后，我就经常头晕和眩晕。(引自Kaplan，1994b)

朱利安尼的提案把大批活动定罪为对城市街区的“生活质量”有害，所以从公共场合驱赶无家可归者的警察行动也被合法化了。破坏“生活质量”罪这样的大红标题给了纽约市警察局前所未有的权力，可以把某些街道上的无家可归者赶走，把他们安置在不安全的庇护所，或者干脆强迫他们藏起来。纽约市政府还削减了对施舍无家可归者粥食

的施粥所的资助。随着1995年5月对第13街上几栋建筑展开的行动，纽约市又启动了一项综合行动，旨在把寮屋居民从空置的下东区建筑中清除出去。

在90年代初的纽约，支持无家可归者的人数在自由主义盛行或者不那么盛行的街区都不断减少，全国性媒体对此进行了非常广泛的报道，"全国范围内对无家可归者越来越矛盾的心理"已经成为普遍现象（Roberts，1991b）。开始是在如迈阿密和亚特兰大这样较为保守的城市，但很快如西雅图、旧金山这类自由主义的堡垒城市也纷纷立法，对在公众场合睡觉和露营、坐在人行道上、沿街乞讨和清洗挡风玻璃等现象颁布严厉的处罚措施（Egan，1993）。为了努力"让洛杉矶市中心的商业氛围更加友好，市政当局正在研究一项计划，用班车将无家可归者迁移到工业区的一块围起来的城市露营地去"（"洛杉矶计划营地……"，1994）。恢复失地运动者之城的范围远远超出了纽约，而且还在不断延伸，无家可归者的日常生活中有越来越多的方面被视为犯罪行为。同时，美国媒体对报道无家可归者的内在现实已经找不到新的角度，因此报纸要么继续讲那些发生在街头的越来越苍白的可预测故事，要么就干脆回避问题。

在学术界也出现了某些新自由主义化的修正主义。在没有为解决无家可归问题而提出任何重要的住房提案的情况下——无论是当地的还是全国性的——对原因的讨论越来越重新回到个人行为而不是社会变化的方面，而指责受害者的做法则悄悄地获得了昔日自由主义人士的信任（参见Rossi，1989）。有人试图否认无家可归是80年代日益严重的问题（White，1991），还明显暗示说，根据对80年代出现的无家可归 225
危机的理解，现有的政策是执迷不悟的。在他最近的一本书《无家可归》(Jencks，1994c) 和一组发表在传统自由主义阵营《纽约时报书评》上的文章中 (Jencks，1994a，1994b)，克里斯托弗·詹克斯让自己与这种修正主义保持了部分距离。他对无家可归者给出了一个低得多的估计数字——1990年全美只有32.4万名无家可归者——而更普遍的估计人数最多可能是这个数字的十倍。詹克斯提醒说，街上无家可归者迅速增加的视觉证据可能是误导性的：

> 但是，我们在街上看到的往往更多地取决于警方的做法，而不是贫困的情况。例如，乞丐的数量主要取决于逮捕的风险有多大和相对于其他活动有多少人可依赖乞讨为生。大多数乞丐似乎住在传统的房屋里，只有很少一部分无家可归者会认可乞讨。外表也不是无家可归者的可靠指标。罗西的采访记者认为，有超过一半的无家可归受访者是“干净整洁”的。(Jencks，1994a：22)

即使是在估计无家可归者分布程度的“数字游戏”中，占据主导地位的也是中产阶级对“外表”、乞讨的道德性、不足采信的经济选择理论的理性行为假设等成见。

詹克斯的分析依赖于经济理性的理论。这是具有讽刺意味的，考虑到他承认“没有其他富裕国家放弃了精神病患者”(1994a：24) ——潜在的意思就是美国放弃了——而他的结论是精神疾病在无家可归现象中起着很大一部分作用。事实上，詹克斯确定了一些导致无家可归者在80年代增加的行为和结构性因素，例如年轻母亲结婚率下降、毒品泛滥、精神病患者去机构化、对非技术工人需求的下降、个人对街头的偏好，以及当地住房和庇护所立法的各种变化在防止私人市场提供某种需要的同时“鼓励”人们变得无家可归(Jencks，1994a，1994b，1994c)。不管这种说法的保守主义倾向如何，詹克斯保留了对容纳无家可归者的自由主义的责任感，他也控诉现在的庇护所体制，认为其最大的问题就是禁止人们保持隐私。他用钢铁般的实用主义建议，唯一现实的解决方案“就是修建小隔间的酒店”(1994b：44)。借鉴50年代的芝加哥模型——“房间宽五英尺、长七英尺，没有窗户，配一张床、一把椅子和一个光秃秃的灯泡”(1994b：39)——詹克斯主张住宅法案退一步，如果有需要还可以给企业家补贴来建设这样的酒店房间，还通过以工作换凭单的制度来提供社会服务。这里的所有模型仍然是“理性选择”：

> 在1958年，一个房间的费用不到六瓶啤酒，使得保护隐私比被遗忘更便宜。到1992年，六瓶啤酒根本买不到什么隔间，被遗忘这一点比保护隐私更便宜。如果我们用房间的价格和可卡因的价格进行比较也能得到同样的模式。(Jencks，1994b：39) 226

詹克斯的愿景可能有资格作为针对无家可归者的新自由主义的复仇主义原型：同情的残渣被变相的仇恨和憎恶激活。

在90年代对无家可归现象和无家可归者的反应仅仅代表了新兴恢复失地运动者之城的一个方面——即便这个方面特别令人讨厌。这并不意味着对无家可归者的政治关注已经完全消失了，也不意味着不再出台应对无家可归现象的更关键方案(例如见Hoch & Slayton，1989；Wagner，1993)。相反，对无家可归者的主导话语，果断地从80年代末的那种自视甚高而又同情怜悯的立场转为更无耻的控诉无家可归者，控诉他们不仅造成自己的困境，更带来更大的社会弊病。在这种经典的报复性保守主义中，社会过程与个体困境之间的联系反转了。

恢复失地运动者之城的口号很可能是:“谁失去了这座城市？应该向谁报复？”这种反应越来越强烈地解读当代美国城市的日常生活、政治管理和媒体表达；这种反应也表达在对替罪羊的各种物质、法律和修辞活动中，更持续在阶级、种族、性别、国籍、性取向等术语中得到确定。可以肯定，恢复失地运动者之城是财富和贫穷二元分裂的城市（Mollenkopf & Castells；Fainstein et al.，1992），并且就像戴维斯预期并且在洛杉矶暴动中印证的那样（1991），城市分裂的世界末日般的景象越来越现实，而这种情况还将继续下去。但它还不止于此。恢复失地运动者之城是一个分裂的城市，胜利者对他们的特权越来越有戒心，而且越来越凶狠地保卫它。在种族和阶级方面，恢复失地运动者之城也不仅仅是二元城市。尽管在50年代和60年代的自由主义修辞中占据如此巨大的优势，好心好意地对“另一半”的忽视已经被更积极的邪恶所替代，这种邪恶尝试将大范围的自我定义的“行为”定罪，并且将1968年后城市政策的失败归咎于它曾经试图去帮助的那些人。

去士绅化？

人们对于1989年后袭击城市房地产业的那场危机的深度没有太多疑问。在1991年，纽约市建设的新房比第二次世界大战以来的任何一年都少。房价暴跌，一些地方的租金也下降；房屋止赎增加（Ravo，1992a，1992b）；撤资现象再次大面积发生；1988年至1992年
227 间欠税的程度增加了约71%（社区服务协会，1993）。在下东区欠税

照片10.3　恢复失地运动者之城：1993年6月22日纽约警察攻击在3号社区委员会集会的示威者（《阴影》）

达五个季度及以上的建筑数量在1988年至1993年间增加了三倍，许多实力较弱的房东被迫将房屋卖给那些被活动人士称之为房地产市场“食物链顶层”的那些人（1994年9月30日本杰明·多尔钦的私人通信）——实力雄厚的投资者专门购买那些资金紧张的小房东的房产。这些报纸上的头条新闻让人们担心去士绅化的发生。虽然他们自己就是造成房地产从业人士歇斯底里的元凶之一，但至少有一位评论员公开地松了一口气。彼得·马尔库塞（1991）认为，“士绅化之死可能正是医生命令的”。士绅化的“退潮可能会让一些人搁浅在岸上，这些人出于投机、贪婪或确实希望找到好的房子，纷纷冲向市场（到目前为止）害怕涉足的地方”。但这是一个千载难逢的机会，马尔库塞总结说，因为纽约市得以低价接手房产，并且把它们转变成急需的保障性住房。他甚至提议把臭名昭著的汤普金斯广场公园的克里斯托多拉公寓（那里的价格已经大幅下降）进行翻修改造，使之服务于这个目的。

遗憾的是，不管是马尔库塞的乐观情绪，还是房地产行业的悲观情绪，都是欠妥当的。首先，1989年至1993年间的房地产市场崩溃是很不平衡的。所有在1991年建成的新房中，大多数位于曼哈顿，这表明房地产活动的持续再集中——尽管规模较小，但仍与士绅化的延续是一致的。相反，前所未有的房屋止赎比例似乎是出现在郊区（Ravo, 1992b）。其次，价格和租金下跌幅度最大的是那些位于市场顶端的投机活动最频繁的房屋。如果说市场顶端在此期间出现30％—40％价格下降还是不寻常的话，市场底部明显的租金上涨似乎更加不同寻常。中低收入者的住房短缺得到改善，价格趋于稳定，但在90年代初期更便宜的住房受到非常不同的市场动态影响。经济萧条最多给贫困居民提供了一点点的喘息空间。例如，下东区的驱逐活动明显减少，因为现在已经不是房东们的卖方市场了，他们宁愿让公寓住满了人并且收取
228 能够收到的租金，等待房地产危机结束。

这个所谓“去士绅化”的回合，十分可能仅是城市中心城区的某些地区过度重建的一个过往失误而已，它进而导致多个独立的地理区域和城市的复仇主义政治同时展开。因此，到1994年的时候租赁市场开始复苏，尤其是在上西城，这里的房东们不仅推高了租金，而且又一次积极尝试将租户从租金稳定控制的公寓中驱逐出去。在下东区，急剧增加的法定拍卖房屋数量到1993年年末时也保持平稳；欠税的持续增加，也主要是对纽约市现在公开宣布的不再收回建筑对物权政策的回应。

在文化方面，“再士绅化”也在进行准备。就像“去士绅化”的修辞很快删掉了士绅化的暴力色彩那样，90年代的再士绅化讨论强化了这种擦除作用。所以，汤普金斯广场公园于1992年的重新开放，不出所料地伴随着媒体对汤普金斯广场历史、地理和文化进行自然化处理。媒体注意到其30年代与中央公园有相似之处（解读：忘了1988年到1991年间的事情吧），《纽约时报》随即宣告重建的汤普金斯广场是“闪亮的绿宝石”（Bennet，1992）。其实，在这一年中，媒体对这一街区的美化进行得如火如荼，年轻白人中产阶级家庭再次享受公园的照片充斥着媒体。在《纽约时报》的时装版面上有篇文章没有提及任何前述冲突，而是庆祝这一街区成为内城“偶然发现的特别商场”，指出公园改造完成之后还会进行彻底的“时尚修复”。尽管挥之不去的经济萧条影响着这一地区，超过25家新店仍然在今年公园重新开放后开业，为“街区必然到来的年轻专业人士”做好准备。“自从汤普金斯广场公园改造以来……该地区……从商业的角度来看已经非常理想……租金从20美元涨到30美元一平方英尺（还在上涨），‘在西村和SOHO区已经取得成功而想要搬迁的企业’对这里突然产生了兴趣”——一位本地经纪人如此评论道（引自Servin，1993）。

在此背景下，“去士绅化”的说法似乎还为时过早（参见Badcock，1993，1995；Lees & Bondi，1995）。对士绅化消亡的预测基本上是基于对士绅化过程的消费方解释，任何经济需求好转都被神奇地转换成一个长期的趋势。然而，如果资本投资和撤资的模式至少在创造士绅化机会和可能性方面同样重要的话，很容易就会出现一个相当不同的看法。自1989年以来住房和土地价格的下降一直伴随着旧住宅存量的撤资（即旧住房没有进行维修和保养，建筑物逐渐废弃），而这些恰恰是在中心地段提供一个相对便宜的住宅存量条件。因此，80年代末、90年代初的大萧条远远没有结束士绅化，反而很可能加强了再投资的可能性。
229 士绅化是否在经济衰退之后再出现，这将是生产方与消费方学说的最好测试。最起码，1987年股市崩盘后士绅化活动紧缩应该被看作对土地和住房市场经济学的引人瞩目的再次肯定。

当然，去士绅化的语言不仅证明恢复失地运动者之城背后的政治势头，也让房地产开发商和承包商大赚。“士绅化”确实已经成为一个“肮脏的字眼”。它清楚表达出内城地区最近变化的阶级层面，房地产专业人士则利用士绅化在现实中放缓的优势，不出意料地试图从流行话语中抹去这个词以及对这个词的政治记忆。但是，无论是记忆还是士绅化的利润都不会这么快就被抹除。事实上，即便认为今日关于士绅化结束的宣称可能类似于1933年对郊区化结束的预测，这样想也不算太夸张。

1989—1993年经济衰退后的士绅化复苏，以及由此导致的无家可归现象的扩张，这些并不意味着恢复失地运动者之城和怂恿亲切温和的城市生活的终结。更可能的情况是，城市出现了尖锐对立的两极，白人中产阶级对公民社会的设想被简化为一组狭隘的社会规范，而用这套规范来衡量的话其他每个人可能都不合格；以此推论，我们可以预期，通过对暴力、毒品和犯罪的连环解读，这座城市的工人阶级、少数民族、无家可归者和许多移民人群都会成为反面教材。

因此，在1995年的春天，面对31亿美元的预算赤字，鲁迪·朱利安尼市长明确表达了他曾经长期暗示的意图：削减公共服务和预算。市长告诉一小群报纸编辑说通过削减服务，他希望鼓励城市最贫困的人口和那些最依赖公共服务的人口能够搬出纽约。他认为贫困人口的萎缩对城市来说将是一个“好东西”。“这不是我们战略中说不出口的一部分，”他补充说，“这就是我们的战略。”（引自Barrett，1995）

重夺城市前沿

1865年，距离乔治·卡斯特将军的最后一战还有十一年，他在达科他宣布：“灭绝是我们能够对待［苏族］叛乱的政治领导人采取的唯一有效政策。”“到那时，或者还没到那时，”他总结道，“愿复仇天使收剑入鞘，我们的国家将从这场斗争中重生。”（引自Slotkin，1985：384）20世纪末城市“重生”的前提是类似的灭绝提议。现在太多有关无家可归者的报道都是宣称，他们被流氓公民奇怪地攻击或纵火。如果说卡斯特的灭绝招牌即使在现今的复仇之都也显得不够礼貌的话，无家可归者遭受着的则是象征性的灭绝和擦除，虽然可能性命无碍，但每天挣扎着创造的生活也毫无质量可言。无论是士绅化还是去士绅化，都不能解决他们的问题。

正如彼得·马尔库塞（1991）所说，“士绅化的反面不应该是腐烂 230
和遗弃”——去士绅化——“而是住房的民主化”。住房的民主化将很难通过诸如“交叉补贴”计划、“积极社区开发”或选举自由主义的城市管理政府——像丁金斯政府——这样的改善型开发而实现。他们进行真正改变的权力在整个恢复失地运动者之城中完全扩散。自由主义是没有明确计划的。这座城市已经成为“冒泡的大气锅”（M. Smith & Feagùr, 1996），去士绅化抵抗是其中的一部分（McGee，1991）。但是，虽然是用一种不正常的方式，前沿神话一贯支持更直接的选择，无论是在汤普金斯广场公园或汉堡的哈芬斯特拉斯（在那里，一个寮屋公社武装起来抵抗“改造、法西斯主义和警察国家”——这是他们的一

照片10.4　1991年12月22日纽约公园大道反对驱逐房客的游行示威(《阴影》)

句口号——直至90年代中期)。不管民族振兴的爱国言辞有多强大，每一个前沿总存在两方的对峙，否则，它就不会是一个前沿——无论是经济、文化、政治意义上的还是地理上的前沿。而在卡斯特将军与苏族战争的例子中，我会打赌，在20世纪末我们大多数人都是站在苏族一方的——尽管我们小时候都经受了好莱坞的灌输。卡斯特这番有关灭绝的话，是在授予西部“拓荒者”土地权的《宅地法》颁布后三年讲的。颁布这部法案很难说是来自一个受人敬仰的政府的仁慈行为。以开拓进取精神来粉饰并采用粗粝的个人主义说辞，这是政府在失败情况下
231 可以采取的最好的折中办法。在1862年之前，大多数英雄先驱实际上是非法占屋者——他们自己把土地民主化。他们夺取土地以便谋生，他们组织起俱乐部来捍卫自己的土地不被投机者和其他土地掠夺者夺

走，他们建立起基本的福利圈并鼓励其他寮屋居民来此定居——这一切都是因为人多力量大。占屋者的组织是他们实现政治权力的关键，正是在这个组织形成气候和前沿地区猖獗圈地的背景下，《宅地法》才于1862年得以通过。

通过把自己包裹在个人主义和爱国主义的浪漫外衣里，前沿神话的全部力量都被用来平息前沿的阶级铭刻，清除前沿对当局的主要威胁。如果我们真正打算把今天的城市作为新的前沿拥抱入怀，那么开拓进取的行动则是最首要也是最爱国的行为；如果严格按照历史来做的话，这个行为就是占据公地。很有可能，在未来的世界里，我们也可能会把今天的寮屋居民看作对城市前沿具有更开明眼光的人群。城市正在成为新的狂野西部，虽然这可能令人遗憾，但这是不争的事实；而成为什么样的狂野西部，恰恰是人们正在为之斗争的。 232

参考文献

"A talk with Allen Ginsberg" (1988) *The New Common Good*, September.

Abrams, C. (1965) *The City Is the Frontier*, New York: Harper and Row.

Adde, L. (1969) *Nine Cities: Anatomy of Downtown Renewal*, Washington, DC: Urban Land Institute.

Advisory Council on Historic Preservation (1980) *Report to the President and the Congress of the United States*, Washington, DC: Government Printing Office.

"After eviction, Paris homeless battle police" (1993) *New York Times* December 14.

Aglietta, M. (1979) *A Theory of Capitalist Regulation*, London: New Left Review.

AKRF, Inc. (1982) "Harlem area redevelopment study: gentrification in Harlem," prepared for Harlem Urban Development Corporation.

Allen, I. L. (1984) "The ideology of dense neighborhood redevelopment," in J. J. Palen and B. London (eds) *Gentrification, Displacement and Neighborhood Revitalization*, Albany: State University of New York Press.

Allison, J. (1995) "Rethinking gentrification: looking beyond the chaotic concept," unpublished Ph.D. dissertation, Queensland University of Technology, Brisbane.

Alonso, W. (1960) "A theory of the urban land market," *Papers and Proceedings of the Regional Science Association* 6: 149–157.

—— (1964) *Location and Land Use*, Cambridge, Mass.: Harvard University Press.

Anderson, J. (1982) *This Was Harlem: A Cultural Portrait. 1900–1950*, New York: Farrar Straus Giroux.

Anderson, M. (1964) *The Federal Bulldozer: A Critical Analysis of Urban Renewal, 1949–1962*, Cambridge, Mass.: MIT Press.

Aparecida de Souza, M. A. (1994) *A Identidade da Metrópole*. São Paulo: Editora da Universidade de São Paulo.

Aronowitz, S. (1979) "The professional-managerial class or middle strata," in P. Walker (ed.) *Between Labor and Capital*, Boston: South End Press.

Bach, V. and West, S. Y. (1993) "Housing on the block: disinvestment and abandonment risks in New York City neighborhoods," New York: Community Service Society of New York.

Badcock, B. (1989) "Smith's rent gap hypothesis: an Australian view," *Annals of the Association of American Geographers* 79: 125–145.

—— (1990) "On the non-existence of the rent gap: a reply," *Annals of the Association of American Geographers* 80: 459–461.

—— (1992a) "Adelaide's heart transplant, 1970–88: 1 creation, transfer, and capture of 'value' within the built environment," *Environment and Planning A* 24: 215–241.

—— (1992b) "Adelaide's heart transplant, 1970–88: 2 the 'transfer' of value within the housing market," *Environment and Planning A* 24: 323–339.

—— (1993) "Notwithstanding the exaggerated claims, residential revitalization really is changing the form of some Western cities: a response to Bourne," *Urban Studies* 30: 191–195.

—— (1995) "Building upon the foundations of gentrification: inner city housing development in Australia in the 1990s," *Urban Geography* 16: 70–90.

Bagli, C. V. (1991) "'De-gentrification' can hit when boom goes bust," *New York Observer* August 5–12.

Bailey, B. (1990) "The changing urban frontier: an examination of the meanings and conflicts of adaptation," MA thesis, Edinburgh University.

Baker, H. A., Jr. (1987) *Modernism and the Harlem Renaissance*, Chicago: University of Chicago Press.

Ball, M. A. (1979) "Critique of urban economics," *International Journal of Urban and Regional Research* 3: 309–332.

Baltimore City Department of Housing and Community Development (1977) *Homesteading: The Third Year, 1976*, Baltimore: Department of Housing and Community Development.

Baltzell, D. (1958) *Philadelphia Gentleman*, Glencoe: The Free Press.

Banfield, E. C. (1968) *The Unheavenly City: The Nature and Future of Our Urban Crisis*, Boston: Little, Brown.

Barrett, W. (1995) "Rudy's shrink rap," *Village Voice* May 9.

Barry, J. and Derevlany, J. (1987) *Yuppies Invade My House at Dinnertime*, Hoboken: Big River Publishing.

Bartelt, D. (1979) "Redlining in Philadelphia: an analysis of home mortgages in the Philadelphia area," mimeograph, Institute for the Study of Civic Values, Temple University.

Barthes, R. (1972) *Mythologies*, New York: Hill and Wang.

Baudelaire, C. (1947) *Paris Spleen*, New York: New Directions.

Beauregard, R. (1986) "The chaos and complexity of gentrification," in N. Smith and P. Williams (eds.) *Gentrification of the City*, Boston: Allen and Unwin.

—— (1989) *Economic Restructuring and Political Response*, Urban Affairs Annual Reviews 34, Newbury Park, Calif.: Sage Publications.

—— (1990) "Trajectories of neighborhood change: the case of gentrification," *Environment and Planning A* 22: 855–874.

—— (1993) *Voices of Decline: The Postwar Fate of US Cities*, Oxford: Basil Blackwell.

Bell, D. (1973) *The Coming of Post-industrial Society*, New York: Basic Books.

Beluszky, P. and Timár, J. (1992) "The changing political system and urban restructuring in Hungary," *Tijdschrift voor Economische en Sociale Geografie* 83: 380–389.

Bennet, J. (1992) "One emerald shines, others go unpolished," *New York Times* August 30.

Bennetts, L. (1982) "16 tenements to become artist units in city plan," *New York Times*, May 4.

Berman, M. (1982) *All That Is Solid Melts into Air: The Experience of Modernity*, New York: Simon and Schuster.

Bernstein, E. M. (1994) "A new Bradhurst," *New York Times* January 6.

Bernstein, R. (1990) "Why the cutting edge has lost its bite," *New York Times*, September 30.

Berry, B. (1973) *The Human Consequences of Urbanization*, London: Macmillan.

—— (1980) "Inner city futures: an American dilemma revisited," *Transactions of the Institute of British Geographers* NS 5, 1: 1–28.

—— (1985) "Islands of renewal in seas of decay," in P. Paterson (ed.) *The New Urban Reality*, Washington, DC: Brookings Institution.

Blumenthal, R. (1994) "Tangled ties and tales of FBI messenger," *New York Times*, January 9.

Boddy, M. (1980) *The Building Societies*, Basingstoke: Macmillan.

Bondi, L. (1991a) "Gender divisions and gentrification: a critique," *Transactions of the Institute of British Geographers* 16: 290–298.

—— (1991b) "Women, gender relations and the inner city," in M. Keith and A. Rogers (eds.) *Hollow Promises: Rhetoric and Reality in the Inner City*, London: Mansell.

Bontemps, A. (1972) *The Harlem Renaissance Remembered*, New York: Dodd, Mead and Co.

Bourassa, S. (1990) "On 'An Australian view of the rent gap' by Badcock," *Annals of the Association of American Geographers* 80: 458–459.

—— (1993) "The rent gap debunked," *Urban Studies* 30: 1731–1744.

Bourne, L. S. (1993) "The demise of gentrification? A commentary and prospective view," *Urban Geography* 14: 95–107.

Bowler, A. E. and McBurney, B. (1989) "Gentrification and the avante garde in New York's East Village: the good, the bad, and the ugly," paper presented at the annual conference of the American Sociological Association, San Francisco, August.

Boyle, M. (1992) "The cultural politics of Glasgow, European City of Culture: making sense of the role of the local state in urban regeneration," unpublished Ph.D. dissertation, Edinburgh University.

—— (1995) 'Still top our the agenda? Neil Smith and the reconciliation of capital and consumer approaches to the explanation of gentrification,' *Scottish Geographical Magazine* 111: 120–123.

Bradford, C. and Rubinowitz, L. (1975) "The urban–suburban investment–disinvestment process: consequences for older neighborhoods," *Annals of the American Academy of Political and Social Science* 422: 77–86.

Bridge, G. (1994) "Gentrification, class and residence: a reappraisal," *Environment and Planning D: Society and Space* 12: 31–51.

—— (1995) "The space for class? On class analysis in the study of gentrification," *Transactions of the Institute of British Geographers* NS 20, 2: 236–247.

Bronner, E. (1962) *William Penn's Holy Experiment*, Philadelphia: Temple University Publications.

Brown, J. (1973) "The whiting of Society Hill: black families refuse eviction," *Drummer* February 13.

Brown, P. L. (1990) "Lauren's wink at the wild side," *New York Times* February 8.

Bruce-Briggs, B. (1979) *The New Class?*, New Brunswick, N.J.: Transaction Books.

Bukharin, N. (1972 edn.) *Imperialism and World Economy*, London: Merlin.

Burt, N. (1963) *The Perennial Philadelphians*, London: Dent and Son.

Butler, S. (1981) *Enterprise Zones: Greenlining the Inner City*, New York: Universe Books.

Caris, P. (1996) "Declining suburbs: disinvestment in the inner suburbs of Camden County, New Jersey," unpublished Ph.D. dissertation, Rutgers University.

Carmody, D. (1984) "New day is celebrated for Union Square Park," *New York Times* April 20.

Carpenter, J. and Lees, L. (1995) "Gentrification in New York, London and Paris: an international comparison," *International Journal of Urban and Regional Research* 19: 286–303.

Carr, C. (1988) "Night clubbing: reports from the Tompkins Square Police Riot," *Village Voice* August 16.

Carroll, M. (1983) "A housing plan for artists loses in Board of Estimates," *New York Times* February 11.

Castells, M. (1976) "The Wild City," *Kapitalistate* 4–5: 2–30.

—— (1983) *The City and the Grassroots*, Berkeley: University of California Press.

—— (ed.) (1985) *High Technology, Space and Society*, volume 28, Urban Affairs Annual Reviews, London: Sage Publications.

Castillo, R. (1993) "A fragmentato da terra. Propriedade fundisria absoluta e espaço mercadoria no municipio de São Paulo," unpublished Ph.D. dissertation, Universidade de São Paulo.

Castrucci, A. *et al.* *YOUЯ HOUSE IS MINE* (1992) , New York: Bullet Space.

Caulfield, J. (1989) "'Gentrification' and desire," *Canadian Review of Sociology and Anthropology* 26, 4: 617–632.

—— (1994) *City Form and Everyday Life: Toronto's Gentrification and Critical Social Practice*, Toronto: University of Toronto Press.

Chall, D. (1984) "Neighborhood changes in New York City during the 1970's: are the gentry returning?," *Federal Reserve Bank of New York Quarterly Review* Winter: 38–48.

Charyn, J. (1985) *War Cries over Avenue C*, New York: Donald I. Fine, Inc.

Checkoway, B. (1980) "Large builders, federal housing programmes, and postwar suburbanization," *International Journal of International and Regional Research* 4: 21–44.

Chouinard, V., Fincher, R. and Webber, M. (1984) "Empirical research in scientific human geography," *Progress in Human Geography*, 8, 3: 347–380.

City of New York, Commission on Human Rights (1983) "Mortgage activity reports'.

City of New York, Department of City Planning (1981) "Sanborn vacant buildings file."

—— (1983) "Housing database: public and publicly aided housing."

City of New York, Harlem Task Force (1982) "Redevelopment strategy for Central Harlem."

Clark, E. (1987) *The Rent Gap and Urban Change: Case Studies in Malmö 1860–1985*, Lund: Lund University Press.

—— (1988) "The rent gap and transformation of the built environment: Case studies in Malmö 1860–1985," *Geografiska Annaler* 70B: 241–254.

—— (1991a) "Rent gaps and value gaps: complementary or contradictory," in J. van Weesep and S. Musterd (eds.) *Urban Housing for the Better-off: Gentrification in Europe*, Utrecht: Stedelijke Netwerken.

—— (1991b) "On gaps in gentrification theory," *Housing Studies* 7: 16–26.

—— (1992) "On blindness, centrepieces and complementarity in gentrification theory," *Transactions of the Institute of British Geographers* NS 17: 358–362.

—— (1994) "Toward a Copenhagen interpretation of gentrification," *Urban Studies* 31, 7: 1033–1042.

—— (1995) "The rent gap re-examined," *Urban Studies* 32: 1489–1503.

Clark, E. and Gullberg, A. (1991) "Long swings, rent gaps and structures of building provision: the postwar transformation of Stockholm's inner city," *International Journal of Urban and Regional Research* 15, 4: 492–504.

Claval, P. (1981) *La logique des villes*, Paris: Librairies Techniques.

Clay, P. (1979a) *Neighborhood Renewal*, Lexington, Mass.: D. C. Heath.

—— (1979b) *Neighborhood Reinvestment without Displacement: A Handbook for Local Government*, Cambridge, Mass.: Department of Urban Studies and Planning, Massachusetts Institute of Technology.

Connell, J. (1976) *The End of Tradition: Country Life in Central Surrey*, London: Routledge.

Coombs, O. (1982) "The new battle for Harlem," *New York* January 25.

Cortie, C. and van de Ven, J. (1981) "'Gentrification': keert de woonelite terug naar de stad?," *Geografisch Tijdschrift* 15: 429–446.

Cortie, C. and van Engelsdorp Gastelaars, R. (1985) "Amsterdam: decaying city, gentrifying city," in P. E. White and B. van der Knaap (eds.) *Contemporary Studies of Migration*, Norwich: Geo Books, International Symposia Series.

Cortie, C., van de Ven, J. and De Wijis-Mulkens (1982) "'Gentrification' in de Jordaan: de opkomst van een nieuwe birinenstadselite," *Geografisch Tijdschrift* 16: 352–379.

Cortie, C., Kruijt, B. and Musterd, S. (1989) 'Housing market change in Amsterdam: some trends," *Netherlands Journal of Housing and Environmental Research* 4: 217–233.

Counsell, G. (1992) "When it pays to be a vandal," *Independent on Sunday* June 21.

Crilley, D. (1993) "Megastructures and urban change: aesthetics, ideology and design," in P. Knox (ed.) *The Restless Urban Landscape*, Englewood Cliffs, NJ: Prentice-Hall.

Cybriwsky, R. (1978) "Social aspects of neighborhood change," *Annals of the Association of American Geographers* 68: 17–33.

—— (1980) "Historical evidence of gentrification," unpublished MS, Department of Geography, Temple University.

Dangschat, J. (1988) "Gentrification: der Wandel innenstadtnaher Nachbarschaften," *Kölner Zeitschrift für Soziologie und Sozialpsychologie, Sonderband.*

—— (1991) "Gentrification in Hamburg," in J. van Weesep and S. Musterd (eds.), *Urban Housing for the Better-Off: Gentrification in Europe*, Utrecht: Stedelijke Netwerken.

Daniels, L. (1982) "Outlook for revitalization of Harlem," *New York Times*, February 12.
—— (1983a) "Hope and suspicion mark plan to redevelop Harlem," *New York Times*, February 6.
—— (1983b) "Town houses in Harlem attracting buyers," *New York Times*, August 21.
—— (1984) "New condominiums at Harlem edge," *New York Times*, February 19.
Davis, J. T. (1965) "Middle class housing in the central city," *Economic Geography* 41: 238–251.
Davis, M. (1991) *City of Quartz*, London: Verso.
DeGiovanni, F. (1983) "Patterns of change in housing market activity in revitalizing neighborhoods," *Journal of the American Planning Association* 49: 22–39.
—— (1987) *Displacement Pressures in the Lower East Side*, working paper, Community Service Society of New York.
DePalma, A. (1988) "Can City's plan rebuild Lower East Side?," *New York Times* October 14.
Deutsche, R. (1986) "Krzysztof Wodiczko's *Homeless Projection* and the site of urban 'revitalization'," *October* 38: 63–98.
Deutsche, R. and Ryan, C. G. (1984) "The fine art of gentrification," *October* 31: 91–111.
Dieleman, F. M. and van Weesep, J. (1986) "Housing under fire: budget cuts, policy adjustments and market changes," *Tijdschrift voor Economische en Sociale Geografie* 77: 310–315.
"Disharmony and Housing" (1985) *New York Times* October 22.
Douglas, C. C. (1985) "149 win in auction of Harlem houses," *New York Times* August 17.
—— (1986) "Harlem warily greets plans for development," *New York Times* January 19.
Douglas, P. (1983) "Harlem on the auction block," *Progressive March*: 33–37.
Dowd, M. (1993) "The WASP descendancy," *New York Times Magazine* October 31, 46–48.
Downie, L. (1974) *Mortgage on America*, New York: Praeger.
Downs, A. (1982) "The necessity of neighborhood deterioration," *New York Affairs* 7, 2: 35–38.
Dunford, M. and Perrons, D. (1983) *The Arena of Capital*, London: Macmillan.
Edel, M. and Sclar, E. (1975) "The distribution of real estate value changes: metropolitan Boston, 1870–1970," *Journal of Urban Economics* 2: 366–387.
Egan, T. (1993) "In 3 progressive cities, stern homeless policies," *New York Times* December 12.
Ehrenreich, B. and Ehrenreich, J. (1979) "The professsional-managerial class," in P. Walker (ed.) *Between Labor and Capital*, Boston: South End Press.
Ekland-Olson, S., Kelly, W. R. and Eisenberg, M. (1992) "Crime and incarceration: some comparative findings from the 1980s," *Crime and Delinquency* 38: 392–416.
Engels, B. (1989) "The gentrification of Glebe: the residential restructuring of an inner Sydney suburb, 1960 to 1986," unpublished Ph.D. dissertation, University of Sydney.
Engels, F. (1975 edn.) *The Housing Question*, Moscow: Progress Publishers.
Fainstein, N. and Fainstein, S. (1982) "Restructuring the American city: a comparative perspective," in N. Fainstein and S. Fainstein (eds.) *Urban Policy under Capitalism*, Beverly Hills: Sage Publications.
Fainstein, S. (1994) *The City Builders: Property, Politics and Planning in London and New York*, Oxford: Basil Blackwell.
Fainstein, S., Harloe, M. and Gordon, I. (eds.) (1992) *Divided Cities: New York and London in the Contemporary World*, Oxford: Basil Blackwell.
Ferguson, S. (1988) "The boombox wars," *Village Voice* August 16.
—— (1991a) "Should Tompkins Square be like Gramercy?," *Village Voice* June 11.
—— (1991b) "The park is gone," *Village Voice* June 18.
Filion, P. (1991) "The gentrification–social structure dialectic: a Toronto case study," *International Journal of Urban and Regional Research* 15, 4: 553–574.

Firey, W. (1945) "Sentiment and symbolism as ecological variables," *American Sociological Review* 10: 140–148.

Fisher, I. (1993) "For homeless, a last haven is demolished," *New York Times* August 18.

Fitch, R. (1988) "What's left to write?: media mavericks lose their touch," *Voice Literary Supplement* May 19.

—— (1993) *The Assassination of New York*, New York: Verso.

Fodarero, L. (1987) "ABC's of conversion: 21 loft condos," *New York Times* March 22.

Foner, P. S. (1978) *The Labor Movement in the United States* volume 1, New York: International Publishers.

"$14.5 million arts project for Harlem" (1984) *Amsterdam News*, January 21.

Franco, J. (1985) "New York is a third world city," *Tabloid* 9: 12–19.

Friedrichs, J. (1993) "A theory of urban decline: economy, demography and political elites," *Urban Studies* 30, 6: 907–917.

Gaillard, J. (1977) *Paris: La Ville*. Paris: H. Champion.

Gale, D. E. (1976) "The back-to-the-city movement . . . or is it?," occasional paper, Department of Urban and Regional Planning, George Washington University.

—— (1977) "The back-to-the-city movement revisited," occasional paper, Department of Urban and Regional Planning, George Washington University.

Galster, G. C. (1987) *Homeowners and Neighborhood Reinvestment*, Durham, N.C.: Duke University Press.

Gans, H. (1968) *People and Plans*, New York: Basic Books.

Garreau, J. (1991) *Edge City: Life on the Frontier*, New York: Doubleday.

Gertler, M. (1988) "The limits to flexibility: comments on the post-Fordist vision of production and its geography," *Transactions of the Institute of British Geographers* 16: 419–422.

Gevirtz, L. (1988) "Slam dancer at NYPD," *Village Voice*, September 6.

Giddens, A. (1981) *A Contemporary Critique of Historical Materialism*. Volume 1: *Power, Property and the State*, Berkeley: University of California Press.

Gilmore, R. (1993) "Terror austerity race gender excess theater," in B. Gooding-Williams (ed.) *Reading Rodney King/Reading Urban Uprising*, New York: Routledge.

—— (1994) "Capital, state and the spatial fix: imprisoning the crisis at Pelican Bay," unpublished paper, Rutgers University.

Glass, R. (1964) *London: Aspects of Change*, London: Centre for Urban Studies and MacGibbon and Kee.

Glazer, L. (1988) "Heavenly developers building houses for the poor rich?," *Village Voice* October 11.

Goldberg, J. (1994) "The decline and fall of the Upper West Side: how the poverty industry is ripping apart a great New York neighborhood," *New York* April 25: 37–42.

Goldstein, R. (1983) "The gentry comes to the East Village," *Village Voice*, May 18.

Gooding-Williams, R. (ed.) (1993) *Reading Rodney King/Reading Urban Uprising*, New York: Routledge.

Goodwin, M. (1984) "Recovery making New York city of haves and have-nots," *New York Times* August 28.

Gottlieb, M. (1982) "Space invaders: land grab on the Lower East Side," *Village Voice* December 14.

Gould, A. (1981) "The salaried middle class in the corporatist welfare state," *Policy and Politics* 9: 4.

Gramsci, A. (1971 edn.) *Prison Notebooks*, New York: International Publishers.

Grant, L. (1990) "From riots to riches," *Observer Magazine* October 7.

Greenfield, A. M. and Co., Inc. (1964) "New town houses for Washington Square East: a technical report on neighborhood conservation," prepared for the Redevelopment Authority of Philadelphia.

Gutman, H. (1965) "The Tompkins Square 'riot' in New York City on January 13, 1874: a re-examination of its causes and consequences," *Labor History* 6: 44–70.

Hamnett, C. (1973) "Improvement grants as an indicator of gentrification in inner London," *Area* 5: 252–261.
—— (1984) "Gentrification and residential location theory: a review and assessment," in D. T. Herbert and R. J. Johnston (eds.) *Geography and the Urban Environment: Progress in Research and Applications*, vol. VI, New York: Wiley.
—— (1990) "London's turning," *Marxism Today* July, 26–31.
—— (1991) "The blind men and the elephant: the explanation of gentrification," *Transactions of the Institute of British Geographers* NS 16: 173–189.
—— (1992) "Gentrifiers or lemmings? A response to Neil Smith," *Transactions of the Institute of British Geographers* NS 17: 116–119.
Hamnett, C. and Randolph, W. (1984) "The role of landlord disinvestment in housing market transformation: an analysis of the flat break-up market in central London," *Transactions of the Institute of British Geographers* NS 9: 259–279.
—— (1986) "Tenurial transformation and the flat break-up market in London: the British condo experience," in N. Smith and P. Williams (eds.) *Gentrification of the City*, Boston: Allen and Unwin.
Hampson, R. (1982) "Will whites buy the future of Harlem?," *Record* July.
Haraway, D. and Harvey, D. (1995) "Nature, politics and possibilities: a discussion and debate with David Harvey and Donna Haraway," *Environment and Planning D: Society and Space* 13: 507–528.
Harlem Urban Development Corporation (1982) "Analyses of property sales within selected areas of the Harlem UDC task force area," revised edition.
Harloe, M. (1984) "Sector and class: a critical comment," *International Journal of Urban and Regional Research* 8, 2: 228–237.
Harman, C. (1981) "Marx's theory of crisis and its critics," *International Socialism* 11: 30–71.
Harris, N. (1980a) "Crisis and the core of the world system," *International Socialism* 10: 24–50.
—— (1980b) "Deindustrialization," *International Socialism* 7: 72–81.
—— (1983) *Of Bread and Guns: The World Economy in Crisis*, New York: Penguin.
Hartman, C. (1979) "Comment on 'Neighborhood revitalization and displacement: a review of the evidence'," *Journal of the American Planning Association* 45, 4: 488–491.
Harvey, D. (1973) *Social Justice and the City*, Baltimore: Johns Hopkins University Press.
—— (1974) "Class monopoly rent, finance capital and the urban revolution," *Regional Studies* 8: 239–255.
—— (1975) "Class structure in a capitalist society and the theory of residential differentiation," in M. Chisholm and R. Peel (eds.) *Processes in Physical and Human Geography*, Edinburgh: Heinemann.
—— (1977) "Labor, capital and class struggle around the built environment in advanced capitalist societies," *Politics and Society* 7: 265–275.
—— (1978) "The urban process under capitalism: a framework for analysis," *International Journal of Urban and Regional Research* 2, 1: 100–131.
—— (1982) *The Limits to Capital*, Oxford: Basil Blackwell.
—— (1985a) *Consciousness and the Urban Experience: Studies in the History and Theory of Capitalist Urbanization*, Oxford: Basil Blackwell.
—— (1985b) *The Urbanization of Capital: Studies in the History and Theory of Capitalist Urbanization*, Oxford: Basil Blackwell.
—— (1989) *The Condition of Post-modernity*, Oxford: Blackwell.
Harvey, D., Chaterjee, L., Wolman, M. and Newman, J. (1972) *The Housing Market and Code Enforcement in Baltimore*, Baltimore: City Planning Department.
Harvey, D. and Chaterjee, L. (1974) "Absolute rent and the structuring of space by governmental and financial institutions," *Antipode* 6, 1: 22–36.
Hegedüs, J. and Tosics, I. (1991) "Gentrification in Eastern Europe: the case of Budapest," in J. van Weesep and S. Musterd (eds.) *Urban Housing for the Better-Off: Gentrification in Europe*, Utrecht: Stedelijke Netwerken.
—— (1993) "Changing public housing policy in central European metropolis: the case

of Budapest." Paper presented to European Network for Housing Research Conference, Budapest, September 7–10.
Heilbrun, J. (1974) *Urban Economics and Public Policy*, New York: St. Martin's Press.
Henwood, D. (1988) "Subsidizing the rich," *Village Voice* August 30.
Hoch, C. and Slayton, R. A. (1989) *New Homeless and Old: Community and the Skid Row Hotel*, Philadelphia: Temple University Press.
"Home sales low in '82, but a recovery is seen" (1983) *New York Times* February 1.
Hoyt, H. (1933) *One Hundred Years of Land Values in Chicago*, Chicago: University of Chicago Press.
Huggins, N. R. (1971) *Harlem Renaissance*, London: Oxford University Press.
Ingersoll, A. C. (1963) "A Society Hill restoration," *Bryn Mawr Alumnae Bulletin* Winter.
International Labour Organisation (1994) *Year Book of Labour Statistics*, Geneva: ILO.
Jack, I. (1984) "The repackaging of Glasgow," *Sunday Times Magazine* December 2.
Jackson, P. (1985) "Neighbourhood change in New York: the loft conversion process," *Tijdschrift voor Economische en Sociale Geografie* 76, 3: 202–215.
Jacobs, J. (1961) *The Life and Death of Great American Cities*, New York: Random House.
Jager, M. (1986) "Class definition and the aesthetics of gentrification: Victoriana in Melbourne," in N. Smith and P. Williams (eds.) *Gentrification of the City*, Boston: Allen and Unwin.
James, F. (1977) "Private reinvestment in older housing and older neighborhoods: recent trends and forces," Committee on Banking, Housing and Urban Affairs, US Senate, July 7 and 8, Washington, DC.
Jencks, C. (1994a) "The homeless," *New York Review of Books* April 21: 20–27.
—— (1994b) "Housing the homeless," *New York Review of Books* May 12: 39–46.
—— (1994c) *The Homeless*, Cambridge, Mass.: Harvard University Press.
Jobse, R. B. (1987) "The restructuring of Dutch cities," *Tijdschrift voor Economische en Sociale Geografie* 78: 305–311.
Kaplan, E. (1994) "Streetwatch, redux," *Village Voice* June 21.
Kary, K. (1988) "The gentrification of Toronto and the rent gap theory," in T. Bunting and P. Filion (eds.) *The Changing Canadian Inner City*. Department of Geography Publication 31, University of Waterloo.
Katz, C. (1991a) "An agricultural project comes to town: consequences of an encounter in the Sudan," *Social Text* 28, 31–38.
—— (1991b) "Sow what you know: the struggle for social reproduction in rural Sudan," *Annals of the Association of American Geographers* 81: 488–514.
—— (1991c) "A cable to cross a curse," unpublished paper.
Katz, C. and Smith, N. (1992) "LA intifada: interview with Mike Davis," *Social Text* 33: 19–33.
Katz, S. and Mayer, M. (1985) "Gimme shelter: self-help housing struggles within and against the state in New York City and West Berlin," *International Journal of Urban and Regional Research* 9: 15–17.
Katznelson, I. (1981) *City Trenches: Urban Politics and the Patterning of Class in the United States*, Chicago: University of Chicago Press.
Kay, H. (1966) "The industrial corporation in urban renewal," in J. Q. Wilson (ed.) *Urban Renewal*, Cambridge, Mass.: MIT Press.
Kendig, H. (1979) "Gentrification in Australia," in J. J. Palen and B. London (eds.) *Gentrification, Displacement and Neighborhood Revitalization*, Albany: State University of New York Press.
Kifner, J. (1991) "New York closes park to homeless," *New York Times* June 4.
Knopp, L. (1989) "Gentrification and gay community development in a New Orleans neighborhood," Ph.D. dissertation, Department of Geography, University of Iowa.
—— (1990a) "Some theoretical implications of gay involvement in an urban land market," *Political Geography Quarterly* 9: 337–352.
—— (1990b) "Exploiting the rent gap: the theoretical significance of using illegal

appraisal schemes to encourage gentrification in New Orleans," *Urban Geography* 11: 48–64.
Koptiuch, K. (1991) "Third-worlding at home," *Social Text* 28: 87–99.
Kovács, Z. (1993) "Social and economic transformation in Budapest," paper presented to European Network for Housing Research Conference, Budapest, September 7–10.
—— (1994) "A city at the crossroads: social and economic transformation in Budapest," *Urban Studies* 31: 1081–1096.
Kraaivanger, H. (1981) "The Battle of Waterlooplein," *Move* 3: 4.
Kruger, K.-H. (1985) "Oh, baby. Scheisse. Wie ist das gekommen?," *Der Spiegel* March 11.
Lake, R. W. (1979) *Real Estate Tax Delinquency: Private Disinvestment and Public Response*, Piscataway, N.J.: Center for Urban Policy Research, Rutgers University.
Lamarche, F. (1976) "Property development and the economic foundations of the urban question," in C. G. Pickvance (ed.) *Urban Sociology: Critical Essays*, London: Methuen.
Laska, S. and Spain, D. (eds.) (1980) *Back to the City: Issues in Neighborhood Renovation*, Elmsford, N.Y.: Pergamon Press.
Laurenti, L. (1960) *Property Values and Race*, Berkeley: University of California Press.
Lauria, M. and Knopp, L. (1985) "Toward an analysis of the role of gay communities in the urban renaissance," *Urban Geography* 6: 152–169.
Lee, E. D. (1981) "Will we lose Harlem? The symbolic capital of Black America is threatened by gentrification," *Black Enterprise* June: 191–200.
Lees, L. (1989) "The gentrification frontier: a study of the Lower East Side area of Manhattan, New York City," unpublished BA dissertation, Queen's University, Belfast.
—— (1994) "Gentrification in London and New York: an Atlantic gap?" *Housing Studies* 9, 2: 199–217.
—— (1994) "Rethinking gentrification: beyond the positions of economics or culture," *Progress in Human Geography* 18, 2: 137–150.
Lees, L. and Bondi, L. (1995) "De/gentrification and economic recession: the case of New York City," *Urban Geography* 16: 234–253.
"Les Africains sont les plus mal logés" (1992) *Libération* September 12.
"Les sans-abri du XIIIe vont être délogés" (1991) *Journal du Dimanche* September 1.
"Les sans-logis de Vincennes laissent le camp aux mal-logés" (1992) *Libération* September 5–6.
Levin, K. (1983) "The neo-frontier," *Village Voice* January 4.
Levy, P. (1978) "Inner city resurgence and its societal context," paper presented at the annual conference of Association of American Geographers, New Orleans.
Lewis, D. (1981) *When Harlem Was in Vogue*, New York: Random House.
Ley, D. (1978) "Inner city resurgence and its social context," paper presented at the annual conference of the Association of American Geographers, New Orleans.
—— (1980) "Liberal ideology and the postindustrial city," *Annals of the Association of American Geographers* 70: 238–258.
—— (1986) "Alternative explanations for inner-city gentrification," *Annals of the Association of American Geographers* 76: 521–535.
—— (1992) "Gentrification in recession: social change in six Canadian inner cities, 1981–1986," *Urban Geography* 13, 3: 230–256.
Limerick, P. N. (1987) *The Legacy of Conquest: The Unbroken Past of the American West*, New York: Norton.
Linton, M. (1990) "If I can get it for £148 why pay more?" *Guardian* 16 May 1990.
Lipton, S. G. (1977) "Evidence of central city revival," *Journal of the American Institute of Planners* 43: 136–147.
Long, L. (1971) "The city as reservation," *Public Interest* 25: 22–38.
"Los Angeles plans a camp for downtown homeless" (1994) *International Herald Tribune*, October 15–16.

Lowenthal, D. (1986) *The Past Is a Foreign Country*, Cambridge: Cambridge University Press.

Lowry, I. S. (1960) "Filtering and housing costs: a conceptual analysis," *Land Economics* 36: 362–370.

"Ludlow Street" (1988) *New Yorker* February 8.

MacDonald, G. M. (1993) "Philadelphia's Penn's Landing: changing concepts of the central river front," *Pennsylvania Geographer* 31, 2: 36–51.

McDonald, J. F. and Bowman, H. W. (1979) "Land value functions: a reevaluation," *Journal of Urban Economics* 6: 25–41.

McGhie, C. (1994) "Up and coming but never arrived," *Independent on Sunday* March 27.

McKay, C. (1928) *Home to Harlem*, New York: Harper and Row.

"Make Tompkins Square a park again" (1991) *New York Times* May 31.

Mandel, E. (1976) "Capitalism and regional disparities," *South West Economy and Society* 1: 41–47.

Marcuse, P. (1984) "Gentrification, residential displacement and abandonment in New York City," report to the Community Services Society.

—— (1986) "Abandonment, gentrification and displacement: the linkages in New York City," in N. Smith and P. Williams (eds.) *Gentrification of the City*, Boston: Allen and Unwin.

—— (1988) "Neutralizing homelessness," *Socialist Review* 88, 1: 69–96.

—— (1991) "In defense of gentrification," *Newsday* December 2.

Markusen, A. (1981) "City spatial structure, women's household work, and national urban policy," in C. Stimpson, E. Dixler, M. J. Nelson and K. B. Yatrakis (eds.) *Women and the City*, Chicago: University of Chicago Press.

Martin, D. (1993) "Harlem landlord sees dream of affordable housing vanish," *New York Times* November 7.

Marx, K. (1963 edn.) *The 18th Brumaire of Louis Bonaparte*, New York: International Publishers.

—— (1967 edn.) *Capital* (three volumes), New York: International Publishers.

—— (1973 edn.) *Grundrisse*, London: Pelican.

—— (1974 edn.) *The Civil War in France*, Moscow: Progress Publishers.

Massey, D. (1978) "Capital and locational change: the UK electrical engineering and electronics industry," *Review of Radical Political Economics* 10, 3: 39–54.

Massey, D. and Meegan, R. (1978) "Industrial restructuring versus the cities," *Urban Studies* 15: 273–288.

McGee, H. W., Jr. (1991) "Afro-American resistance to gentrification and the demise of integrationist ideology in the United States," *Urban Lawyer* 23: 25–44.

Miller, S. (1965) "The 'New' Middle Class," in A. Shostak and W. Gomberg (eds.) *Blue-Collar Worker*, Englewood Cliffs, N.J.: Harper and Row.

Mills, C. A. (1988) "'Life on the upslope': the postmodern landscape of gentrification," *Environment and Planning D: Society and Space* 6: 169–189.

Mills, E. (1972) *Studies in the Structure of Urban Economy*, Baltimore: Johns Hopkins University Press.

Mingione, E. (1981) *Social Conflict and the City*, Oxford: Basil Blackwell.

Mitchell, D. (1995a) "The end of public space? People's Park, definitions of the public, and democracy," *Annals of the Association of American Geographers* 85, 1: 108–133.

—— (1995b) "There's no such thing as culture: towards a reconceptualization of the idea of culture in geography," *Transactions of the Institute of British Geographers* NS 20: 102–116.

Mollenkopf, J. and Castells, M. (eds.) (1991) *Dual City*, New York: Russell Sage Foundation.

Morgan, T. (1991) "New York City bulldozes squatters' shantytowns," *New York Times* October 16.

Morris, A. E. J. (1975) "Philadelphia: idea powered planning," *Built Environment Quarterly* 1: 148–152.

Moufarrege, N. (1982) "Another wave, still more savagely than the first: Lower East Side, 1982," *Arts* 57, 1: 73.
—— (1984) "The years after," *Flash Art* 118: 51–55.
Mullins, P. (1982) "The 'middle-class' and the inner city," *Journal of Australian Political Economy* 11: 44–58.
Musterd, S. (1989) "Upgrading and downgrading in Amsterdam neighborhoods," Instituut voor Sociale Geografie, Universitet van Amsterdam.
Musterd, S. and van de Ven, J. (1991) "Gentrification and residential revitalization," in J. van Weesep and S. Musterd (eds.) *Urban Housing for the Better-Off: Gentrification in Europe*, Utrecht: Stedelijke Netwerken.
Musterd, S. and J. van Weesep (1991) "European gentrification or gentrification in Europe?," in J. van Weesep and S. Musterd (eds.) *Urban Housing for the Better-Off: Gentrification in Europe*, Utrecht: Stedelijke Netwerken.
Murray, M. J. (1994) *The Revolution Deferred: The Painful Birth of Post-apartheid South Africa*, London: Verso.
Muth, R. (1969) *Cities and Housing*, Chicago: University of Chicago Press.
New York City Partnership (1987) "New homes program": announcement of the application period for the Towers on the Park.
Nicolaus, M. (1969) "Remarks at ASA convention," *American Sociologist* 4: 155.
Nitten (1992) *Christiania Tourist Guide*, Nitten: Copenhagen.
"Notes and comment" (1984) *New Yorker* September 24.
Nundy, J. (1991) "Homeless pawns in a party political game," *Independent on Sunday* August 11.
O'Connor, J. (1984) *Accumulation Crisis*, Oxford: Basil Blackwell.
Old Philadelphia Development Corporation (1970) "Annual report'.
Old Philadelphia Development Corporation (1975) "Statistics on Society Hill," unpublished report.
Oreo Construction Services (1982) "An analysis of investment opportunities in the East Village'.
Oser, A. S. (1985) "Mixed-income high-rise takes condominium form," *New York Times* June 30.
—— (1994) "Harlem rehabilitation struggle leaves casualties," *New York Times* December 4.
Osofsky, G. (1971) *Harlem: The Making of a Ghetto*, second edition New York: Harper and Row.
Owens, C. (1984) "Commentary: the problem with puerilism," *Art in America* 72, 6: 162–163.
Park, R. E., Burgess, E. W. and McKenzie, R. (1925) *The City*, Chicago: University of Chicago Press.
Parker, R. (1972) *The Myth of the Middle Class*, New York: Harper and Row.
Pei, I. M. and Associates (undated) "Society Hill, Philadelphia: a plan for redevelopment," prepared for Webb and Knapp.
Perlez, J. (1993) "Gentrifiers march on, to the Danube Banks," *New York Times* August 18.
Pickvance, C. (1994) "Housing privatisation and housing protest in the transition from state socialism: a comparative study of Budapest and Moscow," *International Journal of Urban and Regional Research* 18: 433–450.
Pinkney, D. H. (1957) *Napoleon III and the Rebuilding of Paris*, Princeton, N.J.: Princeton University Press.
Pitt, D. E. (1989) "PBA leader assails report on Tompkins Square melee," *New York Times* April 21.
Pitt, J. (1977) *Gentrification in Islington*, London: Peoples Forum.
Poulantzas, N. (1975) *Classes in Contemporary Capitalism*, London: New Left Books.
"Production group wants to air 'execution of month' on pay-TV" (1994) *San Francisco Chronicle*, April 4.
"Profile of a winning sealed bidder" (1985) *Harlem Entrepreneur Portfolio* Summer.

"Profiles in brownstone living" (1985) *Harlem Entrepreneur Portfolio* Summer.

Purdy, M. W. and Kennedy, S. G. (1995) "Behind collapse of a building, an 80's investment that did, too," *New York Times* March 26.

Queiroz Ribeiro, L. C. and Correa do Lago, L. (1995) "Restructuring in large Brazilian cities: the centre/periphery model," *International Journal of Urban and Regional Research* 19: 369–382.

Ranard, A. (1991) "An artists' oasis in Tokyo gives way to gentrification," *International Herald Tribune* January 4.

Ravo, N. (1992a) "New housing at lowest since '85," *New York Times* August 30.

—— (1992b) "Surge in home foreclosures and evictions shattering families," *New York Times* November 15.

Real Estate Board of New York, Inc., Research Department (1985) "Manhattan real estate open market sales, 1980–1984," mimeo.

Reaven, M. and Houk, J. (1994) "A history of Tomkins Square Park," in J. Abu-Lughod (ed.) *From Urban Village to East Village*, Cambridge, Mass.: Blackwell.

Redevelopment Authority of Philadelphia (undated) "Final project reports for Washington Square East urban renewal area, units 1, 2, and 3," unpublished, Philadelphia: Redevelopment Authority.

Regional Plan Association of America (1929) *New York Regional Plan*, New York: Regional Plan Association.

Reid, L. (1995) "Flexibilisation: past, present and future," *Scottish Geographical Magazine* 111, 1: 58–62.

Reiss, M. (1988) "Luxury housing opposed by community" *New Common Good*, July.

Rex, J. and Moore, R. (1967) *Race, Community and Conflict*, London: Oxford University Press.

Rickelfs, R. (1988) "The Bowery today: a skid row area invaded by yuppies," *Wall Street Journal* November 13.

Riesman, D. (1961) *The Lonely Crowd*, New Haven, Conn.: Yale University Press.

Riis, J. (1971) *How the Other Half Lives*, New York: Dover Publications.

Roberts, F. (1979) "Tales of the pioneers," *Philadelphia Inquirer* August 19.

Roberts, S. (1991a) "Crackdown on homeless and what led to shift," *New York Times* October 28.

—— (1991b) "Evicting the homeless," *New York Times* June 22.

Robinson, W. and McCormick, C. (1984) "Slouching toward Avenue D," *Art in America* 72, 6: 135–161.

Rodger, R. (1982) "Rents and ground rents: housing and the land market in nineteenth century Britain," in J. H. Johnson and C. G. Pooley (eds.) *The Structure of Nineteenth-Century Cities*, London: Croom Helm.

Rose, D. (1984) "Rethinking gentrification: beyond the uneven development of Marxist urban theory," *Environment and Planning D: Society and Space* 2: 47–74.

—— (1987) "Un aperçu féministe sur la réstructuration de l'emploi et sur la gentrification: le cas de Montréal," *Cahiers de Géographie du Québec* 31: 205–224.

Rose, David (1989) "The Newman strategy applied in 'frontline' tactics," *Guardian* August 31 1989.

Rose, H. M. (1982) "The future of black ghettos," in G. Gappert and R. Knight (eds.) *Cities in the 21st Century*, Urban Affairs Annual Reviews 23. Beverly Hills: Sage Publications.

Rose, J. and Texier, C. (eds.) (1988) *Between C & D: New Writing from the Lower East Side Fiction Magazine*. New York: Penguin.

Ross, A. (1994) "Bombing the Big Apple," in *The Chicago Gangster Theory of Life: Nature's Debt to Society*, London: Verso.

Rossi, P. (1989) *Down and Out in America: The Origins of Homelessness*, Chicago: University of Chicago Press.

Rothenberg, T. Y. (1995) "'And she told two friends . . .': lesbians creating urban social space," in D. Bell and G. Valentine (eds.) *Mapping Desire*, London: Routledge.

Routh, G. (1980) *Occupation and Pay in Great Britain 1906–1979*, London: Macmillan.

Roweis, S. and Scott, A. (1981) "The urban land question," in M. Dear and A. Scott (eds.) *Urbanization and Urban Planning in Capitalist Society*, New York: Methuen.
Rudbeck, C. (1994) "Apocalypse soon: how Miami nice turned to Miami vice in the eyes of crime writer Carl Hiaasen, who uncovers the dark side of the Sunshine State," *Scanorama* May: 52–59.
Rutherford, M. (1981) "Why Labour is losing more than a deposit," *Financial Times* November 28.
Rutkoff, P. M. (1981) *Revanche and Revision: The Ligue des Patroites and the Origins of the Radical Right in France, 1882–1900*. Athens: Ohio University.
Salins, P. (1981) "The creeping tide of disinvestment," *New York Affairs* 6, 4: 5–19.
Samuel, R. (1982) "The SDP and the new political class," *New Society* April 22: 124–127.
Sanders, H. (1980) "Urban renewal and the revitalized city: a reconsideration of recent history," in D. Rosenthal (ed.) *Urban Revitalization*, Beverly Hills: Sage Publications.
Sassen, S. (1988) *The Mobility of Labour and Capital*, Cambridge: Cambridge University Press.
—— (1991) *The Global City*, Princeton, N.J.: Princeton University Press.
Saunders, P. (1978) "Domestic property and social class," *International Journal of Urban and Regional Research* 2: 233–251.
—— (1981) *Social Theory and the Urban Question*, London: Hutchinson.
—— (1984) "Beyond housing classes: the sociological significance of private property rights and means of consumption," *International Journal of Urban and Regional Research* 8, 2: 202–227.
—— (1990) *A Nation of Homeowners*, London: Allen and Unwin.
Sayer, A. (1982) "Explanation in economic geography," *Progress in Human Geography* 6: 68–88.
Schemo, D. J. (1994) "Facing big-city problems, L.I. suburbs try to adapt," *New York Times* March 16.
Scott, A. (1981) "The spatial structure of metropolitan labor markets and the theory of intra-urban plant location," *Urban Geography* 2, 1: 1–30.
Scott, H. (1984) *Working Your Way to the Bottom: The Feminization of Poverty*, London: Pandora.
Séguin, A.-M. (1989) "Madame Ford et l'espace: lecture féministe de la suburbanisation," *Recherches Féministes* 2, 1: 51–68.
Servin, J. (1993) "Mall evolution," *New York Times* October 10.
Shaman, D. (1988) "Lower East Side buildings rehabilitated," *New York Times*, April 1.
Slotkin, R. (1985) *Fatal Environment: The Myth of the Frontier in the Age of Industrialization 1800–1890*, New York: Atheneum.
Smith, A. (1989) "Gentrification and the spatial contribution of the state: the restructuring of London's Docklands," *Antipode* 21, 3: 232–260.
Smith, M. P. (ed.) (1984) *Cities in Transformation: Class, Capital and the State*, Urban Affairs Annual Reviews 26, Newbury Park, Calif.: Sage Publications.
Smith, M. P. and Feagin, J. (eds.) (1996) *The Bubbling Cauldron*, Minneapolis: University of Minnesota Press.
Smith, N. (1979a) "Toward a theory of gentrification: a back to the city movement by capital not people," *Journal of the American Planning Association* 45: 538–548.
—— (1979b) "Gentrification and capital: theory, practice and ideology in Society Hill," *Antipode* 11, 3: 24–35.
—— (1982) "Gentrification and uneven development," *Economic Geography* 58: 139–155.
—— (1984) *Uneven Development: Nature, Capital and the Production of Space*, Oxford: Basil Blackwell.
—— (1986) "Gentrification, the frontier, and the restructuring of urban space," in N. Smith and P. Williams (eds.) *Gentrification of the City*, Boston: Allen and Unwin.
—— (1987) "Gentrification and the rent gap," *Annals of the Association of American Geographers* 77: 462–465.

—— (1991) "On gaps in our knowledge of gentrification," in J. van Weesep and S. Musterd (eds.) *Urban Housing for the Better-Off: Gentrification in Europe*, Utrecht: Stedelijke Netwerken.

—— (1992) "Blind man's bluff or, Hamnett's philosophical individualism in search of gentrification," *Transactions of the Institute of British Geographers* NS 17: 110–115.

—— (1995a) "Remaking scale: competition and cooperation in pre/postnational Europe," in H. Eskelinen and F. Snickars (eds.) *Competitive European Peripheries*, Berlin: Springer-Verlag.

—— (1995b) "Gentrifying Theory," *Scottish Geographical Magazine* 111: 124–126.

—— (1996a) "After Tompkins Square Park: degentrification and the Revanchist city," in A. King (ed.) *Re-presenting the City: Ethnicity, Capital and Culture in the 21st Century Metropolis*, London: Macmillan.

—— (1996b) "The production of nature," in G. Robertson and M. Mash (eds.) *FutureNatural*. London: Routledge.

—— (1996c) "The revanchist city: New York's homeless wars," *Polygraph* (forthcoming).

Smith, N. and LeFaivre, M. (1984), "A class analysis of gentrification," in B. London and J. Palen (eds.) *Gentrification, Displacement and Neighborhood Revitalization*. Albany: State University of New York Press.

Smith, N. and Williams, P. (eds.) (1986) *The Gentrification of the City*, Boston: Allen and Unwin.

Sohn-Rethel, A. (1978) *Intellectual and Manual Labor*, London: Macmillan.

Soja, E. (1980) "The socio-spatial dialectic," *Annals of the Association of American Geographers* 70: 207–225.

Squires, G. D., Velez, W. and Taeuber, K. E. (1991) "Insurance redlining, agency location and the process of urban disinvestment," *Urban Affairs Quarterly* 26, 4: 567–588.

Stallard, K., Ehrenreich, B. and Sklar, H. (1983) *Poverty in the American Dream: Women and Children First*, Boston: South End Press.

Stecklow, S. (1978) "Society Hill: rags to riches," *Evening Bulletin* January 13.

Stegman, M. A. (1972) *Housing Investment in the Inner City: The Dynamics of Decline*, Cambridge, Mass.: MIT Press.

—— (1982) *The Dynamics of Rental Housing in New York City*, New Brunswick, NJ: Center for Urban Policy Research, Rutgers University.

Steinberg, J., van Zyl, P. and Bond, P. (1992) "Contradictions in the transition from urban apartheid: barriers to gentrification in Johannesburg," in D. M. Smith (ed.) *The Apartheid City and Beyond: Urbanization and Social Change in South Africa*, London: Routledge.

Sternlieb, G. (1971) "The city as sandbox," *Public Interest* 25: 14–21.

Sternlieb, G. and Burchell, R. W. (1973) *Residential Abandonment: The Tenement Landlord Revisited*, Piscataway, N.J.: Center for Urban Policy Research, Rutgers University.

Sternlieb, G. and Hughes, J. (1983) "The uncertain future of the central city," *Urban Affairs Quarterly* 18, 4: 455–472.

Sternlieb, G. and Lake, R. W. (1976) "The dynamics of real estate tax delinquency," *National Tax Journal* 29: 261–271.

Stevens, W. K. (1991) "Early farmers and sowing of languages," *New York Times* May 9.

Stevenson, G. (1980) "The abandonment of Roosevelt Gardens," in R. Jensen (ed.) *Devastation/Reconstruction: The South Bronx*, New York: Bronx Museum of the Arts.

Stratton, J. (1977) *Pioneering in the Urban Wilderness*, New York: Urizen Books.

Sumka, H. (1979) "Neighborhood revitalization and displacement: a review of the evidence," *Journal of the American Planning Association* 45: 480–487.

Susser, I. (1993) "Creating family forms: the exclusion of men and teenage boys from families in the New York City shelter system, 1987–1992," *Critique of Anthropology* 13: 266–283.

Swart, P. (1987) "Gentrification as an urban phenomenon in Stellenbosch, South Africa," *Geo-Stell* 11: 13–18.
Swierenga, R. P. (1968) *Pioneers and Profits: Land Speculation on the Iowa Frontier*, Ames, IA: Iowa State University Press.
Sýkora, L. (1993) "City in transition: the role of rent gaps in Prague's revitalization," *Tijdschrift voor Economische en Sociale Geografie* 84: 281–293.
Taylor, M. M. (1991) "Home to Harlem: Black identity and the gentrification of Harlem," unpublished Ph.D. dissertation, Harvard University.
Toth, J. (1993) *The Mole People: Life in the Tunnels beneath New York City*, Chicago: Chicago Review Press.
Turner, F. J. (1958) *The Frontier in American History*, New York: Holt, Rinehart and Winston.
Unger, C. (1984) "The Lower East Side: there goes the neighborhood," *New York* May 28, 32–41.
United States Department of Commerce, Bureau of the Census (1972) *Census of Population and Housing. Census tracts, New York, NY SMSA, 1970*, Washington, DC.
—— (1983) *Census of Population and Housing. Census Tracts, New York, NY–NJ SMSA, 1980*, Washington, DC.
—— (1993) *Census of Population and Housing. Census Tracts, New York, NY–NJ PMSA, 1990*, Washington, DC.
—— (1994) *Statistical Abstract of the United States, 1994*, 114th Edition, Washington, DC.
United States Department of Commerce, Economic and Statistics Administration, Bureau of the Census (1993) *Money Income of Households, Families, and Persons in the United States: 1992. Series P60–184*, Washington, DC.
Urban Land Institute (1976) *New Opportunities for Residential Development in Central Cities, Report no. 25*, Washington, DC: Urban Land Institute.
Uzelac, E. (1991) "'Out of choices': urban pioneers abandon inner cities," *Sun* September 18.
Vance, T. N. (1951) "The permanent war economy," *New International* January–February.
van Kempen, R. and van Weesep, J. (1993) "Housing policy, gentrification and the urban poor: the case of Utrecht, the Netherlands," paper presented at the ENHR Conference on Housing Policy in Europe in the 1990s: Transformation in the East, Transference in the West, Budapest, September 7–10.
van Weesep, J. (1984) "Condominium conversion in Amsterdam: boon or burden," *Urban Geography* 5: 165–177.
—— (1986) *Condominium: A New Housing Sector in the Netherlands*, The Hague: CIP-Gegevens Koninklijke Bibliotheek.
—— (1988) "Regional and urban development in the Netherlands: the retreat of government," *Geography* 73: 97–104.
—— (1994) "Gentrification as a research frontier," *Progress in Human Geography* 18: 74–83.
van Weesep, J. and Maas, M. W. A. (1984) "Housing policy and conversions to condominiums in the Netherlands," *Environment and Planning A* 16: 1149–1161.
van Weesep, J. and Wiegersma, M. (1991) "Gentrification in the Netherlands: behind the scenes," in J. van Weesep and S. Musterd (eds.) *Urban Housing for the Better-Off: Gentrification in Europe*, Utrecht: Stedelijke Netwerken.
Vázquez, C. (1992) "Urban policies and gentrification trends in Madrid's inner city," *Netherlands Journal of Housing and Environmental Research* 7, 4: 357–376.
Vervaeke, M. and Lefebvre, B. (1986) *Habiter en Quartier Ancien*, Paris and Lille: CNRS.
Virilio, P. (1994) "Letter from Paris," *ANY Magazine* 4: 62.
Wagner, D. (1993) *Checkerboard Squares: Culture and Resistance in a Homeless Community*, Boulder, Colo.: Westview Press.
Walker, R. (1977) "The suburban solution," unpublished Ph.D. dissertation, Johns Hopkins University.

—— (1978) "The transformation of urban structure in the nineteenth century and the beginnings of suburbanization," in K. Cox (ed.) *Urbanization and Conflict in Market Societies*, Chicago: Maaroufa Press.

—— (1981) "A theory of suburbanization: capitalism and the construction of urban space in the United States," in M. Dear and A. J. Scott (eds.) *Urbanization and Urban Planning in Capitalist Society*, London: Methuen.

Walker, R. and Greenberg, D. (1982) "Post industrialism and political reform: a critique," *Antipode* 14, 1: 17–32.

Warde, A. (1991) "Gentrification as consumption: issues of class and gender," *Environment and Planning D: Society and Space* 9: 223–232.

Warner, S. B. (1972) *The Urban Wilderness: A History of the American City*, New York: Harper and Row.

Watson, S. (1986) "Housing and the family: the marginalization of non-family households in Britain," *International Journal of Urban and Regional Research* 10: 8–28.

Webber, M. (1963) "Order in diversity: community without propinquity," in L. Wingo (ed.) *Cities and Space: The Future Use of Urban Land*, Baltimore: Johns Hopkins University Press.

—— (1964a) "Culture, territoriality and the elastic mile," *Papers of the Regional Science Association* 13: 59–69.

—— (1964b) *The Urban Place and the Non-place Urban Realm: Explorations into Urban Structure*, Philadelphia: University of Pennsylvania Press.

Weinberg, B. (1990) "Is gentrification genocide? Squatters build an alternative vision for the Lower East Side," *Downtown 181*, February 14.

White, M. and White, L. (1977) *The Intellectual versus the City*, New York: Oxford University Press.

White, R. (1991) *Rude Awakenings: What the Homeless Crisis Tells Us*, San Francisco: Institute for Contemporary Studies Press.

Whitehand, J. (1972) "Building cycles and the spatial form of urban growth," *Transactions of the Institute of British Geographers* 56: 39–55.

—— (1987) *The Changing Face of Cities*, Oxford: Basil Blackwell.

Wiebe, R. (1967) *The Search For Order, 1877–1920*, New York: Hill and Wang.

Willensky, E. and White, N. (1988) *AIA Guide to New York City*, third edition, New York: Harcourt Brace Jovanovich.

Williams, B. (1988) *Upscaling Downtown: Stalled gentrification in Washington, DC*, Ithaca and London: Cornell University Press.

Williams, M. (1982) "The new Raj: the gentrifiers and the natives," *New Society* 14 (January): 47–50.

Williams, P. (1976) "The role of institutions in the inner-London housing market: the case of Islington," *Transactions of the Institute of British Geographers* NS 1: 72–82.

—— (1978) "Building societies and the inner city," *Transactions of the Institute of British Geographers* NS 3: 23–34.

—— (1984a) "Economic processes and urban change: an analysis of contemporary patterns of residential restructuring," *Australian Geographical Studies* 22: 39–57.

—— (1984b) "Gentrification in Britain and Europe," in J. J. Palen and B. London (eds.) *Gentrification, Displacement and Neighborhood Revitalization*, Albany: State University of New York Press.

—— (1986) "Class constitution through spatial reconstruction? A re-evaluation of gentrification in Australia, Britain and the United States," in N. Smith and P. Williams (eds.) *Gentrification of the City*, Boston: Allen and Unwin.

Williams, W. (1987) "Rise in values spurs rescue of buildings," *New York Times* April 4.

Wilson, D. (1985) "Institutions and urban revitalization: the case of the J-51 subsidy program in New York City," Ph.D. dissertation, Department of Geography, Rutgers University.

Wines, M. (1988) "Class struggle erupts along Avenue B," *New York Times* August 10.

Winters, C. (1978) "Rejuvenation with character," paper presented to the Association of American Geographers Annual Conference, New Orleans.
Wiseman, C. (1981) "Home sweet Harlem," *New York* March 16.
—— (1983) "The housing squeeze – it's worse than you think," *New York* October 10.
Wolf, E. (1975) *Philadelphia: Portrait of an American City*, Harrisburg, Pa.: Stackpole Books.
Wolfe, J. M., Drover, G. and Skelton, I. (1980) "Inner city real estate activity in Montreal: institutional characteristics of decline," *Canadian Geographer* 24: 349–367.
Wolfe, T. (1988) *Bonfire of the Vanities*, New York: Bantam.
Wright, E. O. (1978) *Class, Crisis and the State*, London: New Left Books.
Wright, G. (1981) *Building the Dream: A Social History of Housing in America*, Cambridge, Mass.: MIT Press.
Wright, H. (1933) "Sinking slums," *Survey Graphic* 22, 8: 417–419.
Wright, P. (1985) *On Living in an Old Country*, London: Verso.
Yates, R. (1992) "Guns and poses," *Time Out* January 8–15, 20–21.
Yeates, M. H. (1965) "Some factors affecting the spatial distribution of Chicago land values, 1910–1960," *Economic Geography* 42, 1: 57–70.
Zukin, S. (1982) *Loft Living: Culture and Capital in Urban Change*, Baltimore: Johns Hopkins University Press.
—— (1987) "Gentrification: culture and capital in the urban core," *American Review of Sociology* 13: 129–147.
Zussman, R. (1984) "The middle levels: engineers and the 'working middle class'," *Politics and Society* 13, 3: 217–237.

索　引

（词条后数字为原书页码，见本书边码）